±500kV 三端直流输电控制保护系统

中国南方电网有限责任公司超高压输电公司　组编

内 容 提 要

本书依托禄劝—高坡—肇庆 ±500kV 三端直流工程，在总结两端直流改三端直流控制保护经验的基础上，详细介绍了 ±500kV 三端直流输电控制保护系统及关键技术，以期为后续工程提供借鉴和参考。

《±500kV 三端直流输电控制保护系统》共分七章，内容包括概述、三端直流输电系统、三端直流输电控制保护系统总体设计、三端直流输电控制系统、三端直流输电保护系统、三端直流输电控制保护功能及动态性能试验、三端直流输电现场调试。

本书可供从事直流输电工程建设及改造项目的技术和管理人员参考使用。

图书在版编目（CIP）数据

±500kV 三端直流输电控制保护系统 / 中国南方电网有限责任公司超高压输电公司组编 . —北京：中国电力出版社，2022.6

ISBN 978-7-5198-6691-4

Ⅰ. ① 5… Ⅱ. ①中… Ⅲ. ①直流输电 - 电流保护装置 Ⅳ. ① TM774

中国版本图书馆 CIP 数据核字（2022）第 064937 号

出版发行：中国电力出版社
地 址：北京市东城区北京站西街 19 号（邮政编码 100005）
网 址：http://www.cepp.sgcc.com.cn
责任编辑：闫姣姣
责任校对：黄 蓓 常燕昆
装帧设计：赵丽媛
责任印制：石 雷

印 刷：三河市万龙印装有限公司
版 次：2022 年 6 月第一版
印 次：2022 年 6 月北京第一次印刷
开 本：787 毫米 ×1092 毫米 16 开本
印 张：14 插 页 1
字 数：294 千字
印 数：0001—1500 册
定 价：120.00 元

编　委　会

前 言

“两端改多端”技术对于大规模电源送出、受端多点分散接入、优化电网结构具有重要意义，禄劝—高坡—肇庆±500kV三端直流工程（简称禄高肇直流工程）作为国内首个将已建±500kV两端直流改造为三端直流工程，不仅实现了快速送出云南水电，而且大幅提高了高肇直流的利用效率，以最优投入实现能源优化配置。依托工程，我国已全面掌握了两端常规直流多端化改造的关键技术，将为西电东送可持续发展提供新的技术选择。

禄高肇直流工程项目团队开展了大量的技术攻关，全面校核原直流主设备在三端运行方式下的适应性，提出了直流滤波器及阀避雷器的改造方案、适用于三端直流的高速并列开关设计与试验要求、适应功率反送的三端直流极性转换技术方案等一系列创新成果。 此外，项目团队高质量完成首个两端改三端直流控制保护策略的研究、设计与试验，提出完整的多端直流控制保护策略与配置方案，通过大量研究试验工作完成了多端解闭锁、多端协调控制、第三站在线投退，第三站故障退出、多端直流线路故障重启动、交流故障穿越等多端直流输电系统全新功能的设计与应用。

展望未来，我国西部、西北部地区将建设大量的新能源电源，除新建直流外送通道外，可以参考禄高肇直流工程实施经验，充分利用已建的直流通道改造成三（多）端直流，为后续西部新能源接续送电、省间电网互联互通等同类工程提供工程借鉴。鉴于此，编者特编写本书。

《±500kV三端直流输电控制保护系统》共七章，分别为概述、三端直流输电系统、三端直流输电控制保护系统总体设计、三端直流输电控制系统、三端直流输电保护系统、三端直流输电控制保护功能及动态性能试验、三端直流输电现场调试，望能为后续两端改三端工程控制保护系统设计及调试工作提供借鉴和参考。

由于编写时间仓促，作者水平有限，书中难免存在疏忽和不足之处，敬请广大读者指正！

编　者

2022 年 5 月

目 录

第一章 概　　述

第一节　三端直流输电发展概况

一、高压直流输电发展历程

人们对电力的应用和认识始于直流电。1882 年法国物理学家德普勒利用装设在米斯巴赫煤矿中的直流发电机，以 1500～2000V 电压，沿着 57km 的电报线路，将电力送到在慕尼黑举办的国际展览会，完成第一次输电试验。此后在 20 世纪初，试验性的直流输电的电压、功率和距离分别达到过 125kV、20MW 和 225km。由于当时采用直流发电机串联获得高压直流电源，受端电动机也采用串联方式运行，因此不但会因高压大容量直流发电机的换向困难而受到限制，串联运行的方式也比较复杂，可靠性差，因此直流输电在近半个世纪的时期里没有得到进一步发展。

高压大容量的可控汞弧整流器研制成功，为高压直流输电的发展创造了条件，直流输电技术又重新被人们所重视。1954 年瑞典本土和哥得兰岛之间建成一条 96km 长的海底电缆直流输电线，直流电压为±100kV，传输功率为 20MW，是世界上第一条工业性的高压直流输电线。20 世纪 50 年代后期晶闸管整流元件的出现，为换流设备的制造开辟了新途径。特别是 20 世纪 80 年代以后，随着大功率电力电子技术及微机控制技术等高科技的发展，直流输电的经济性和可靠性有了很大的提高，直流输电技术尤其是两端高压直流输电技术得到了迅速发展和应用。

随着国家经济发展和电网建设，输电线路走廊日趋紧张，采用两端直流的技术方案仅能实现点对点的直流功率传送，存在占用较多输电线路走廊、建设费用高等问题，多端直流输电系统因能够实现多电源供电以及多落点受电，节省输电线路走廊，受到了越来越多的关注。多端直流输电系统是指含有多个整流站/逆变站的直流输电系统，其最显著的特点在于能够实现多电源供电、多落点受电，提供一种更为灵活的输电方式，为多个能源基地输送电能到远方的一个或多个负荷中心，或直流输电线路中间分支接入负荷或电源等场景提供新的技术路线，存在广阔的应用前景。

二、国外多端直流输电应用现状

国外已投运的多端直流输电工程主要有意大利—科西嘉—撒丁岛三端直流输电工程、魁北克—新英格兰多端直流输电工程、加拿大纳尔逊河直流输电工程、美国太平洋联络线直流输电工程等，如表 1-1 所示。

表 1-1　　国外已投运多端直流输电工程

工程名称	投运时间（年）	电压（kV）/容量（MW）	接线方式
意大利—科西嘉—撒丁岛	1987	200/200	单极三端
美国太平洋联络线	1989	±500/3100	双极四端
魁北克—新英格兰	1992	±450/2250	双极五端
加拿大纳尔逊河	1993	±500/2000	双极四端
印度 NEA800	2015	±800/6000	双极三端

由于多端直流输电系统诸多方面的新特性和复杂性，虽然国外建有多个多端直流输电工程，但实际运行中以多端运行的并不多，主要有意大利—科西嘉—撒丁岛三端直流输电工程和加拿大魁北克—新英格兰多端直流系统以及印度的 NEA800 直流输电工程，其接线方式均为并联型，采用的换流器均为电流源换流器。

（一）意大利—科西嘉—撒丁岛三端直流输电工程

1967 年撒丁岛—意大利本土部分单极投入运行，额定功率 200MW，额定电压 200kV；1987 年 1 月，科西嘉换流站投入运行，使得该工程成为世界上第一个正式运行的多端直流输电工程。其中科西嘉岛采用并联抽能，且可通过对开关的相关操作切换运行方式来选择运行在整流或逆变运行状态。该直流输电线路由三段架空线路和两段海底电缆组成，从意大利本土换流站到海岸边是 50km 的架空线，从海边到科西嘉岛是 105km 的海底电缆，在岛上有 156km 的架空线，从科西嘉到撒丁岛为 16km 海底电缆，从撒丁岛到换流站为 86km 的架空线，整条线路总长为 413km，其结构如图 1-1 所示。

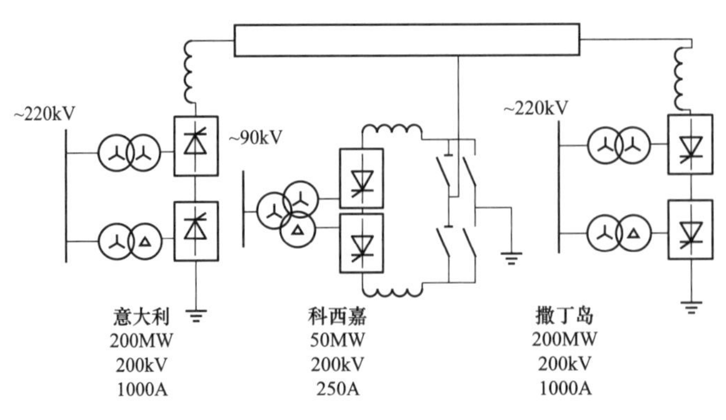

图 1-1　意大利—科西嘉—撒丁岛三端直流输电工程

（二）魁北克—新英格兰直流输电工程

魁北克—新英格兰直流输电工程分两期建设：第一期±450kV、690MW从魁北克的迪斯凯通换流站至美国的康姆福换流站，输电距离为172km，于1986年10月1日正式投入商业运行；第二期工程新增了拉底松换流站（2250MW）、尼可莱换流站（2135MW）和桑地庞换流站（1800MW），以及从拉底松到尼可莱（1018km）、从尼可莱到迪斯凯通（105km）和从康姆福到桑地庞（213km）三段直流输电线路，接线结构如图1-2所示。正常情况下常态下拉底松换流站、尼可莱换流站和桑地庞换流站双极三端运行，额定功率2000MW，由桑地庞换流站作为电压控制站，三个换流站所连交流电网电压分别为315、230kV和345kV。在拉底松换流站或桑地庞换流站中断运行时，可保持康姆福换流站和迪斯凯通换流站双极两端运行。

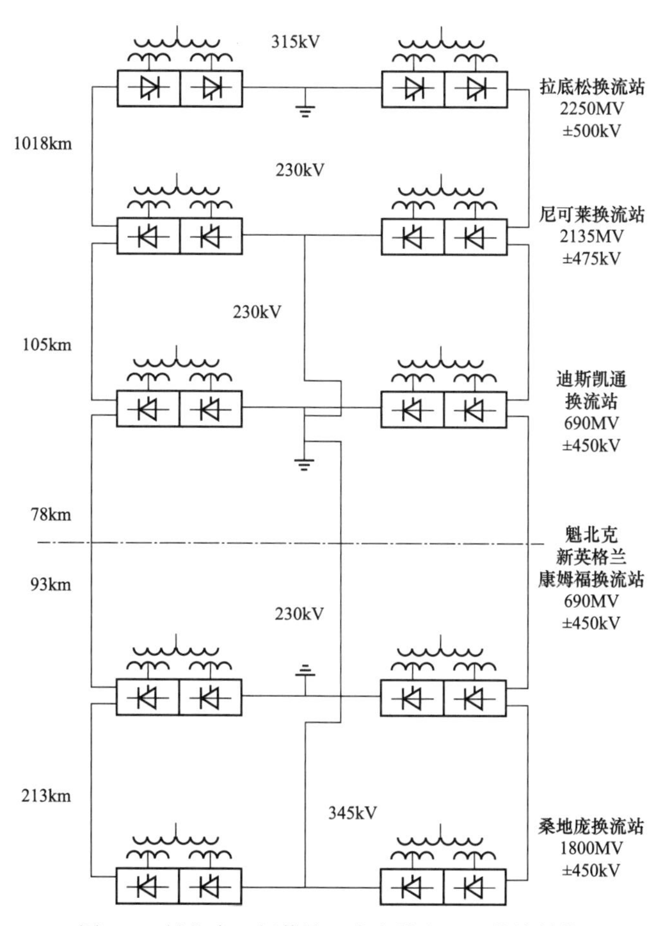

图1-2　魁北克—新英格兰直流输电工程接线结构

（三）印度NEA800直流输电工程

印度NEA800多端直流输电工程结构示意如图1-3所示。该工程额定直流电压

±800kV，额定功率 6000MW。送端有两个直流换流站，分别是位于印度东北部的 Bishwanath Chariali 和东部地区的 Alipurduar。受端的一个换流站位于印度首都新德里附近的工业城市 Agra。该系统为远距离单向输电系统，运行方式包括双极运行方式、单极大地回路运行方式、单极金属回路运行方式和混合运行方式。混合运行方式下，一段直流线路按单极运行，其余线路段按双极运行，且单极运行线路段可以采用大地回路或金属回路运行方式。

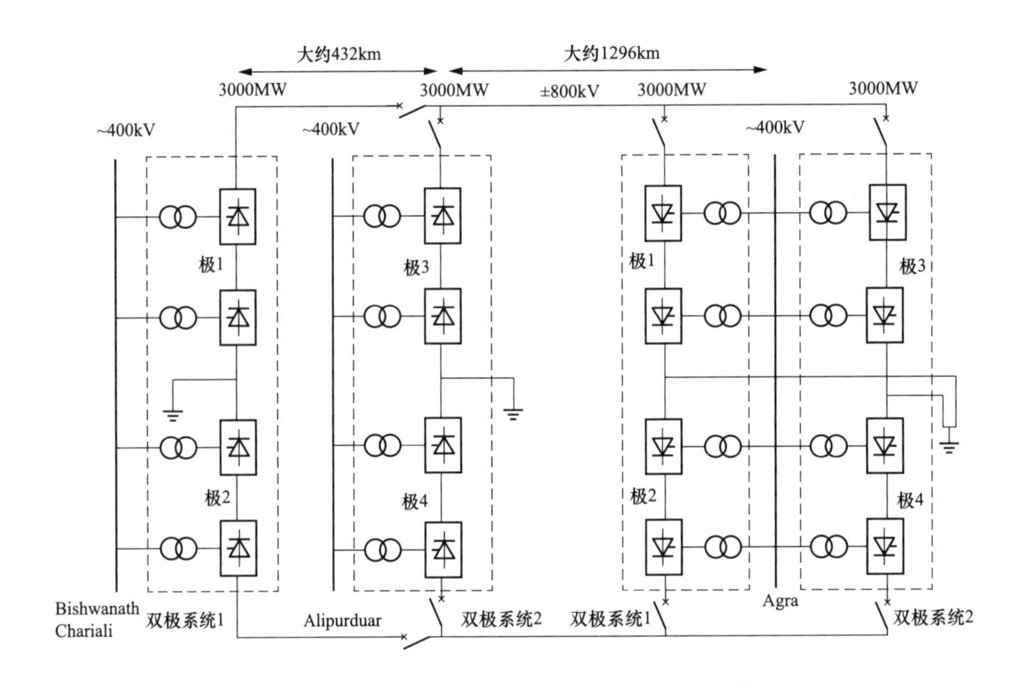

图 1-3　印度 NEA800 多端直流输电工程结构示意图

三、国内多端直流输电应用现状

随着国家经济发展和电网的建设，要求电网能够实现多电源供电以及多落点受电。因此我国积极开展多端直流输电技术研究，目前已建成投运多条多端直流输电工程。国内已投运多端直流输电工程如表 1-2 所示。

表 1-2　　国内已投运多端直流输电工程

工程名称	投运时间（年）	电压（kV）	容量（MW）	接线方式
南澳三端柔性直流工程	2013	±160	200/100/50	双极三端
舟山五端柔性直流工程	2014	200	400/300/100/100/100	双极五端
张北四端柔性直流工程	2020	±500	3000/3000/1500/1500	双极四端
昆柳龙三端混合直流工程	2020	±800	8000/5000/3000	双极混合三端
禄高肇三端直流工程	2020	±500	3000/3000/3000	双极三端

（一）南澳三端柔性直流工程

南澳三端柔性直流工程坐落于汕头市澄海区和南澳岛，是世界上首个多端柔性直流输电工程，于 2013 年投运。工程额定电压为±160kV，换流阀采用 IEGT/IGBT 器件，输电容量为 200MW/100MW/50MW，三个换流站分别为塑城、青澳和金牛。牛头岭和云澳风电场通过金牛换流站送出，青澳风电场接入青澳换流站，通过青澳—金牛的直流线路汇集至金牛换流站，汇集至金牛换流站的电力通过直流架空线、电缆混合线路送出至大陆塑城换流站，再通过塑城换流站交流出线，送至 220kV 塑城换流站的 110kV 侧。

（二）舟山五端柔性直流工程

舟山五端柔性直流工程是世界首个五端柔性直流工程，于 2014 年投运，在舟山本岛、岱山岛、衢山岛、洋山岛及泗礁岛分布建设定海换流站、岱山换流站、衢山换流站、洋山换流站和泗礁换流站，额定直流电压为±200kV，输电容量分别为 400、300、100、100MW 和 100MW。舟山五端柔性直流系统拓扑结构为并联放射型网络，任一端换流站退出运行系统仍能不间断安全运行。直流系统与各岛屿间交流联网线路互为备用，在任一端换流站退出运行的情况下，可通过交流联网线路保证各岛屿的可靠供电。

（三）张北四端柔性直流工程

张北四端柔性直流工程包括张北和康保 2 座送端换流站、北京受端换流站以及丰宁调节端换流站于 2020 年投运。换流容量分别为张北换流站 3000MW、康保换流站 1500MW、北京换流站 3000MW、丰宁换流站 1500MW。张北四端柔性直流输电系统结构如图 1-4 所示。直流系统为环网结构，电压等级为±500kV。配置直流断路器、直流线路快速保护装置等关键设备，构建输送大规模风电、光伏、抽水蓄能等多种能源的四端环形柔性直流电网。直流线路长度 665.3km，途经河北省和北京市。张北四端柔性直流工程采用直流断路器进行故障隔离，任何一条线路或换流单元的故障退出不影响直流电网剩余元件的正常运行，电网输送功率不中断。北京换流站设置主接地点，丰宁换流站设置备用接地点；张北换流站和康保换流站不设置接地点。

（四）昆柳龙三端混合直流工程

昆柳龙三端混合直流工程送电距离约 1489km，是世界上首个特高压多端混合直流工程，于 2020 年建成投运。送端云南建设±800kV、8000MW 昆北换流站，采用特高压常规直流方案，受端广东建设±800kV、5000MW 龙门换流站，受端广西建设±800kV、3000MW 柳北换流站，均采用特高压柔性直流方案，柔性直流换流阀为全桥和半桥混合结构，具备直流线路故障自清除能力。直流系统接线方式为对称双极并联接线，广西柳北换流站、广东龙门换流站直流场设置直流高速并列开关，使任一逆变站故障退出不影响直流系统剩余元件运行。昆柳龙直流电系统结构如图 1-5 所示。

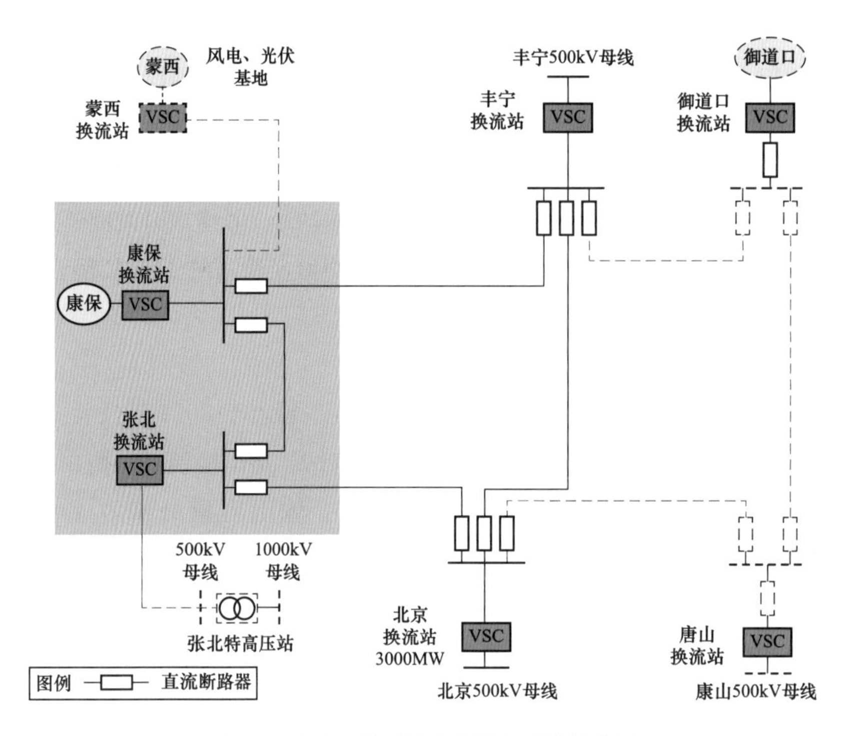

图 1-4　张北四端柔性直流输电系统结构图

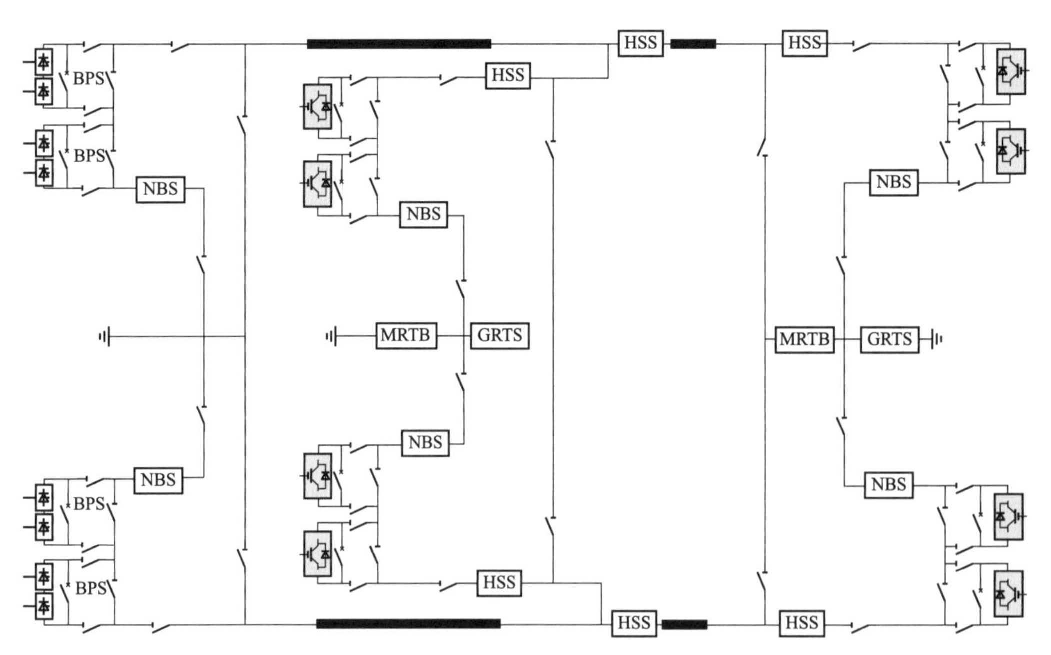

图 1-5　昆柳龙直流输电系统结构图

NBS—中性母线开关；BPS—旁路开关；HSS—高速并列开关；

MRTB—金属回线转换断路器；GRTS—大地回路转换开关

（五）禄高肇三端直流工程

禄高肇直流工程采用常规直流输电方案，输送容量 3000MW，额定电压±500kV，于 2020 年建成投运。送端新建 1 座±500kV 禄劝换流站，新建 1 回±500kV 直流线路约 388.8km，途经云南、贵州 4 市 9 县区，接入已建成的高肇直流高坡换流站，并同步对高坡换流站、肇庆换流站控制保护系统、换流阀阀控等进行改造，形成云南禄劝换流站—贵州高坡换流站—广东肇庆换流站三端直流。其中高坡换流站具备整流/逆变的极性转换功能，可根据西部水电、火电情况，实现禄劝换流站、高坡换流站送肇庆换流站的“二送一”模式或禄劝换流站送高坡换流站、肇庆换流站的“一送二”模式，成为解决云南弃水问题的有效措施，实现云贵两省直接互济互补和水火电资源优化配置，成为弥补贵州外送电力不足的有效途径。禄高肇直流输电系统结构如图 1-6 所示。

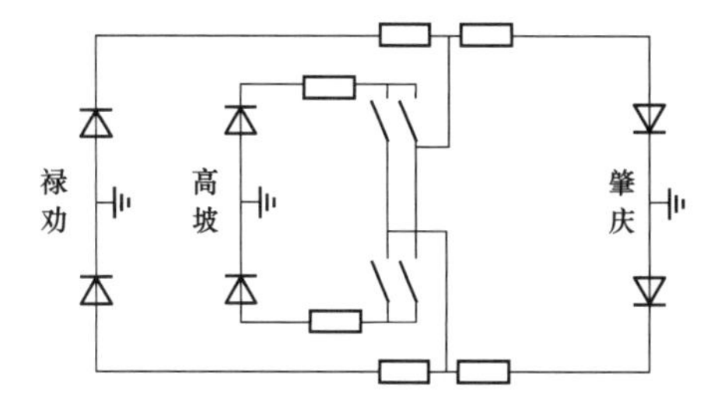

图 1-6　禄高肇直流输电系统结构图

禄高肇直流工程是世界首个±500kV 三端常规直流工程，也是国内首个利用原有直流通道进行三端改造的直流输电工程，对于多端直流输电技术具有重要的工程实践和指导意义。本书依托禄高肇三端直流工程，介绍±500kV 三端直流控制保护系统及关键技术。

第二节　三端直流输电技术特点

一、实现跨区电力互济

三端直流输电技术能够实现多电源供电或多落点受电，提供一种更灵活便捷的跨区电力互济方式。当三端直流输电系统为“二送一”方式（两端为整流站，一端为逆变站）时，两个整流站可形成电力外送综合体，当任一整流站外送能力不足时，可由另一整流站进行补充，一方面减少两个整流站交流通道的潮流波动，另一方面保持受端电力供应的稳定性。当一端的整流站由于丰水期等原因清洁电力富足时，三端直流输电系统可转变为“一送二”方式（一端为整流站，两端为逆变站），由两个逆变站接收整流站富足的清洁电力，增加清洁能源的消纳率。

二、运行方式多样

三端直流输电工程可两端运行或三端运行，考虑送受端的不同组合、接线方式、功率传输方向、运行电压等级等因素，可能的运行方式最多达 200 余种，约为常规两端直流输电工程的 5 倍。

三、控制保护系统复杂

三端直流输电工程运行方式众多，导致控制保护系统极其复杂，控制保护策略需要兼顾所有运行方式，并且还需要满足三端直流新的功能及性能需求，涉及三端解闭锁、三端协调控制、第三站在线投退、第三站故障退出、三端直流线路故障重启动、交流故障穿越等多种全新策略。

四、现有两端直流改造为三端直流设计复杂

目前世界上已投入运行的直流多为两端直流，通过改造两端直流的方式实现三端直流建设，可极大减少工程造价，但是设计方案相对复杂：一次设备方面，由于改造后原有两端直流的交直流侧谐波电压和电流分布、运行特性发生变化，需在尽量减少一次设备替换的前提下，对原有的交直流滤波器性能参数、避雷器能力以及阀能力进行校核；二次设备方面，直流控制保护策略需要针对三端的情况进行优化与特殊考虑，稳定控制系统的设计需要考虑三个站的配合以及功率速降等问题。

第三节　三端与两端常规直流输电控制保护系统差异

一、整体配置方案差异

三端直流输电控制保护系统整体架构延续采用了与两端直流输电控制保护系统一致的分层分布式结构，但三端直流接线拓扑与两端直流不同，导致三端直流的控制系统功能、保护系统的保护范围及功能、站间通信配置均与两端系统存在差异。

三端直流输电接线拓扑一般为由站 A、站 B、站 C 构成的并联结构。其中站 A 为电源端，作为整流站送出功率。站 B 为连接站 A 与站 C 的汇流站，可作整流或逆变运行。站 C 为负荷端，接收站 A 或站 B 送出的功率。因三端直流新增了一个换流站，汇流站新增了极性转换功能，三端直流的控制系统需考虑各类工况下三站控制的协调配合，保护系统新增了保护覆盖范围和线路故障选线功能，并需针对第三站投退、极性转换等工况自适应完成保护逻辑和定值切换，通信系统采用三站环形通信结构并新增极性转换通信通道切换功能。三端直流输电控制保护系统与两端直流输电控制保护系统的主要差异如表 1-3 所示。

表 1-3　　三端直流输电控制保护系统与两端直流输电控制保护系统的主要差异

系统名称	主要差异
控制系统	控制器协调、解闭锁控制、功率协调、直流线路故障重启、金属/大地回线转换
保护系统	保护覆盖范围、保护逻辑和定值自适应切换功能、线路故障选线功能
通信系统	通信结构、极性转换通信通道切换功能

二、控制系统差异

（一）控制器协调

两端直流正常运行工况下整流侧控制直流电流，逆变侧控制直流电压。三端直流存在两个整流站或两个逆变站的情况，正常运行工况下仅有一个逆变站控制直流电压，其余站控制直流电流。当其中一端控制器出现较大控制偏差时，需由剩余两端的控制器按照合适的外特性曲线配合调节。

（二）解闭锁控制

1. 手动解闭锁控制

相比两端直流，三端直流控制系统手动解闭锁工况增加了两大类，即三端手动解锁/闭锁、第三端手动投入/退出。三端手动解锁/闭锁的时序设计除需保证解闭锁过程的平稳之外，还需注意满足阀控系统运行要求。第三端手动投入/退出的时序设计需减少对其余两端运行的影响。

2. 紧急闭锁

与两端直流发生站紧急闭锁需停运整个直流系统不同，三端直流送端和受端紧急闭锁原则为：

（1）“二送一”方式下，受端故障时，需紧急停运三站；送端故障时，仅需紧急切除故障站，其他两站维持运行。

（2）“一送二”方式下，送端故障时，需紧急停运三站；受端故障时，仅需紧急切除故障站，其他两站维持运行。

（三）功率协调

相比两端直流，三端直流增加了三站功率协调控制功能，保证三个换流站运行于期望的功率水平。稳态下功率协调控制功能需对各站的有功功率/电流指令、功率/电流指令变化率进行分配。当其中一站发生故障退出或附加控制动作时，功率协调控制功能需调整其余站的有功功率/电流指令，维持系统的有功平衡和直流电压稳定。

（四）直流线路故障重启

两端直流在线路故障时，重启不成功需闭锁故障极。三端直流在线路故障重启不成功时，可以根据故障发生的位置选择闭锁故障极或闭锁与线路故障相关的换流站而保证剩余两端换流站正常运行。

（五）金属/大地回线转换

三端直流的电气回路复杂，在特定功率水平下存在转换过程中金属回线或大地回线零电流的情况。为避免三站金属/大地转换过程中，因金属回线或大地回线零电流导致断路器保护动作，需对三站金属/大地回线转换的时序配合提出特殊要求。此外，三端直流的断路器、隔离开关的配置情况与两端直流不同，需根据三端直流的断路器、隔离开关的配置对三站金属/大地回线转换的时序进行合理的设计。

三、保护系统差异

（一）保护覆盖范围

三端直流系统保护范围新增了汇流站的汇流母线保护区域和极性转换母线区域，汇流母线保护区域包括本极和对极汇流母线保护区域三个直流出线电流互感器之间的所有设备，极性转换母线区域包括阀侧直流电流互感器到本极站 B 侧直流出线电流互感器以及对极 B 站侧直流出线电流互感器之间的所有设备。

（二）保护功能

三端直流输电保护系统除了具备两端直流输电保护系统的功能外，还具备以下功能：

（1）根据汇流站极性状态、直流在运站点数量自动切换保护系统中相应的状态量或模拟量。例如在极性转换时保护系统中的汇流母线区域模拟量需自动切换为相应极的模拟量。三端直流系统中某站退出运行时，汇流母线区域保护所用到的该站相关的模拟量也需退出。

（2）汇流站的线路保护需具备故障选线功能，在线路故障发生后迅速识别故障线路，给控制系统发送判断结果，使控制系统根据判断结果选择相应的重启策略。

四、站间通信差异

两端直流仅需实现两站之间的信息交互，三端直流则需完成三站之间的信息交互，每站均与另外两站进行站间通信，形成三站环形通信结构。此外，三端直流的汇流站存在极性转换的情况。汇流站进行极性转换时，需通过通信切换装置切换站间通信通道，保证三站各极的通信连接与各极的电气连接保持一致。

五、三端直流控制保护系统关键技术

三端直流输电系统的控制器与两端直流输电系统最大的不同在于协调控制，需要考虑各站在启停、正常工况以及故障工况下的功率配合、控制模式的切换、第三站的投入退出逻辑等问题。三端直流输电保护系统的复杂性主要体现在对故障类型和故障位置的准确判断以及故障后，特别是直流线路和汇流区故障情况下，各保护动作相互配合等问题。为适应三端直流的运行特性，需研究以下关键技术。

（一）三端直流顺控与联锁

三端直流运行方式多样，进行顺控与联锁设计时需对各类运行方式进行考虑，确保各类运行方式下顺控执行正确，联锁逻辑正确。此外，顺控逻辑需设计三端的大地/金属转换顺序，确保三端的大地/金属回线能够成功带电转换，并设计金属回线下接地钳位站故障退出后的处理办法。针对一端空载控制加压、其余两端运行等需求，设计空载加压方案。

（二）直流解锁/闭锁

三端解锁/闭锁时，需设计合适的解锁/闭锁时序使各端的解锁/闭锁过程与阀控系统相互配合，避免因时序配合不当引起三端解锁/闭锁失败。两端运行，第三端解锁时，需设计第三端投入策略，使第三端接入已运行的两端系统中。三端运行，一端准备闭锁时，需设计第三端退出策略，使第三端退出闭锁，并保持剩余两端运行。

（三）三端控制器协调

三端直流各站的控制器需根据期望的外特性曲线，设计合适的电流控制裕度和电压控制裕度配合调节。当因外部故障导致其中一端控制器出现较大控制偏差时，由剩余两端的控制器协调配合维持直流系统稳定。

（四）三端功率协调控制

三端直流系统运行时，当其中一端或一极由于故障而退出时，需制定功率分配策略调整剩余端或剩余极的有功功率/电流指令，维持系统的有功平衡和直流电压稳定。三端进行功率升降时，需设计三端功率升降速率的分配关系，保证三端的直流功率同时完成升降。直流系统的附加控制功能动作时，需设计功率分配策略分配附加控制功能动作产生的功率调整量。

（五）极性转换控制

三端直流系统中的汇流站既可作整流站也可作逆变站，需设计极性转换控制策略，使汇流站的极性可成功切换。

（六）三端直流控制权限选择和切换

针对三端运行一站准备退出及两端运行第三站检修等工况，设计三端直流控制权限选择和切换策略，平稳交接直流系统的控制权限，保证退出运行站与在运站不会相互影响。

（七）三端直流通信设计

三端直流每个端的站间通信需要完成与另外两个端的信息交换。三端直流的汇流站存在极性转换的情况。汇流站进行极性切换时，需保证三站各极的通信连接与各极的电气连接保持一致。

（八）三端直流线路保护

三端直流线路保护需设计故障选线策略，识别故障发生在哪个线路，保证保护动作的选择性，同时需设计三端直流线路故障重启动的协调策略，使线路发生永久故障时可以隔离故障站，非故障站重启运行。

（九）三端直流汇流母线区保护

三端直流输电系统需设计汇流母线区保护，保护汇流母线保护区域三个直流出线电流互感器之间的所有设备。保护应设计运行方式自适应策略，保证各类运行方式下保护采用正确的模拟量。

第二章　三端直流输电系统

第一节　三端直流输电系统拓扑结构和主接线

多端直流输电系统的拓扑结构通常有相同电压等级的并联接线、相同电流回路的串联接线、并联和串联两种接线的混联接线等形式。对于三端直流输电系统，一般采用并联接线形式。本章对三端系统的拓扑、主接线、关键主设备和运行方式进行介绍。

一、系统拓扑结构

采用并联接线的三端直流典型的拓扑结构是两端直流的拓展，正、负极线路各一回，可以组成三种接线方式，即送端两个换流站、受端一个换流站，送端一个换流站、受端两个换流站以及中间汇流站可灵活调整的接线方式。

（一）三端直流“二送一”方式系统拓扑结构

三端直流“二送一”方式系统拓扑结构如图 2-1 所示，包含两个送端换流站，一个受端换流站。

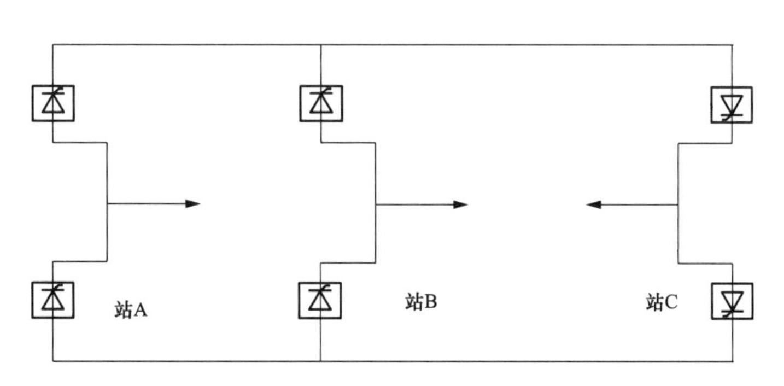

图 2-1　三端直流“二送一”方式系统拓扑结构

（二）三端直流“一送二”方式系统拓扑结构

三端直流“一送二”方式系统拓扑结构如图 2-2 所示，包含一个送端换流站、两个受端换流站。

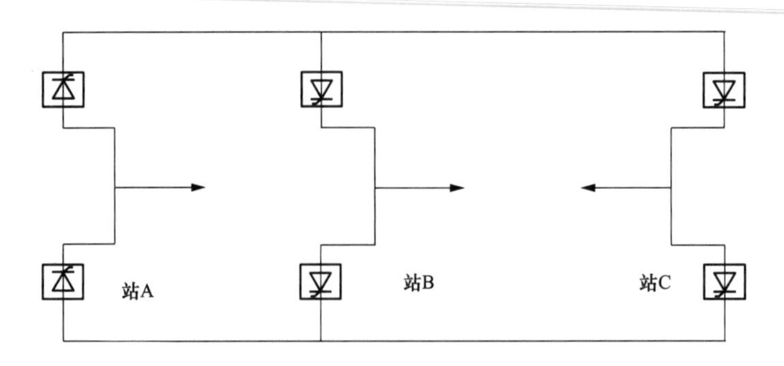

图 2-2　三端直流“一送二”方式系统拓扑结构

（三）三端直流可转换极性的多方式系统拓扑结构

三端直流运行主要为“二送一”和“一送二”两种运行方式，可在汇流站设置极性转换隔离开关实现“二送一”和“一送二”两种三端运行方式的灵活转换。具体系统拓扑结构如图 2-3 和图 2-4 所示。在处于汇流站的站 B 设置了 4 把极性转换隔离开关，通过极性转换隔离开关的两两组合，实现站 B 作为送端或作为受端的电气连接。

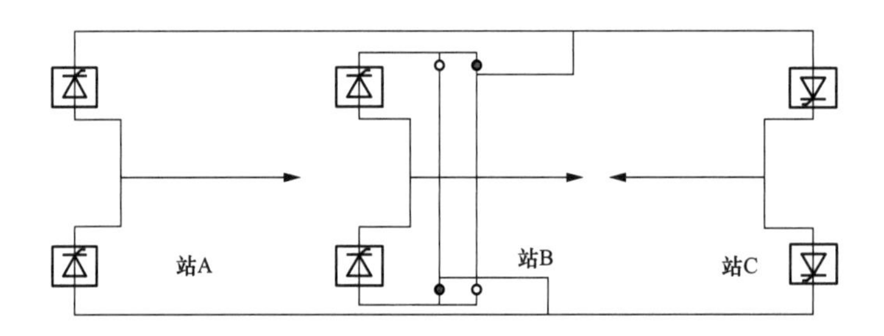

图 2-3　三端直流可转换极性的系统拓扑结构（“二送一”方式）

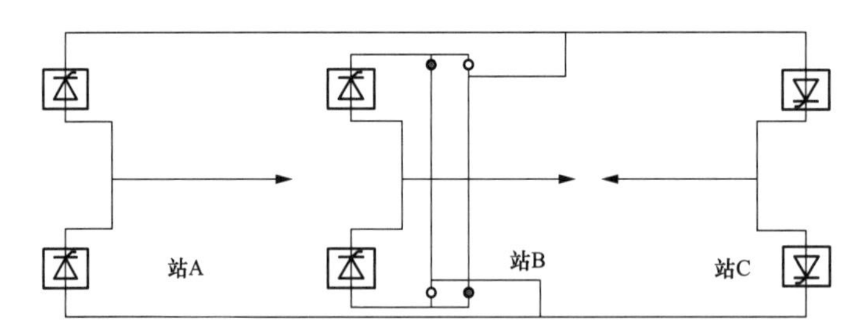

图 2-4　三端直流可转换极性的系统拓扑结构（“一送二”方式）

二、主接线

（一）直流系统接线

双极直流输电系统通常有单极大地回线、单极金属回线以及双极运行等接线形式，为实现这些接线方式的灵活转换，通常会在直流中性母线回路中装有中性母线高速开关和高速接地开关。金属回路和接地极回路分别装设金属回路转换开关和大地回路转换开关。为实现第三站的在线投退及故障退出功能，可在站 B 的汇流母线配置相应的高速并列开关（HSS）。

三端直流“二送一”方式系统主接线如图 2-5 所示。其中，站 A 和站 B 为送端整流站，站 C 为受端逆变站。

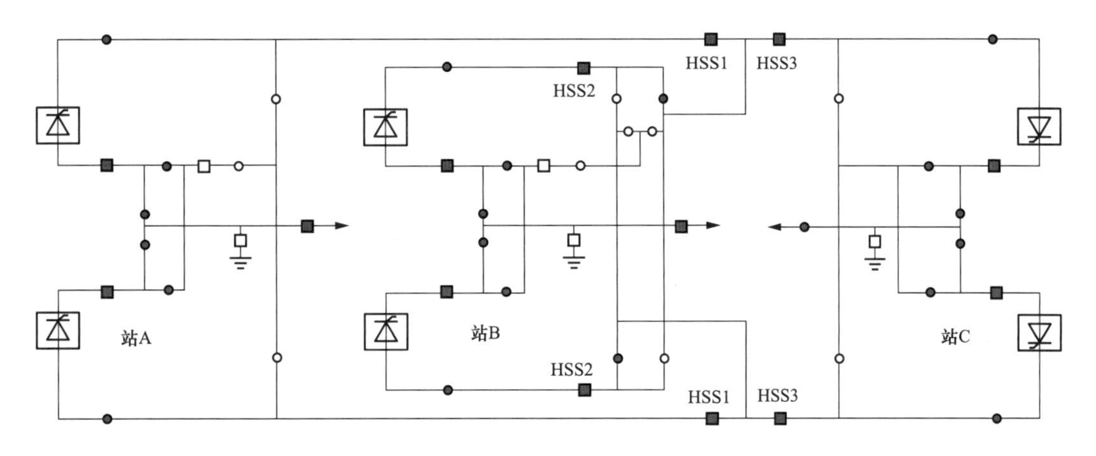

图 2-5　三端直流“二送一”方式系统主接线图

三端直流“一送二”方式系统主接线如图 2-6 所示。其中，站 A 为送端整流站，站 B 和站 C 为受端逆变站。

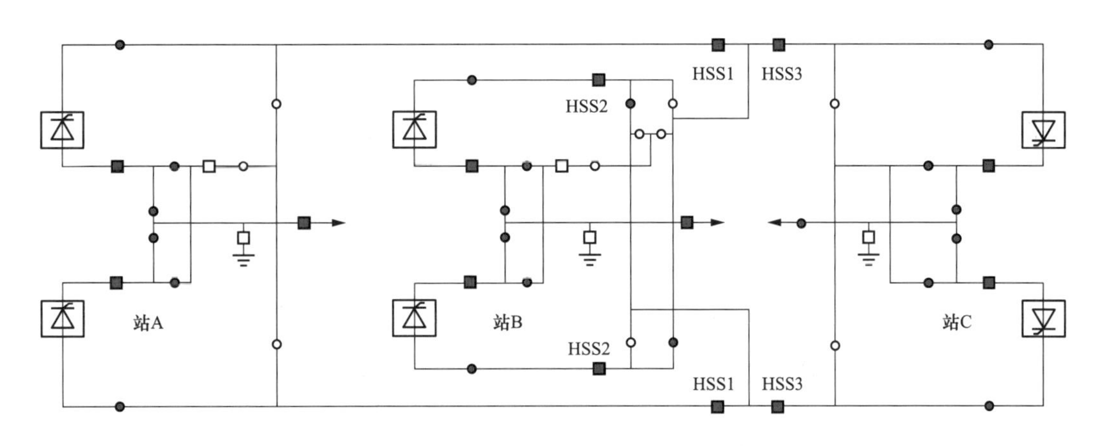

图 2-6　三端直流“一送二”方式系统主接线图

三端直流可转换极性的系统主接线如图 2-7 所示，其中图 2-7(a) 中，站 A 和站 B 为送端整流站，站 C 为受端逆变站。图 2-7(b) 中，站 A 为送端整流站，站 B 和站 C 为受端逆变站。

（二）换流站设备接线

三端直流每个换流站均采用双极对称接线，每极配置一组直流滤波器。阀组采用单极

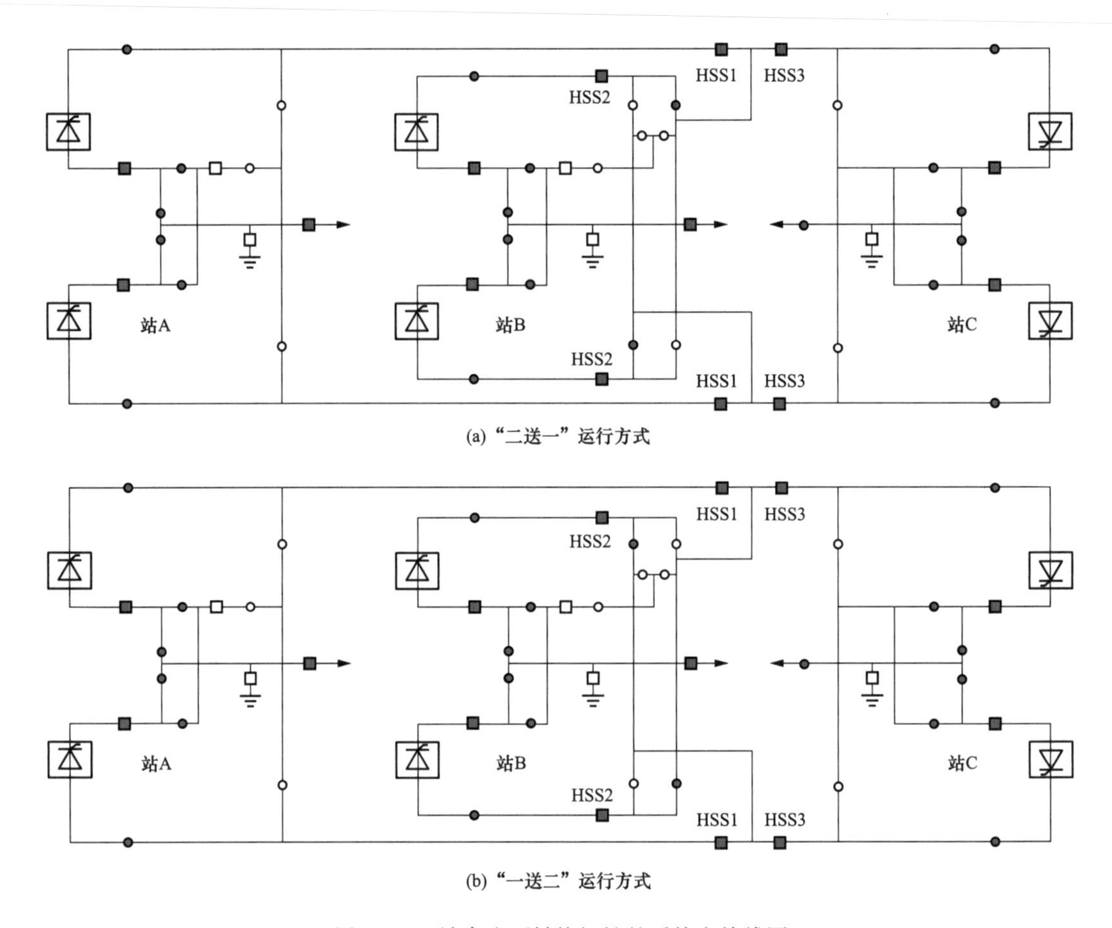

图 2-7　三端直流可转换极性的系统主接线图

12 脉动阀组，配合单相双绕组换流接线。500kV 交流配电装置采用 3/2 断路器接线，交流滤波器采用单母线接线。

1. 换流区域接线

换流阀采用两个电气上互差 30°的六脉动换流器，串联组成一个 12 脉动换流器作为一个换流组，构成三相二重阀或四重阀，称为一个换流单元。使用这种规格化的换流单元，与相应的控制设备一起在运行中构成一个整体，同时投入或退出运行。

换流变压器采用单相双绕组变压器，换流装置采用每极 1 个 12 脉动阀组接线方式。每个 12 脉动阀组为将 2 个六脉动换流器采用串联方法组合的形式，每 1 个六脉动换流器组共需用 3 台单相双绕组换流变压器，直流两极需用 12 台单相双绕组换流变压器接入，全站共装设 12 台单相双绕组换流变压器。除工作变压器外，对每种型式的换流变压器各考虑 1 台备用，容量为单相双绕组容量 100%，整个换流站包括备用共计 14 台换流变压器。

每一极中，接入直流极线侧的 3 台换流变压器采用 YNy0 接线，接入直流中性母线侧的 3 台采用 YNd5 接线。每回直流双极的换流阀和换流变压器主接线示意图如图 2-8 所示。

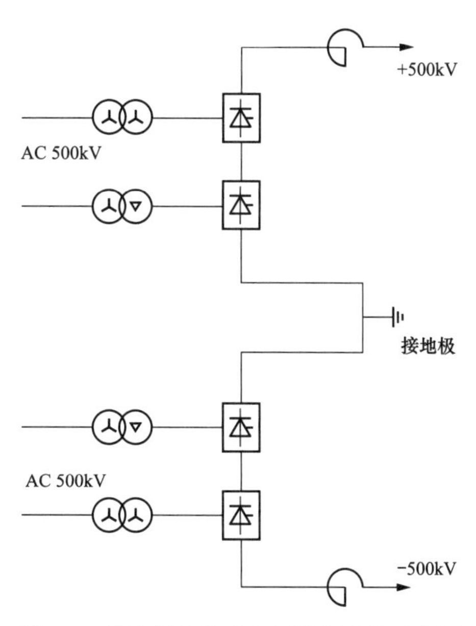

图 2-8　换流阀和换流变压器主接线示意图

2. 直流场接线

送端及受端换流站均采用典型接线的常规户外布置。采用每极 1 个 12 脉动阀组、双极直流典型接线。该接线具有接线简单、运行方式灵活可靠、运行经验丰富等特点，每回直流开关场主接线能实现以下 3 种基本运行方式：

(1) 双极运行方式。

(2) 单极大地回路运行方式。

(3) 单极金属回路运行方式。

为满足以上运行方式要求，直流侧电气主接线应具有以下功能：

(1) 为检修而对换流站内直流系统一极进行隔离及接地，不中断或降低健全极的直流输送功率。

(2) 为检修对直流线路一极进行隔离及接地，不中断或降低健全线路直流输送功率。

(3) 在单极金属回线运行方式下，为检修而对直流系统一端或两端接地极及其引线进行隔离及接地，不中断或降低直流输送功率。

(4) 在双极平衡运行方式下，为检修而对直流系统一端或两端接地极及其引线进行隔离及接地，不中断或降低直流输送功率。

(5) 故障极的切除和检修不影响在运极的功率。

(6) 直流两个极中的任何一极单极运行，从大地回路切换到金属回线或从金属回线切换到大地回路，不应中断或降低直流输送功率。

(7) 为了检修而对任何直流滤波器组进行连接、断开及接地，不应中断或降低直流输送功率。

直流接线采用双极直流典型接线，即每回直流双极组成，双极架空母线通过直流隔离开关，金属回路转换开关和大地回路转换开关与中性母线相接，按极对称装有平波电抗器、直流滤波器、直流电压测量装置、直流电流测量装置等。直流滤波器接入极线与中性母线间。

为了便于换流站内一极设备/一极直流线路退出运行或进行检修，极母线上隔离开关两侧都配有接地开关。

为了实现直流系统多种运行方式之间的相互转换，在直流中性母线及直流中性母线与高压母线之间布置了多组隔离开关/接地开关。

为了给由换流变压器杂散电容引起的低次谐波提供一个站内低阻抗通道，并配合避雷器保护中性母线设备，防止来自接地极线的雷电波侵入阀厅，在直流中性母线上装设了中性点电容器。

3. 汇流母线接线

汇流母线为多端换流站的电气连接点，按极配置，配置有高速并列开关以及隔离开关、直流电压和直流电流测量装置。高速并列开关用于实现第三站快速投退操作，操作过程需要直流系统配合动作降低直流电流。高速并列开关和隔离开关的用于实现第三站的接入和隔离，实现两端和三端的电气连接。直流电压和直流电流测量装置用于检测线路侧的接地故障。

三、汇流站直流场改造

对于原有两端直流改造为三端直流的工程，其直流场布置需要进行改造。下面以禄高肇直流工程中高坡换流站的改造为例。

（一）直流场改造方案

作为三端汇流站，高坡换流站直流场采用极线设直流高速并列开关和直流极性转换回路并拆除一组直流滤波器设计方案。

（1）±500kV 直流出线 2 回，分别至禄劝换流站和肇庆换流站，分别配置直流隔离开关、直流电压和直流电流测量装置、直流避雷器和高压耦合电容器等设备。

（2）每极取消一组直流滤波器，并对另一组直流滤波器的高压电容器实施改造。

（3）根据第三站在线投退及故障隔离的需要，高坡换流站的直流双极极母线、肇庆出线和禄劝出线均装设直流高速并列开关。共安装 6 组直流高速并列开关，分别为±500kV 极母线 2 组，至肇庆换流站±500kV 极线 2 组，至禄劝换流站±500kV 极线 2 组。极母线直流高速并列开关阀侧装设接地开关，以满足直流高速并列开关开断后站内检修的需求。双极极母线与直流极线之间装设隔离开关。

（4）为实现高坡换流站功率反送功能，在直流双极极母线直流高速并列开关和金属回线之间新增直流极性转换断路器。

（5）拆除至肇庆直流极线 PLC 电抗器，仅保留高压耦合电容器。

三端直流场主接线及汇流站直流场主接线如图 2-9（见文后插页）、图 2-10 所示。

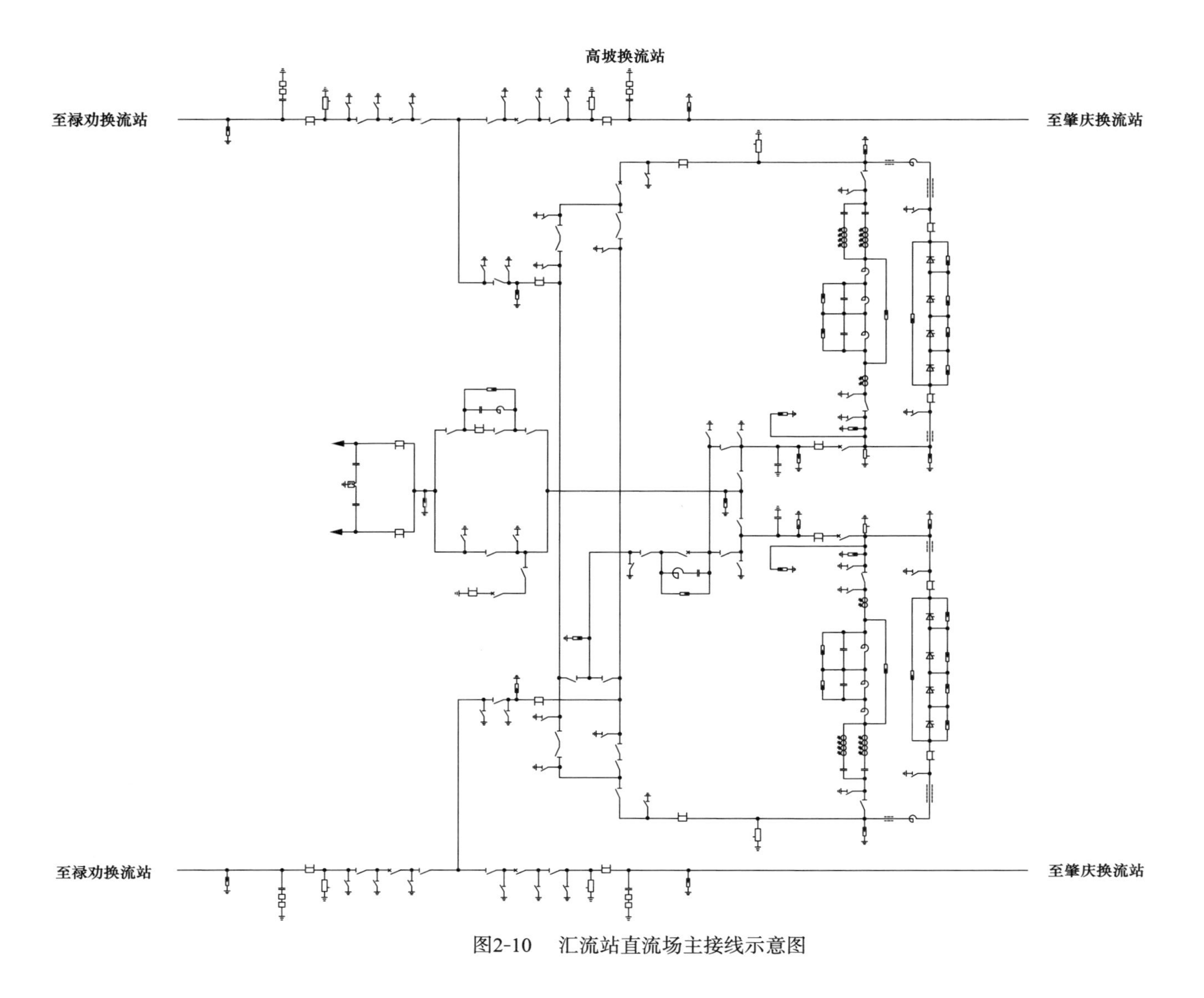

图2-10　汇流站直流场主接线示意图

（二）改造设备选型与布置

1. 电气设备选型

工程户外直流设备复合外绝缘最小爬电比距为 50mm/kV，户外直流设备瓷外绝缘最小爬电比距取 60mm/kV。直流设备短时耐受电流不小于 40kA(1s)。结合站址环境条件、扩建区域布置特点、沿用前期设备型式、设备尽量利用旧的原则进行设备选择。

（1）利用旧的设备包括 500kV 直流高压耦合电容器、金属回线直流隔离开关，500kV 及中性线直流电压和电流测量装置，500kV 直流避雷器，中性线直流支柱绝缘子，接地极出线故障测距装置，直流滤波器电容器 C1 和融冰回路隔离开关。

（2）每极拆除一组直流滤波器之后，为满足三端运行条件下设备定值要求，对保留的直流滤波器电容器 C1 进行改造，将其由 26 层改造为 27 层。

（3）直流高速并列断路器采用瓷柱式；极性转换断路器采用 2 组双柱水平伸缩式隔离开关串联，通过电气联锁实现同分同合操作方式。

（4）根据三端控制保护方案需求，极线新增直流电流和直流电压测量装置。电压测量装置采用直流分压式，电流测量装置采用光纤式。

2. 配电装置平面布置

高坡换流站直流场配电装置增加 1 回“至禄劝”出线，仍采用双极带接地极接线对称布置方式。直流场配电装置充分利用已有设施在原有围墙内调整布置，不新征用地，也未改变前期总平面布置格局，整体布置紧凑，功能分区清晰。

（1）高坡换流站每极拆除 1 组靠极线出线侧的直流滤波器，并对保留的直流滤波器高压电容器 C1 进行改造。直流滤波器已运行多年，为保证设备安全，应尽量不改变原电容器 C1 塔结构和基础受力。经研究确定，在原电容器 C1 塔低压端串入一层电容器，串入的电容器采用拆除直流滤波器电容器 C1 单元的方式，并单独做基础。经校核，串入一层后原电容器 C1 低压端对地绝缘水平满足设计要求。

（2）直流场共装设直流高速并列断路器 6 台，其中 2 台布置在±500kV 极母线，2 台布置在至肇庆换流站±500kV 出线侧，2 台布置在至禄劝换流站±500kV 出线侧。直流出线侧 4 台直流高速并列断路器均紧邻环形检修道路布置。

（3）极性转换回路布置在拆除直流滤波器组位置。

（4）双回直流极线出线设备与极性转换回路平行面临环形检修道路布置。极线出线由北向南依次为“至禄劝换流站－500kV 极线出线”“至肇庆换流站－500kV 极线出线”“至禄劝换流站＋500kV 极线出线”“至肇庆换流站＋500kV 极线出线”。接地极构架布置在“至肇庆换流站＋500kV 极线出线”和“至禄劝换流站＋500kV 极线出线”的极线出线塔之间。

汇流站直流场平面布置图如图 2-11 所示。

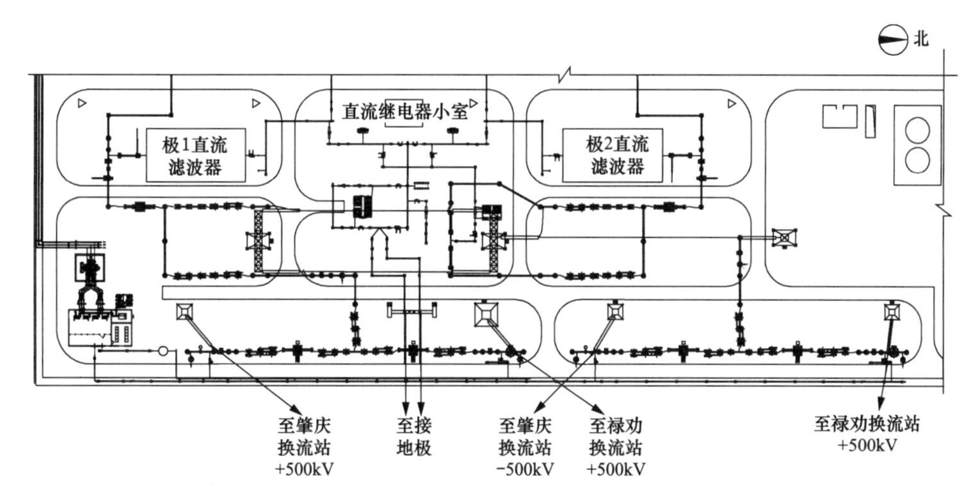

图 2-11　汇流站直流场平面布置图

第二节　三端直流输电系统关键主设备

三端直流输电系统关键主设备主要包括高速并列开关、直流电流测量装置、直流电压测量装置、汇流母线和极性转换区域隔离开关，以禄高肇直流工程为例进行说明。

一、高速并列开关

（一）高速直流并列开关的配置

高速直流并列开关（HSS）主要应用于多端直流输电系统中，实现直流系统送端、受端在线投退及直流线路故障高速隔离。为满足上述工况，直流并列开关需具备毫秒级别的分合闸速度，小电流开断能力以及大电流燃弧耐受能力。通常只需在中间站汇流母线处配置高速直流并列开关，以禄高肇直流工程为例，高速直流并列开关的配置如图 2-12 所示。

（二）高速直流并列开关的运行工况

1. 高速直流并列开关主要作用

（1）直流系统运行于三端模式，需要进行检修或站内发生故障等情况下，退出对应端换流站，直流系统转为两端模式。

（2）直流系统运行于两端模式，需要将已退出的换流站重新投入运行，直流系统转为三端模式。

（3）发生直流线路永久故障，送端换流站快速移相、直流线路电流降为零后，通过断开 HSS1 或 HSS3 实现直流线路故障隔离。

2. 高速直流并列开关的运行工况

（1）闭合稳态。当换流站处于投入运行状态，对应的高速直流并列开关应处于闭合稳

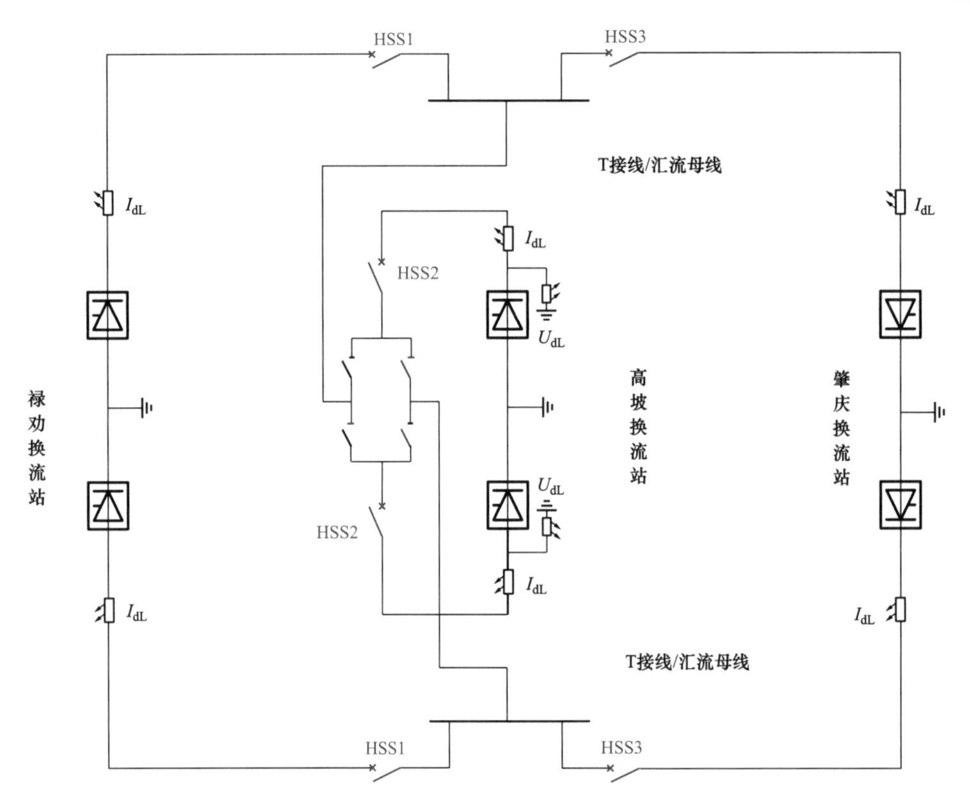

图 2-12　禄高肇直流高速并列开关配置示意图

态。该工况下高速直流并列开关无分合过程，主要考核其稳态通流能力，按照 1.2 倍 2h 过负荷运行工况进行校核。暂态过电流主要考虑故障电流，由于 HSS 暂态过流能力大于禄劝换流站、高坡换流站和肇庆换流站换流阀耐受能力，暂态故障电流对于高速并列开关不构成制约因素。

（2）断开暂态。直流系统运行于三端模式，在一端换流站需要检修或发生故障（单极或双极）等情况下，需断开该换流站对应的高速并列开关（单极或双极），主要分为以下两类：

1）非线路故障工况下，换流站计划/故障退出。送端换流站移相，对应换流站闭锁退出，其余站恢复运行，直流线路电压保持不变；换流阀处于闭锁状态，其端对地电压由于极线 TV 电阻放电等原因逐渐降低。因此，高速直流并列开关配套隔离开关断开前，其承受的端间电压逐渐升高。

2）线路永久故障工况，发生线路暂时性故障，系统尝试重启，高速直流并列开关不会断开。永久故障重启失败后，会断开相应高速直流并列开关隔离故障线路。对应直流极线电压为零，高速直流并列开关断开后耐受端间电压较低；但在非故障侧送端换流站与受端换流站恢复过程中的极线电压逐渐上升。因此，高速直流并列开关配套隔离开关断开前，其耐受的端间电压逐渐升高。

（3）断开稳态当换流站处于退出运行状态，对应的高速直流并列开关应处于稳定断开状态。该工况下高速直流并列开关无开关过程，且由于配有隔离开关和接地开关，高速直流并列开关的断口耐受直流电压约为零。该工况对于高速并列开关的选型不构成制约因素。

（4）闭合暂态直流系统运行于两端模式，若将已退出的换流站（单极或双极）重新投入运行，需闭合该换流站对应的高速并列开关（单极或双极）。

（三）高速直流并列开关技术参数

禄高肇直流工程选用的高速直流并列开关是在直流 550kV 电压等级直流母线快速开关的基础上进行研制的，其外形图如图 2-13 所示。

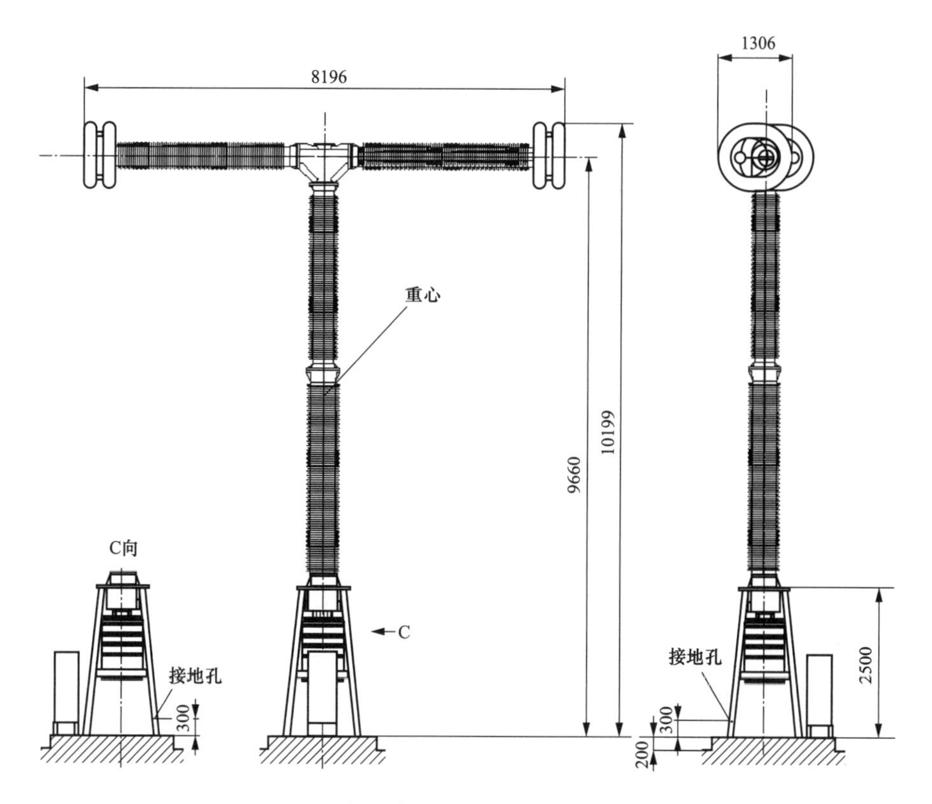

图 2-13　高速直流并列开关（HSS）外形图

开关整体外形呈“T”形布置。每台开关为双断口结构，包括灭弧室、均压电容、躯壳、均压环、支柱、机构、二次控制柜，开关每极配用一台液压碟簧操动机构，每台开关配用一个控制柜，且具有以下功能：

（1）设备的外部绝缘能够满足换流站所需的外绝缘水平。

（2）高速直流并列开关断口间加装均压电容，保证在断路器断开后，直流恢复的暂态过程中两个端口之间的电压均衡。

（3）高速直流并列开关在规定的各种工况下达到开断性能而不发生拒动或误动，有压力释放阀，并考虑其排放方向不会造成人员或设备伤害。

（4）高速直流并列开关有气体取样阀和充气点以及 SF_6 气体密度继电器，并具有事故报警及闭锁操动机构。

（5）每台开关装设机械式位置指示器，其安装部位清晰可见。

（6）高速直流并列开关本体内配置两个位置检测模块。

（7）SF_6 密度继电器与开关本体之间的连接方式满足不拆卸校验密度继电器的要求。

（8）高速直流并列开关端子板静态拉力不低于以下值：水平纵向 3000N，水平横向 2000N，垂直方向 2000N。

（9）在本体具备 SF_6 压力监视接口，具备就地显示和远程监视功能。设备 SF_6 压力继电器分级设置报警和跳闸信号，提供独立的两副用于报警的触点，设置三副独立的非电量元件跳闸触点。

二、直流电流测量装置

直流电流测量装置采用全光纤电流互感器，既能测量交流电流，又能测量直流电流，具有测量精度高、绝缘能力强、体积小、重量轻、响应速度快、动态范围大等优势，目前在超高压、特高压直流输电系统中有较大规模的应用。

（一）基本原理

全光纤电流互感器基于法拉第磁光效应、安培环路定理及干涉测量原理实现对一次电流的间接测量。

全光纤电流互感器原理图如图 2-14 所示，光源发出的光经过耦合器与起偏器后，变为线偏振光。起偏器的尾纤与相位调制器的尾纤以 45°熔接，线偏振光以 45°注入保偏光纤延迟线，分别沿保偏光纤的 X 轴和 Y 轴传输。这两个正交模式的线偏振光经过 1/4 波片后，分别变为左旋和右旋圆偏振光，进入传感光纤中传播。载流导线中传输的电流产生磁场，在传感光纤中产生法拉第磁光效应，使这两束圆偏振光的相位差发生变化并以不同的速度传输，在反射镜处反射后，两束圆偏振光的偏振模式互换（即左旋光变为右旋光，右

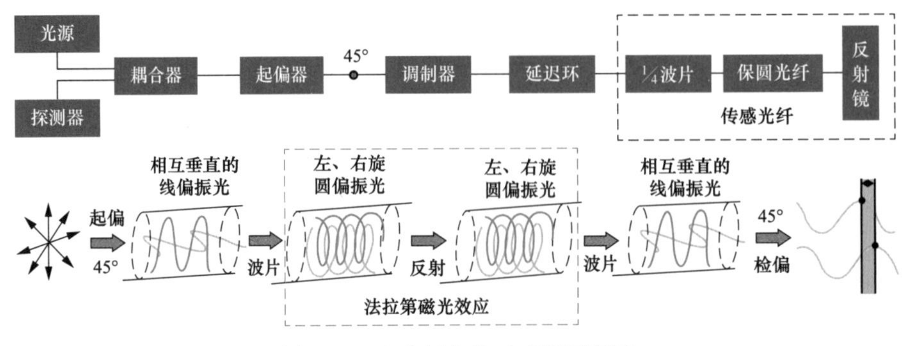

图 2-14　全光纤电流互感器原理图

旋光变为左旋光)，再次通过传感光纤，并再次经历法拉第效应使两束光产生的相位差加倍。这两束光再次通过 1/4 波片后，恢复为线偏振光。两束光在起偏器处发生干涉，携带相位差信号的光进入光接收组件转换为电信号。

（二）技术特点

（1）绝缘性能优异。全光纤电流互感器高压侧为无源设计，高压侧无电子元器件，完全通过光纤进行测量并传输，测量光纤通过复合绝缘套管并采用成熟的光纤绝缘子灌封工艺进行传输，绝缘性能优异。

（2）全温度范围的高精度测量。全光纤电流互感器对传感光路在温度变化条件下输出精度进行控制，输出稳定可靠，在－40～＋85℃温度范围内测量准确度达到 0.2 级。

（3）暂态响应速度快。全光纤电流互感器采用高性能 A/D、D/A 器件，并输出大容量高频采样数据给 FPGA 进行后续处理，降低二次采样数据处理时间，大大提高测量系统响应速度。全光纤电流互感器的阶跃响应总时间（数据延时＋阶跃上升时间）小于 100μs，满足常规直流系 400μs 运行要求。

（4）测量回路完全冗余化。全光纤电流互感器一次传感元件与二次电子处理器件一一对应，实现测量回路完全独立，单一回路中任意元件的故障不会对其他回路的测量产生影响，实现了完全冗余独立的要求。

（三）设计方案

1. 结构设计

全光纤电流互感器由互感器一次测量本体和放置于户内屏柜中的二次采集器组成。户外一次传感部分全部为光纤，与二次装置内的光源、探测器、直波导等光器件组成一个完整的测量系统，如图 2-15 所示。

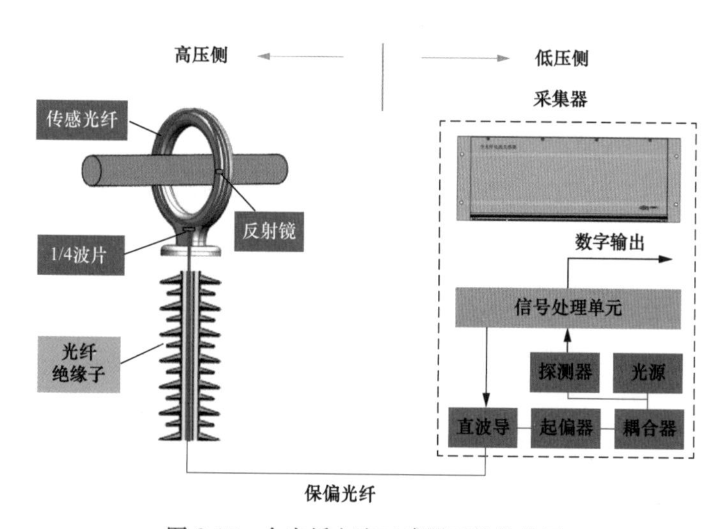

图 2-15　全光纤电流互感器系统结构图

从图 2-15 可以看到，高压侧为光纤传感器部分，由 1/4 波片、传感光纤和反射镜组成，通过熔接形成一个无源传感器件。互感器高压侧测量本体和低压侧光 TA 采集器之间通过保偏光纤传输光信号，抗干扰能力强。

由于光纤具有不可拆分的特性，从高压侧传感光纤至二次采集器均为完全独立的冗余系统，无任何共用部分。高压侧如配置 3 套传感光纤则保偏光纤、采集器均配置 3 套、全光纤电流互感器光回路结构图如图 2-16 所示。

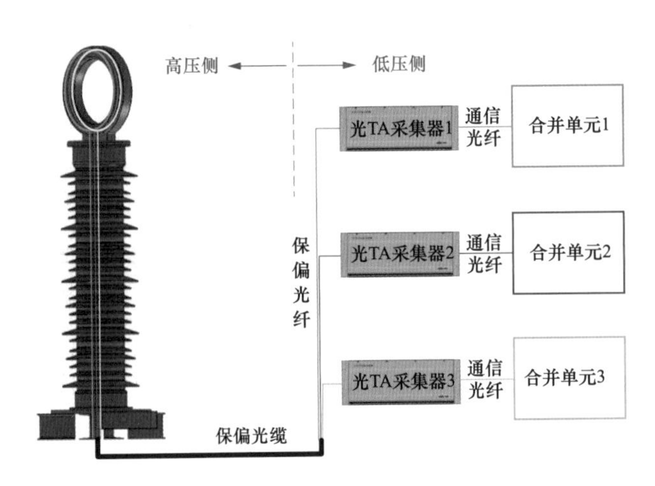

图 2-16　全光纤电流互感器光回路结构图

2. 冗余配置方案

基于控制保护系统配置原则，充分考虑单套控制保护系统测量回路完全独立配置。对于测点接入单极的直流电流测量装置配置 3 套独立的传感光纤，对于测点接入双极的直流电流测量装置配置 6 套独立的传感光纤，直流滤波器区配置 4 套独立的传感光纤。

以直流极线电流测量装置为例，接线原理图如图 2-17 所示。

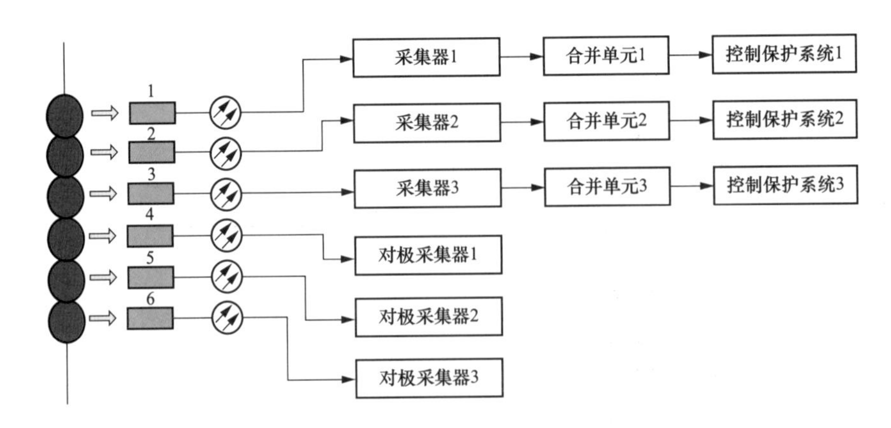

图 2-17　直流极线电流测量装置接线原理图

三站全光纤电流互感器测点配置图如图 2-18 和图 2-19 所示。

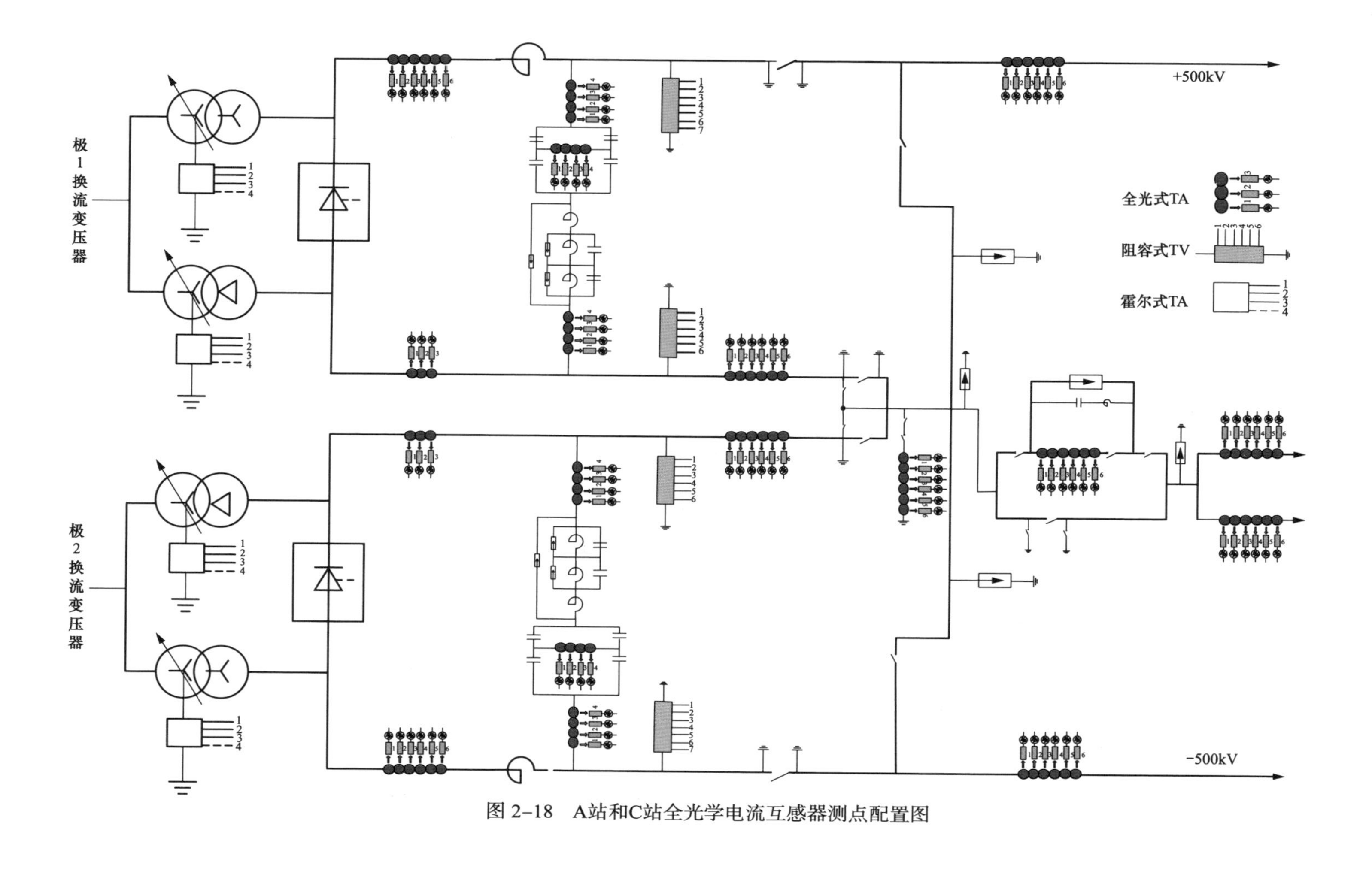

图 2-18　A站和C站全光学电流互感器测点配置图

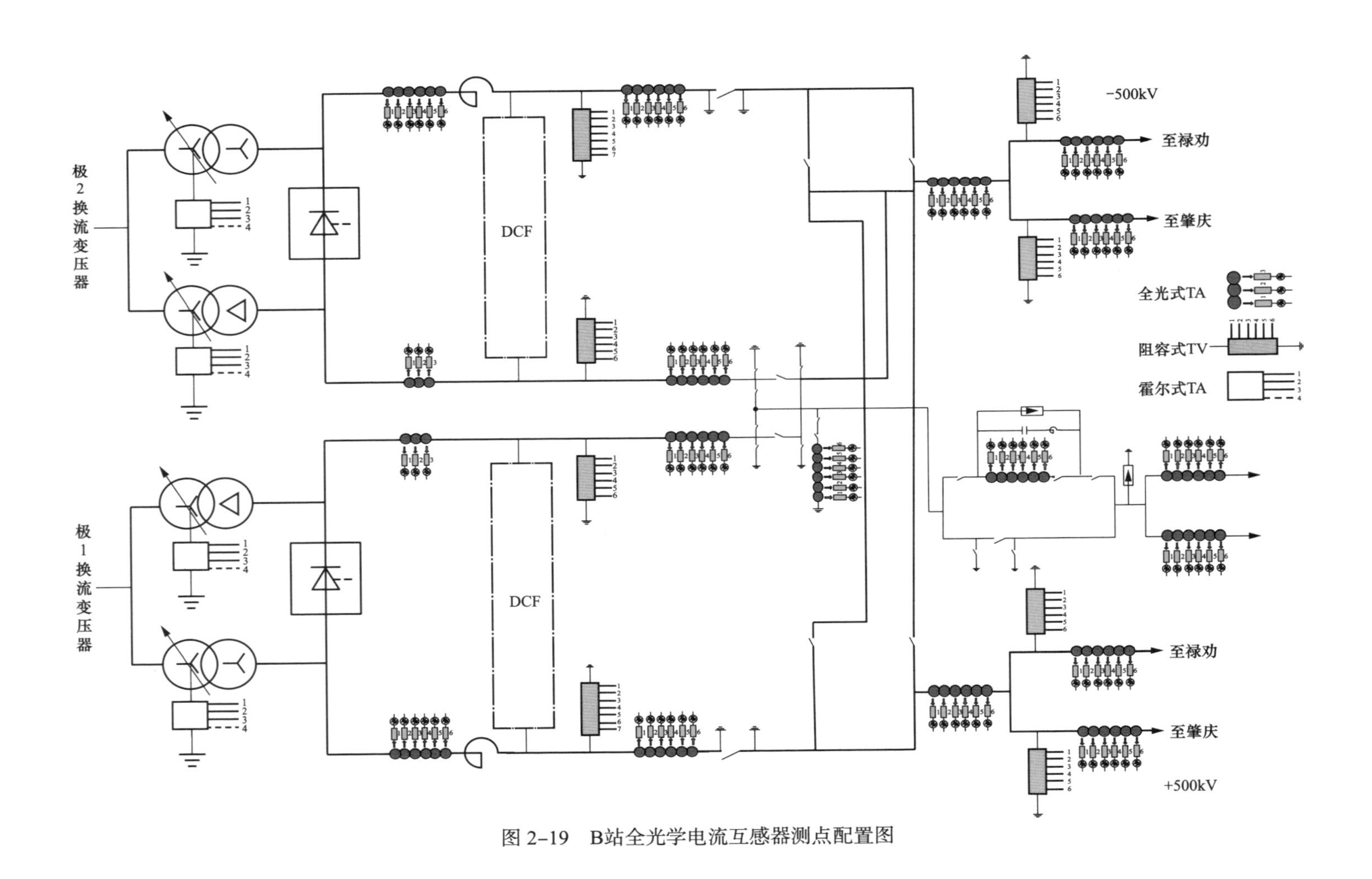

图 2-19　B站全光学电流互感器测点配置图

三、直流电压测量装置

（一）电压测量装置原理及技术方案

电压测量装置为具有电容补偿的电阻分压器，包括高压臂、低压臂、二次分压系统及连接光缆，其工作原理如图 2-20 所示。

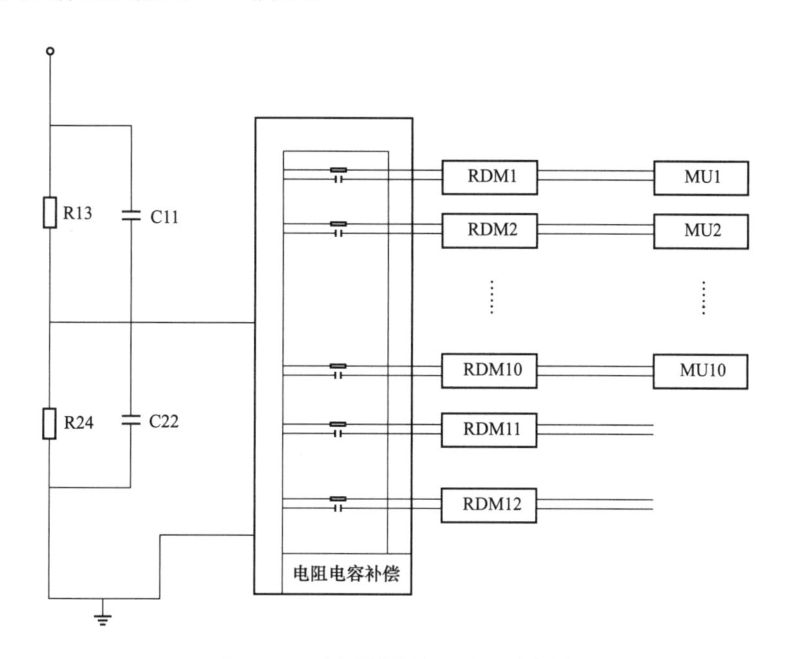

图 2-20　电压测量装置原理示意图

高压阻容分压器在高压一次侧以模拟信号记录各测量值，并传输至安装于分压器底部接线盒内的远端模块（RDM）。

测量数据由远端模块转换为串行数字信号并通过光纤传输至本体合并单元（MU），合并单元位于换流站控制室内。

（二）电压测量装置设计方案

直流电压测量装置为具有电容补偿的电阻分压器，包括高压臂、低压臂、二次 OPDL 系统及连接电缆，阻容分压原件装在绝缘子（绝缘筒）内；分压器的型式保证其绝缘子内、外表面泄漏电流不会影响到测量结果，绝缘子不存在中间法兰；高压臂、低压臂的电容使高压臂、低压臂具有相同的暂态响应，其中低压臂电容须在安装现场进行调节；高压臂、低压臂的电阻型式相同以便有相同的温漂。

电压分压器本体低压端抽头处通过安装于分压器本体底部端子箱内远端模块，将采集到的模拟电压信号转换为数字信号，并通过光纤传送至控制室。

四、汇流母线和极性转换区域隔离开关

由于常规直流的特性，当要求常规直流反送时，其电流方向不改变，而改变的是其电压方向。对于并联多端直流系统，考虑到中间汇流站可能作为整流站或逆变站的需求，需在极线上安装极性转换开关，改变其正负极性。

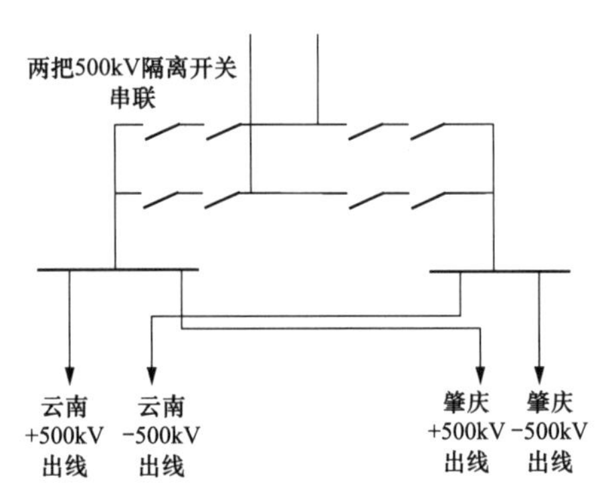

图 2-21　换流站极性转换区域隔离开关配置

在出线两极之间设置隔离开关组成桥式电路以满足两端直流运行条件下极性倒换的需求。当要求中间汇流站反送时，通过控制该开关，将原正极接到－500kV 母线，将原负极接到＋500kV 母线，实现该站的极性转换，从而实现该站整流站和逆变站的转换。换流站极性转换区域隔离开关配置如图 2-21 所示。

第三节　三端直流输电系统运行方式

一、直流系统运行方式

（一）功率传输方式

三端直流输电工程存在 10 种功率传输方式：①站 A、站 B 送电站 C 三端方式；②站 A 送电站 B、站 C 三端方式；③站 C、站 B 送电站 A 三端方式；④站 C 送电站 B、站 A 三端方式；⑤站 A 送电站 C 两端方式；⑥站 A 送电站 B 两端方式；⑦站 B 送电站 C 两端方式；⑧站 B 送电站 A 两端方式；⑨站 C 送电站 B 两端方式；⑩站 C 送电站 A 两端方式。

上述 10 种功率传输方式可归纳为三端功率正送，两端功率正送，三端功率反送，两端功率反送，站 A、站 B 互济送电方式，如图 2-22 所示。

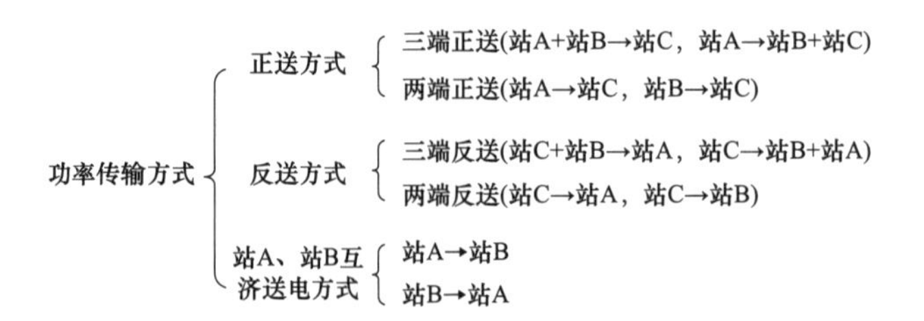

图 2-22　三端直流工程功率传输方式分类

考虑到一般站 A 为电源端，站 C 为负荷端，为降低控制保护系统的复杂度，可取消站 C、站 B 送站 A 三端方式和站 C 送站 B、站 A 三端方式，仅保留其余 8 种功率传输方式。

（二）接线方式

三端直流输电工程的接线方式有 24 种，其中典型接线方式 18 种，非典型接线方式 6 种，如表 2-1 所示。其中，站 B 根据系统送电需求，双极接入直流线路的方式分为极性正常和极性反转两种方式。极性正常即极 1 极母线连接极 1 直流线路，极 2 极母线连接极 2 直流线路；极性反转即极 2 极母线连接极 1 直流线路，极 1 极母线连接极 2 直流线路。

表 2-1　　　　　　　　　　　　三端直流接线方式

序号		接线方式（大类）	接线方式（小类）
典型接线方式			
1	站 B 极性正常	三端双极	三端双极
2		三端单极金属回线	三端单极金属回线
3		三端单极大地回线	三端单极大地回线
4		两端双极	站 A、站 C 两端双极
5			站 B、站 C 两端双极
6		两端单极金属回线	站 A、站 C 两端单极金属回线
7			站 B、站 C 两端单极金属回线
8		两端单极大地回线	站 A、站 C 两端单极大地回线
9			站 B、站 C 两端单极大地回线
10	站 B 极性反转	三端双极	三端双极
11		三端单极金属回线	三端单极金属回线
12		三端单极大地回线	三端单极大地回线
13		两端双极	站 A、站 C 两端双极
14			站 A、站 B 两端双极
15		两端单极金属回线	站 A、站 C 两端单极金属回线
16			站 A、站 B 两端单极金属回线
17		两端单极大地回线	站 A、站 C 两端单极大地回线
18			站 A、站 B 两端单极大地回线
小计			18 种
非典型接线方式			
1	站 B 极性正常	一极三端单极大地回线，对极两端单极大地回线	一极三端单极大地回线，对极站 A、站 C 两端单极大地回线
2			一极三端单极大地回线，对极站 B、站 C 两端单极大地回线
3		一极两端单极大地回线，对极不同站的两端单极大地回线	一极站 A、站 C 两端单极大地回线，对极站 B、站 C 两端单极大地回线
4	站 B 极性反转	一极三端单极大地回线，对极两端单极大地回线	一极三端单极大地回线，对极站 A、站 C 两端单极大地回线
5			一极三端单极大地回线，对极站 A、站 B 两端单极大地回线
6		一极两端单极大地回线，对极不同站的两端单极大地回线	一极站 A 站 C 两端单极大地回线，对极站 A、站 C 两端单极大地回线
小计			6 种
总计			24 种

（三）运行方式命名

为便于表达，三端运行方式常采用“数字＋数字”的形式命名，两个数字分别表示各极所包含的处于运行状态的站点数量，数值较大的数字放置在第一位，数值较小的数字放置在第二位。根据运行工况不同，三端运行方式包含“3＋3”“3＋0”“3＋2”“2＋2”共4类，下面分别进行介绍。

1. “3＋3”“3＋0”运行方式

三端双极运行方式即为“3＋3”运行方式，三端单极运行方式即为“3＋0”运行方式。其中，“3＋0”运行方式可进一步分为“3＋0”金属回线运行方式与“3＋0”大地回线运行方式。“3＋3”运行方式与“3＋0”金属回线运行方式为正常运行方式，“3＋0”大地回线运行方式则为非正常运行方式。

“3＋3”运行方式与“3＋0”运行方式均包括“二送一”和“一送二”两大类。三端直流“二送一”运行时，站B极性正常，为整流站，此时站A和站B将功率输送到站C；“一送二”时，站B极性反转，为逆变站，此时站A将功率输送到站B和站C，图2-23所示为“3＋3”运行方式下“二送一”和“一送二”时的拓扑结构。

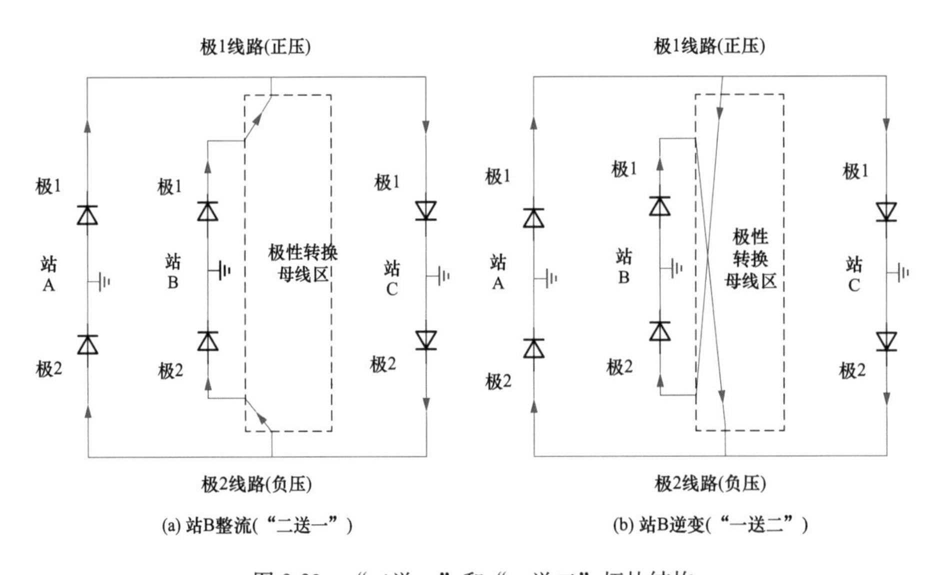

图2-23　“二送一”和“一送二”拓扑结构

2. “3＋2”运行方式

“3＋3”运行方式下，若某站单极故障退出，则进入一极三端运行，另一极两端运行的方式，该方式即为“3＋2”运行方式。

“二送一”运行时，站A或站B任一站一极退出后将进入“3＋2”运行方式；“一送二”运行时，站B或站C中任一站一极退出后也将进入“3＋2”运行方式，如图2-24所示。

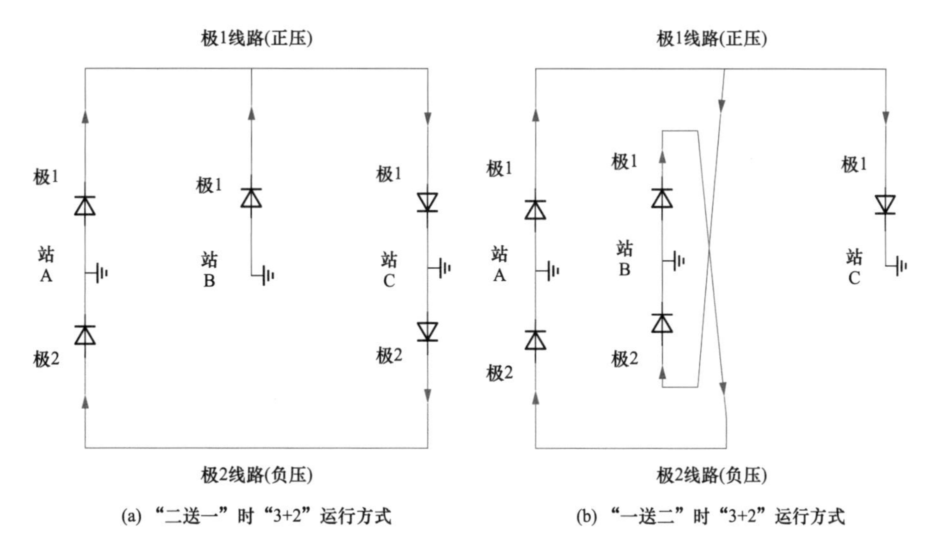

图 2-24 “3＋2”运行方式

3. “2＋2”运行方式

两极都是两端运行，但两极的两端非相同换流站的运行方式下，如一极为站 A、站 B 运行，另一极为站 A、站 C 运行，即为“2＋2”运行方式。

“二送一”运行时，受端站 C 双极运行，送端站 A、站 B 各有一极运行，则将进入“2＋2”运行方式；“一送二”运行时，送端站 A 双极运行，受端站 B、站 C 各有一极运行，则也将进入“2＋2”运行方式，如图 2-25 所示。

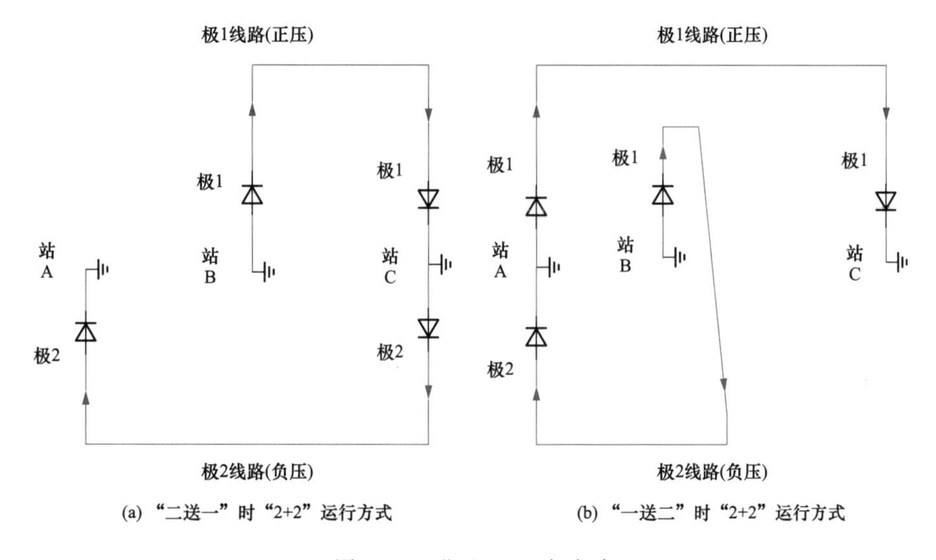

图 2-25 “2＋2”运行方式

二、第三站投退原则

三端直流进行第三站投退时，采用 HSS 实现第三站的投入、退出操作，可实现系统不停电下实现第三站的接入与退出。

第三站投入时，将先待投入的第三站处于闭锁状态，若有线路，需进行线路连接，并采取运行换流站移相的策略降低 HSS 两端压差，然后合上 HSS，最后执行三站重启。

第三站退出时，应满足 HSS 分闸电流要求，采取运行换流站移相的方式降低流过 HSS 的电流，并在 HSS 断开后迅速恢复，避免长时间输电功率中断。

站 B 极性正常时（站 A、站 B 送站 C 模式），站 A 带站 A—站 B 段线路进行投入和退出，站 B 不带线路进行投入和退出；站 C 不能在线投退。

站 B 极性反转时（站 A 送站 B、站 C 模式），站 C 带站 B—站 C 段线路进行投入和退出，站 B 不带线路进行投入和退出；站 A 不能在线投退。

三、被动进入非典型运行方式转换原则

（一）N-1 故障进入“3＋2”或“3＋0”运行方式

直流三端双极运行时，唯一送端或唯一受端单极故障退出，直流将进入“3＋0”大地回线方式运行。故障处置流程如图 2-26 所示。若故障极具备恢复条件，则将直流恢复三端双极运行方式；若故障极不具备恢复条件，但具备金属回线方式运行的条件，则将直流转为“3＋0”金属回线方式。

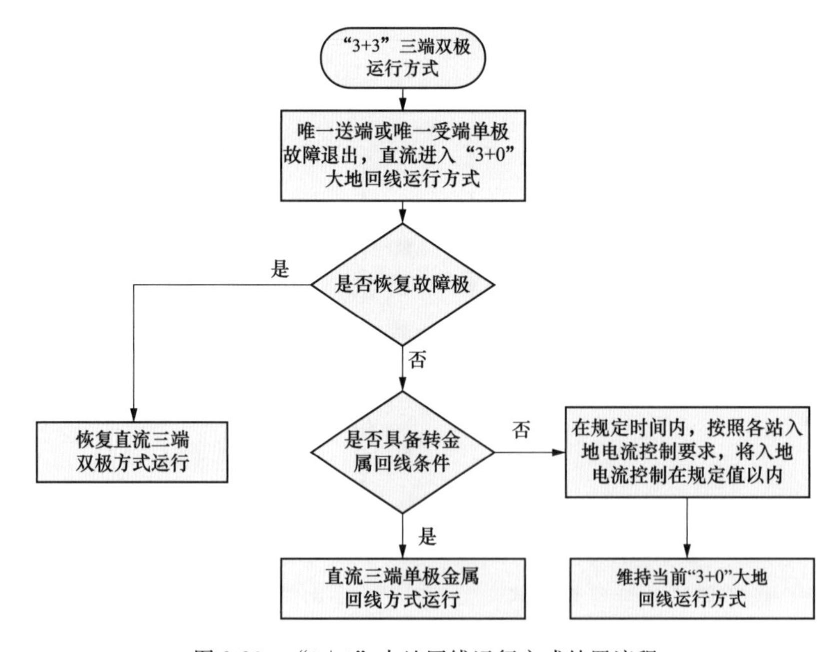

图 2-26　“3＋0”大地回线运行方式处置流程

当直流非唯一送端或非唯一受端单极故障退出时，直流进入“3＋2”方式运行，故障处置流程如图 2-27 所示。若故障极能够恢复，则应快速恢复直流三端双极方式运行；若短时间内故障无法恢复，可转换为三端单极金属回线或两端双极方式。

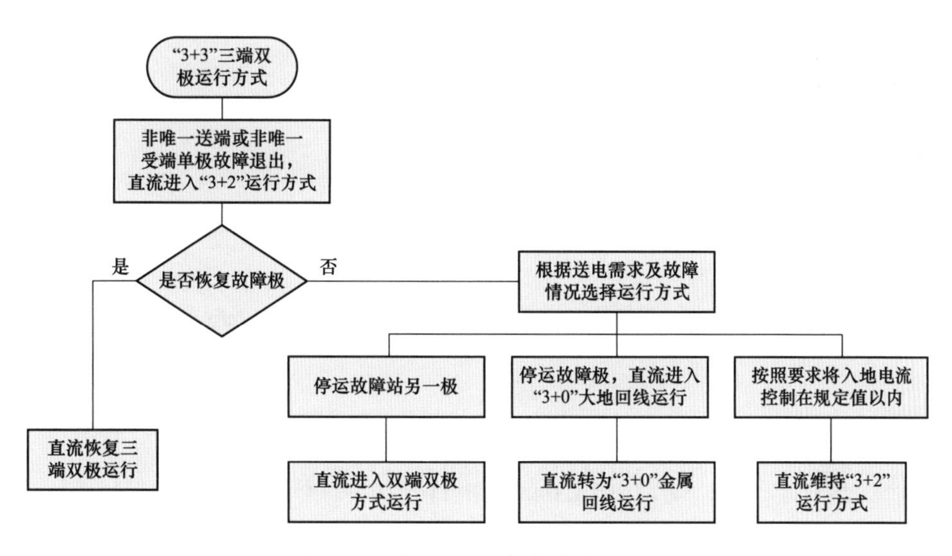

图 2-27　“3＋2”运行方式处置流程

（二）N-2 故障进入“2＋2”运行方式

两个受端站或两个送端站不同极同时发生故障退出时，直流进入“2＋2”运行方式，故障处置流程如图 2-28 所示。若发生故障的任一极能够恢复，则恢复为“3＋2”运行方式，然后按照“3＋2”运行方式的处置流程处置；若故障极短时间内均无法恢复，则可选择将其中一极停运，转为双端单极金属回线方式运行。

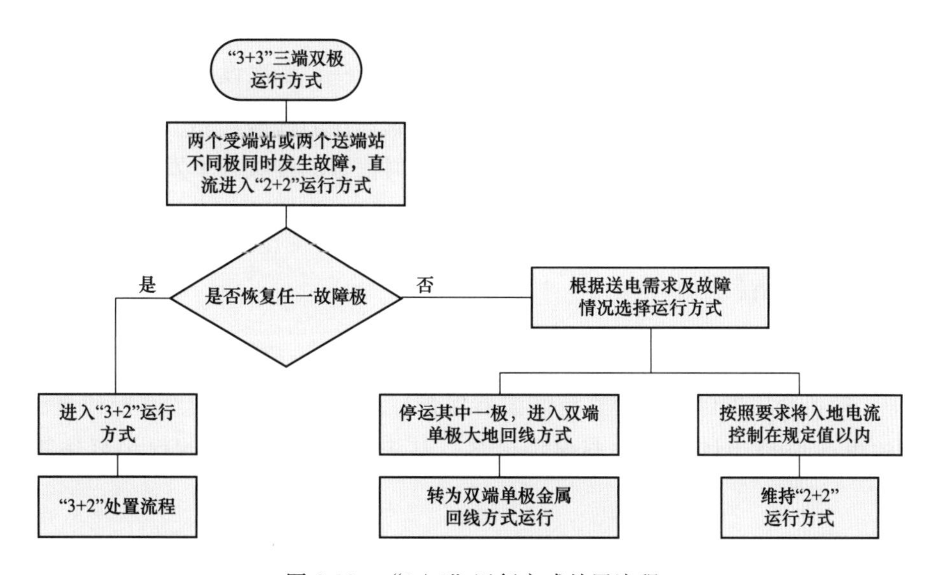

图 2-28　“2＋2”运行方式处置流程

第三章　三端直流输电控制保护系统总体设计

第一节　三端直流控制保护系统总体架构

三端直流输电控制保护系统采用分层分布式的总体架构，根据功能和控制级别可以分为运行人员控制层、控制保护设备层以及现场 I/O 设备层等三个层次。

各分层之间以及同一分层的不同设备之间通过网络总线相互连接，构成完整的控制保护系统。直流控制保护系统分层设计示意图如图 3-1 所示。

一、运行人员控制层

运行人员控制层由运行人员控制系统、培训系统、硬件防火墙和网络打印机等设备组成。其中运行人员控制系统是运行人员控制层的核心设备，由数据库服务器、运行人员工作站、工程师工作站等构成，其主要功能是对直流系统一、二次设备和交直流系统的运行数据进行采集和存储，并为运行人员提供监视和控制操作的界面。除上述功能外，运行人员控制层设备还具备事件顺序记录和报警、网络对时信号的接收和下发、文档管理，以及运行人员培训等功能。

二、控制保护层

控制保护层设备包括极控（双极、极和换流器控制）、交直流站控、直流系统保护（直流保护、换流变压器保护、交直流滤波器保护）设备。其中极控、站控和直流保护是整个直流输电系统最为核心的控制保护设备，基于统一的高速控制保护系统平台进行构建。

三、现场层

现场层设备提供与交直流系统一次设备和换流站辅助系统的接口，实现一次设备状态和系统运行信息的采集处理和上传、顺序事件记录、控制命令的输出以及就地控制和联锁等功能。

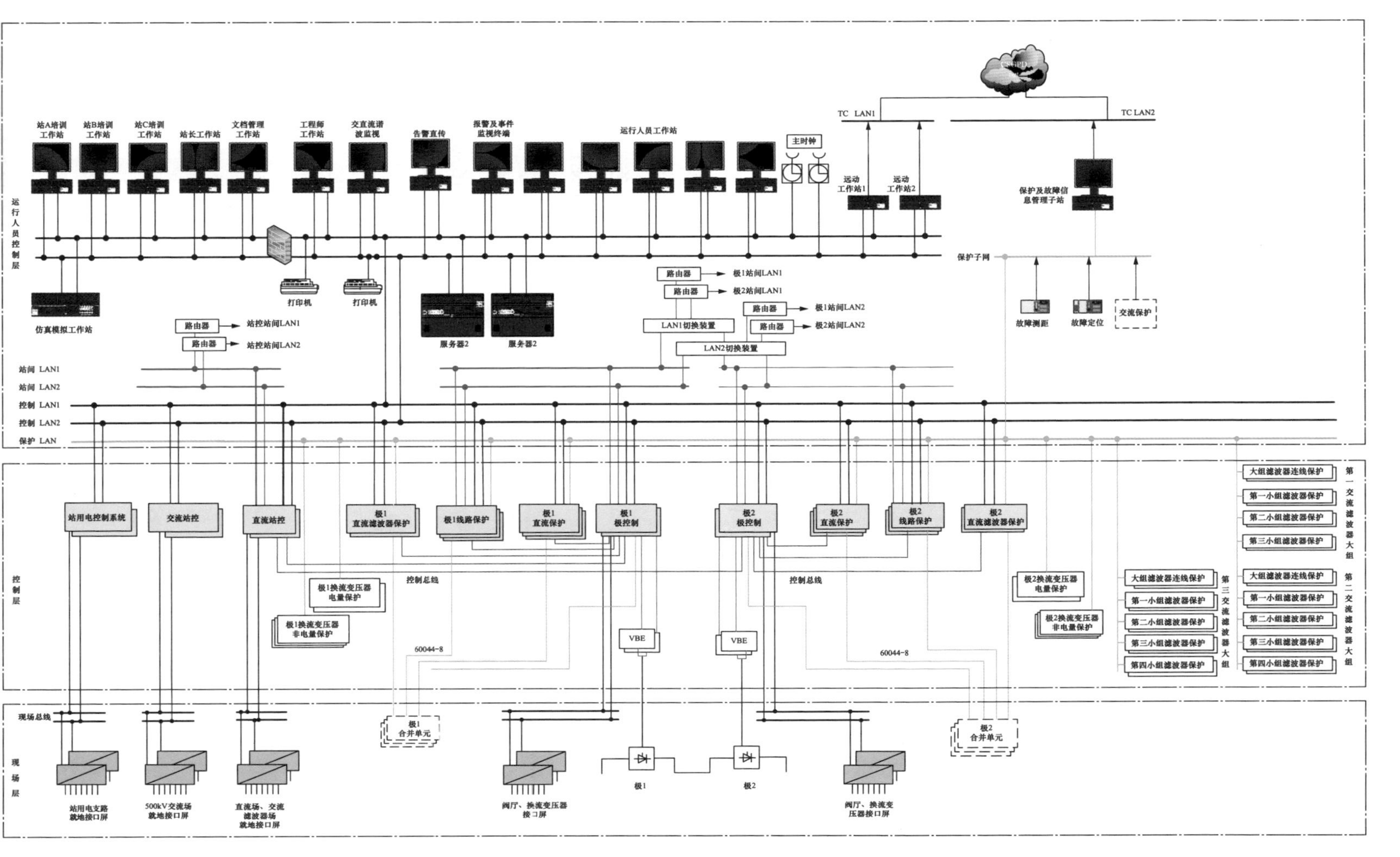

图 3-1　直流控制保护系统分层设计示意图

现场层的核心设备是分布式 I/O 单元测控装置，通过现场总线完成对现场模拟量和状态量的数据采集和上传，并执行主站下发的控制命令。装置同时配置有 LAN 网络接口，可以实现现场层设备的组网调试、就地监控、状态逻辑联锁。其中，分布式功能软件包括主处理软件、通信处理软件和交流模拟量处理软件等 3 部分，各自分布于主控制 CPU、通信及接口，以及模拟量输入及转换等智能硬件单元中，实现相应的处理和控制功能；调试工具软件实现整个装置的参数设置、数据监视、故障诊断和就地操作等功能，为应用人员提供便利的工程配置和运行维护手段。

第二节　控制保护系统设备配置原则

换流站控制保护设备采用分层分布式配置，即运行人员控制层、控制保护层以及现场层。同层之间采用 IFC 总线进行通信，各层之间分别采用标准的冗余 LAN 网和现场总线进行通信，各换流站之间通过冗余的站间通信通道连接。

换流站控制保护设备按各自功能范围划分配置，核心的控制保护设备和测控单元均采用冗余配置，整个系统具备足够的冗余度，确保任何单一设备的故障不会影响直流系统的正常运行，具体配置原则如下：

（1）直流控制设备与直流保护设备相互独立配置；

（2）双极控制和多端功率协调功能在直流站控中配置，不设独立主机；

（3）双极保护功能在极保护中配置，不设独立主机；

（4）直流极控制系统和交/直流站控系统采用双重化冗余设计，每一重控制系统完全独立；

（5）运行人员控制系统中的服务器、站 LAN 网等按双重化冗余结构配置，工作站和其他相关设备按多重化或双重化配置；

（6）线路保护单独组屏，实现线路保护、金属回线保护以及 B 站的汇流母线区域保护；

（7）直流极保护、线路保护以及换流变压器的非电量保护采用三重化冗余配置，每一重保护系统完全独立；

（8）直流滤波器保护、交流滤波器保护以及换流变压器保护采用完全双重化冗余配置，采用“启动”＋“动作”出口策略；

（9）直流控制和直流保护设备之间，以及双重化冗余的直流控制设备之间，采用高速工业控制总线通信，以保证数据传输的实时性；

（10）所有直流保护屏柜配置检修压板和出口压板，方便维护和检修。

第三节　运行人员控制层

一、运行人员控制系统

运行人员控制系统是换流站正常运行时运行人员的人机界面和站监控数据收集系统的

重要部分，在软件结构上采用客户机/服务器模式，将数据处理工作分配给服务器。运行人员控制系统人机界面如图 3-2 所示。

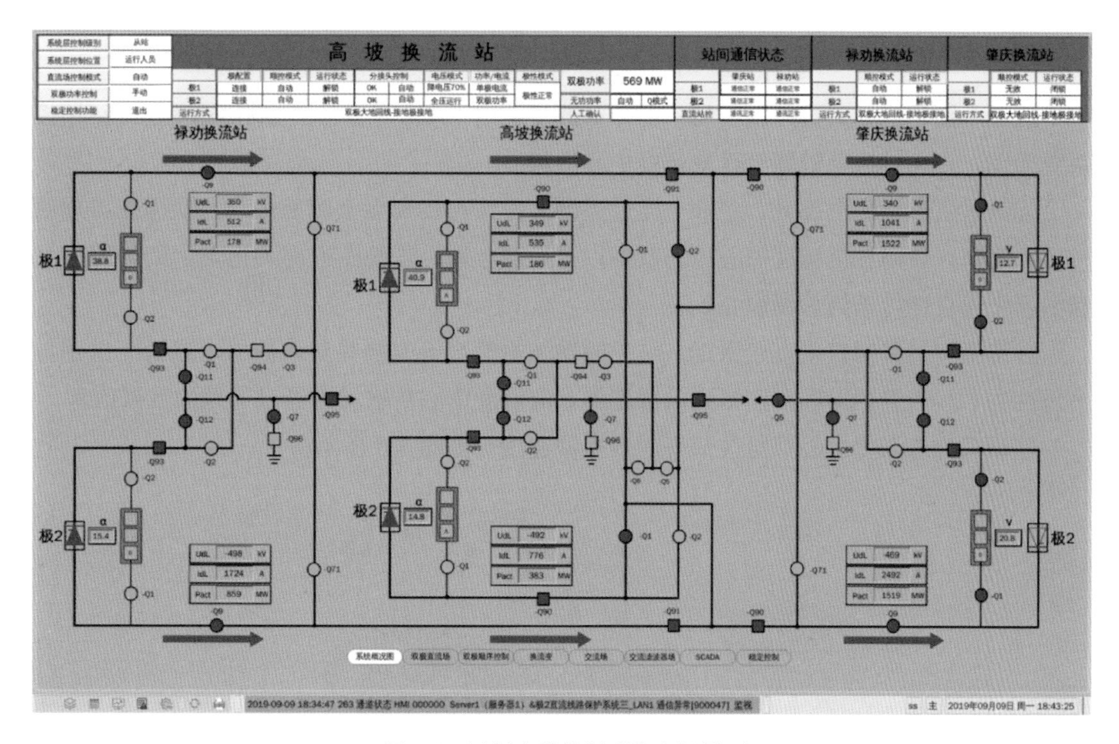

图 3-2 运行人员控制系统人机界面

运行人员控制系统的功能包括接收并执行运行人员对换流站正常的操作指令、完成故障或异常工况的监视和处理、全站事件顺序记录和事件报警、全站二次系统的同步和对时、直流控制系统参数的调整、历史数据归档以及基本的培训功能。

二、就地控制系统

就地控制系统是运行人员控制系统和远方调度系统丢失、运行人员工作站全部故障或两套站 LAN 故障情况下的后备系统，在站级控制权限上处于最高级，可直接将控制权限从运行人员控制位置或远方调度系统控制位置切换到就地控制位置。

就地控制系统由 1 台就地控制工作站、服务器及相应的网络设备组成，其监控软件、数据库和人机界面与运行人员控制系统相同。就地控制系统主要功能如下。

1. 监视功能

就地控制系统与运行人员工作站上的人机界面保持一致，系统提供了全站接线图，包含交、直流场设备、直流系统的“四遥”信息，控制主机的运行状态和故障信息，直流系统顺控流程图。就地控制系统具备事件报警管理功能，可以显示直流系统的事件报警信息。

2. 控制功能

运行人员在就地控制系统的人机界面上可以对交、直流场的设备（如断路器、隔离开关、接地开关等）进行控制操作，直流系统控制操作（直流场顺序控制，状态转移、控制方式和模式转换、启停、功率升降等）。

三、远动系统

远动系统是运行人员控制极的一部分，通过站内 LAN 网与位于控制保护级的极/站控系统通信，并通过远动链路与远方调度中心通信。

远动系统包括两个部分：一部分通过远动工作站连接到多个调度中心，使用 104 规约按照约定的点表向各个调度中心传送数据；另一部分通过告警图形网关把站内的告警信息和图形页面直接传送到总调中心。

远动工作站采用直采直送原则，与控制保护主机直接连接并获取数据，然后上送到各个调度中心，告警图形网关连接到站服务器，向调度中心传输站内经过处理的数据信息。

远动系统与调度中心都通过双平面数据网连接，如图 3-3 所示。

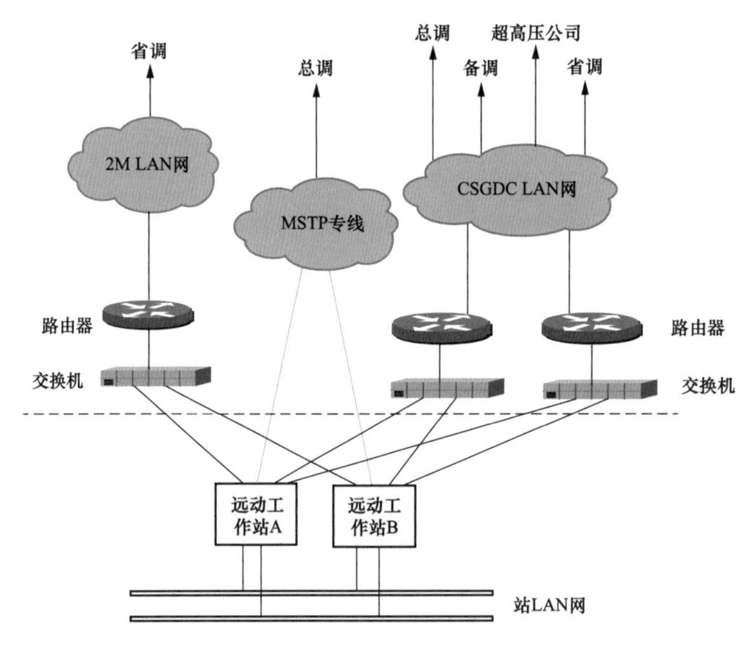

图 3-3　远动系统网络通信总体结构图

四、保护及故障录波信息管理子站系统

保护及故障录波信息管理子站系统（简称保护信息子站）是一个对电力系统故障信息进行采集、传输、处理的分布式准实时系统，既满足电网故障情况下对故障信息的快速采集、传送和分析应用，又能实现日常运行中对微机继电保护和故障录波器的监测功能。保护信息主站及子站总体功能示意图如图 3-4 所示。

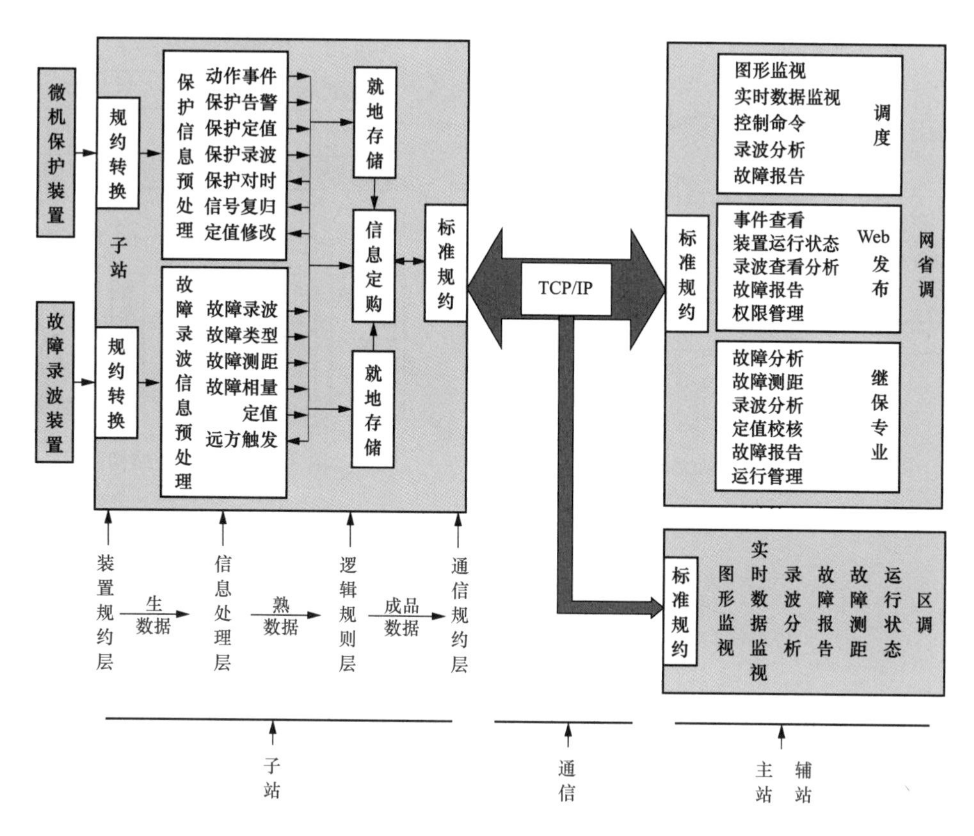

图 3-4 保护信息主站及子站总体功能示意图

五、告警直传系统

告警直传系统是指以换流站监控系统的单一事件或综合分析结果为信息源，经过规范化处理，生成标准的告警条文，经由图形网关机直接以文本格式传送到调度主站及设备运维站，调度主站分类显示在相应的告警窗并存入告警记录文件。告警直传系统结构示意图如图 3-5 所示。

六、辅助系统

辅助系统实现对换流站内辅助系统信息收集、监视和存储，系统双重化配置，包含辅助系统接口装置、通信协议转换装置。

辅助系统负责接入换流站内辅助子系统，包括但不限于阀冷系统、阀厅与主控楼空调系统、火灾报警系统、站内水处理系统、图像监视及安全警卫系统、站用直流电源系统、UPS 系统、380V 站用电系统等子系统，辅助系统结构图如图 3-6 所示。

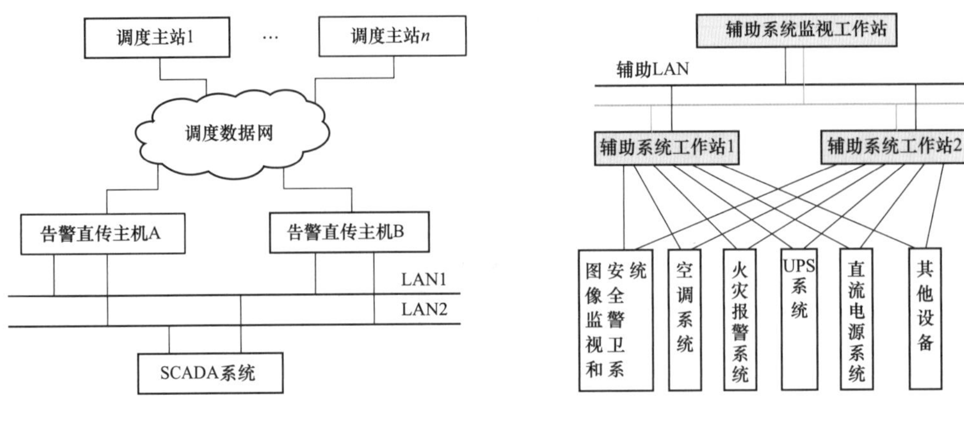

图 3-5　告警直传系统结构示意图

图 3-6　辅助系统结构图

第四节　控 制 保 护 层

一、直流站控

直流站控系统按换流站配置，每站配置一套双重化的直流站控系统屏柜，主要完成多端协调控制、双极层控制、有功功率分配、无功功率控制、直流场手动/自动顺序控制、控制级及主从站控制、孤岛控制以及融冰模式等功能，并对直流侧和交流滤波器场开关进行动态监视。

直流站控接口如图 3-7 所示。

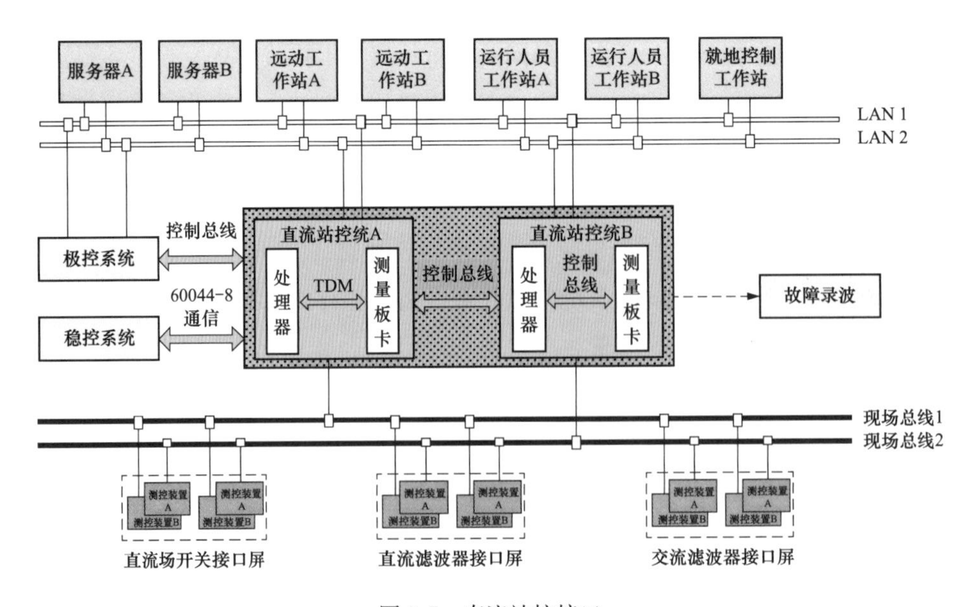

图 3-7　直流站控接口

直流站控主机与继电器室的交流滤波器接口屏、直流场接口屏、直流站接口屏上的测控装置通过现场总线通信进行数据交互，如图 3-8 所示。

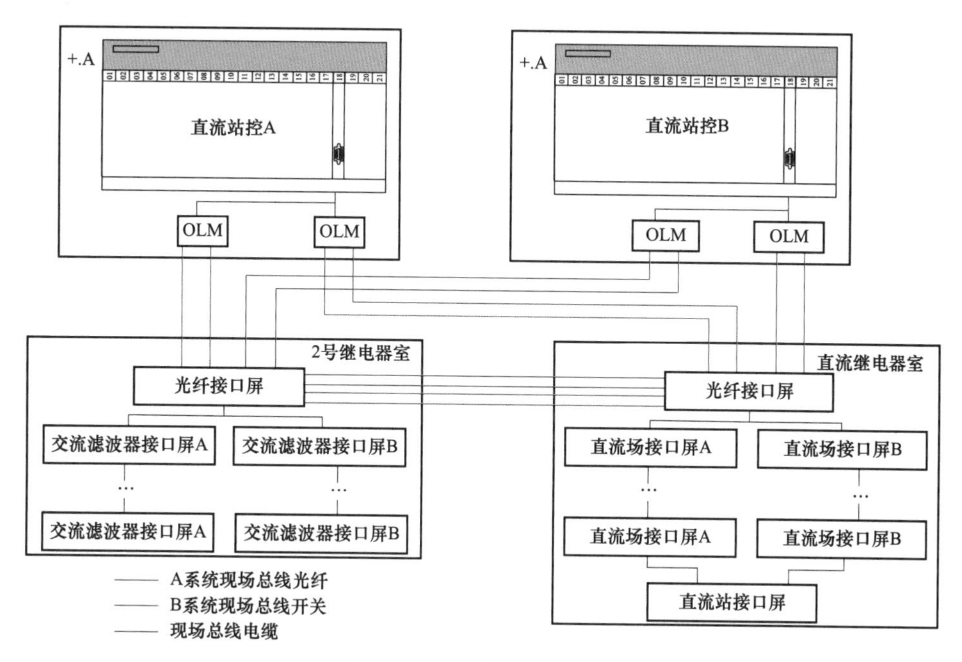

图 3-8　直流站控现场总线图

二、交流站控

交流站控系统按换流站配置，每站配置一套双重化的交流站控屏柜，主要完成交流场开关联锁、开关分合闸以及交流场设备状态监视等功能。交流站控接口如图 3-9 所示。

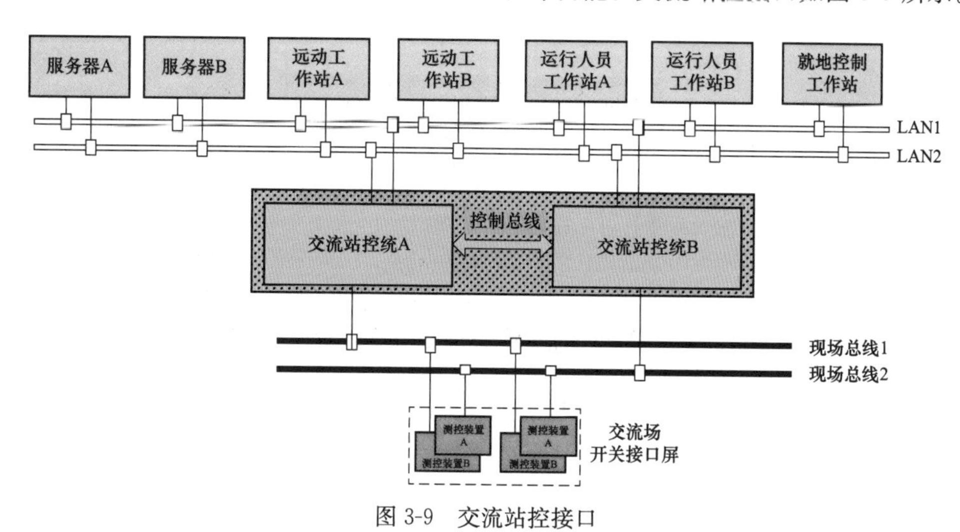

图 3-9　交流站控接口

交流站控主机与继电器室的交流场接口屏、交流站接口屏上的测控装置通过现场总线通信进行数据交互，如图 3-10 所示。

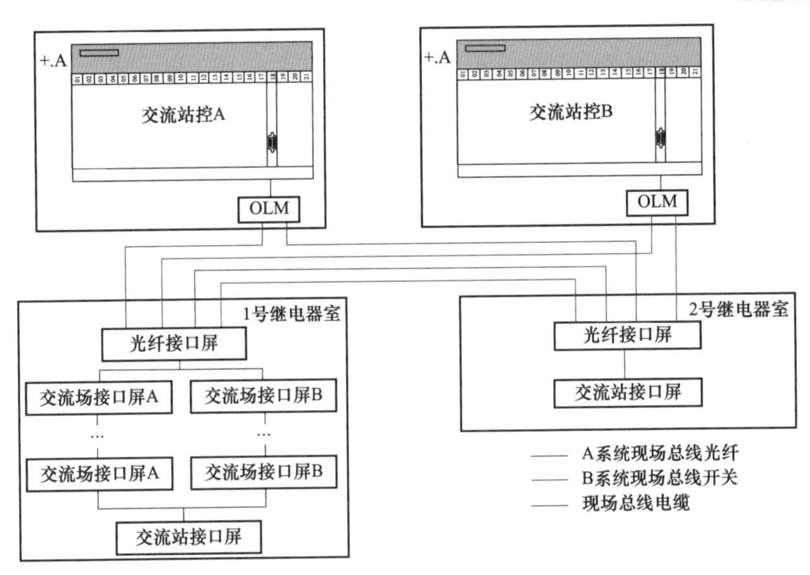

图 3-10　交流站控现场总线图

三、极控

极控系统在每个换流站按极进行配置，每个极配置一套双重化的冗余屏柜。极控系统功能主要包括电流调节器、电压调节器、熄弧角调节器、电流裕度补偿调节器、换流变压器分接头调节器、低压限流调节器、电流限制器等，以及换流器的闭锁、解锁、紧急停运、顺序控制等功能。极控系统接口如图 3-11 所示。

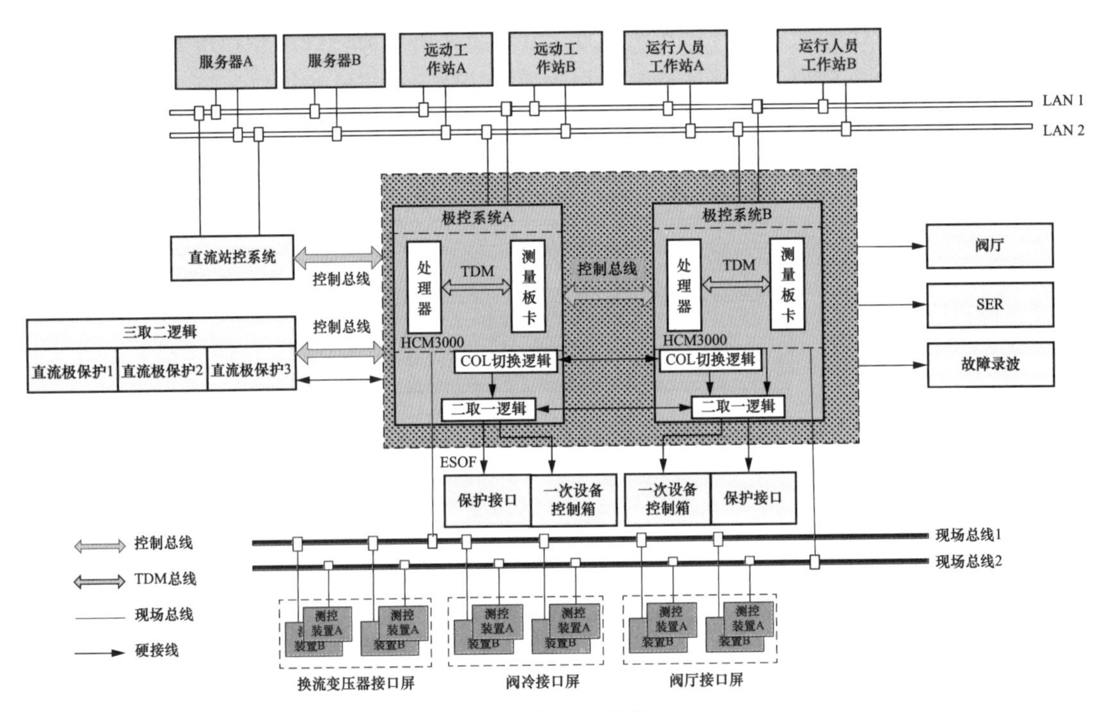

图 3-11　极控系统接口

极控主机与主控楼阀冷设备室的换流变压器接口屏、阀厅接口屏上的测控装置通过现场总线通信进行数据交互，如图 3-12 所示。

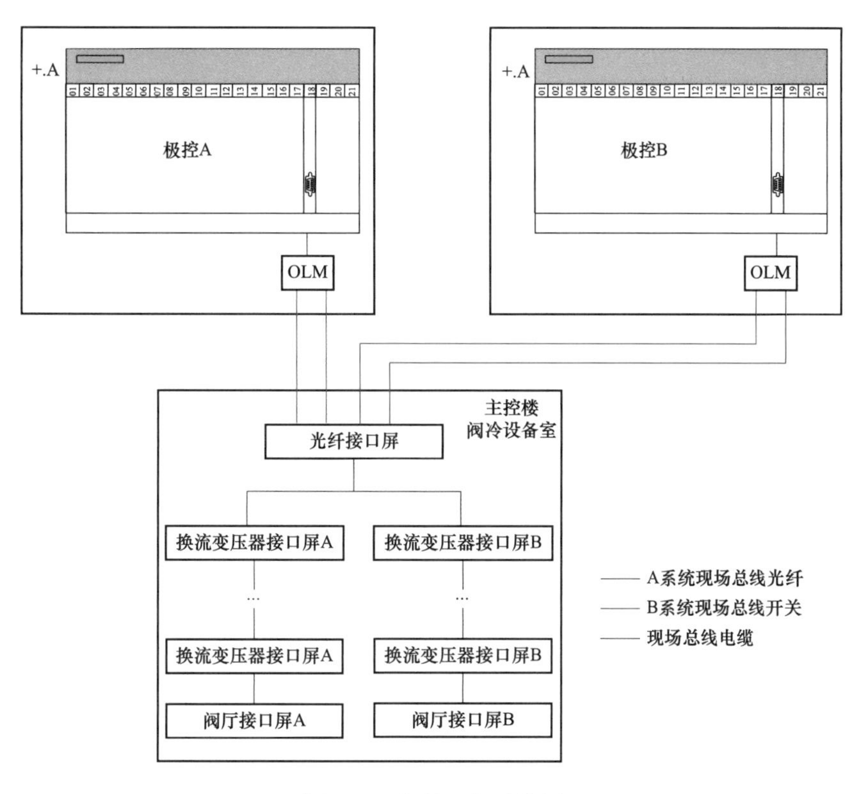

图 3-12 极控现场总线图

1. 极层控制功能

极层控制是控制单个极的控制层次。双极直流输电系统要求一极故障时，另一极能够单独运行，并能完成主要的控制任务。因此要求两极完全独立。

极层控制功能完成与极相关的控制功能，从双极控制层接收极电流/功率参考值，进一步产生换流器层闭环控制所需要的直流电流、直流电压、熄弧角参考值。其主要功能有极间功率转移、极解锁/闭锁过程、直流线路故障重启顺序、极电流限制、极电流指令协调、低压限流环节等。极层控制功能配置如图 3-13～图 3-15 所示。

2. 换流器层控制功能

换流器层控制是控制单个换流单元的控制层，主要设备为换流器控制系统，所有控制输出为点火角控制。控制功能有点火角控制、定电流控制、定关断角控制、直流电压控制、分接头控制以及换流单元闭锁和解锁顺序控制等。换流器层控制功能配置如图 3-16 所示。

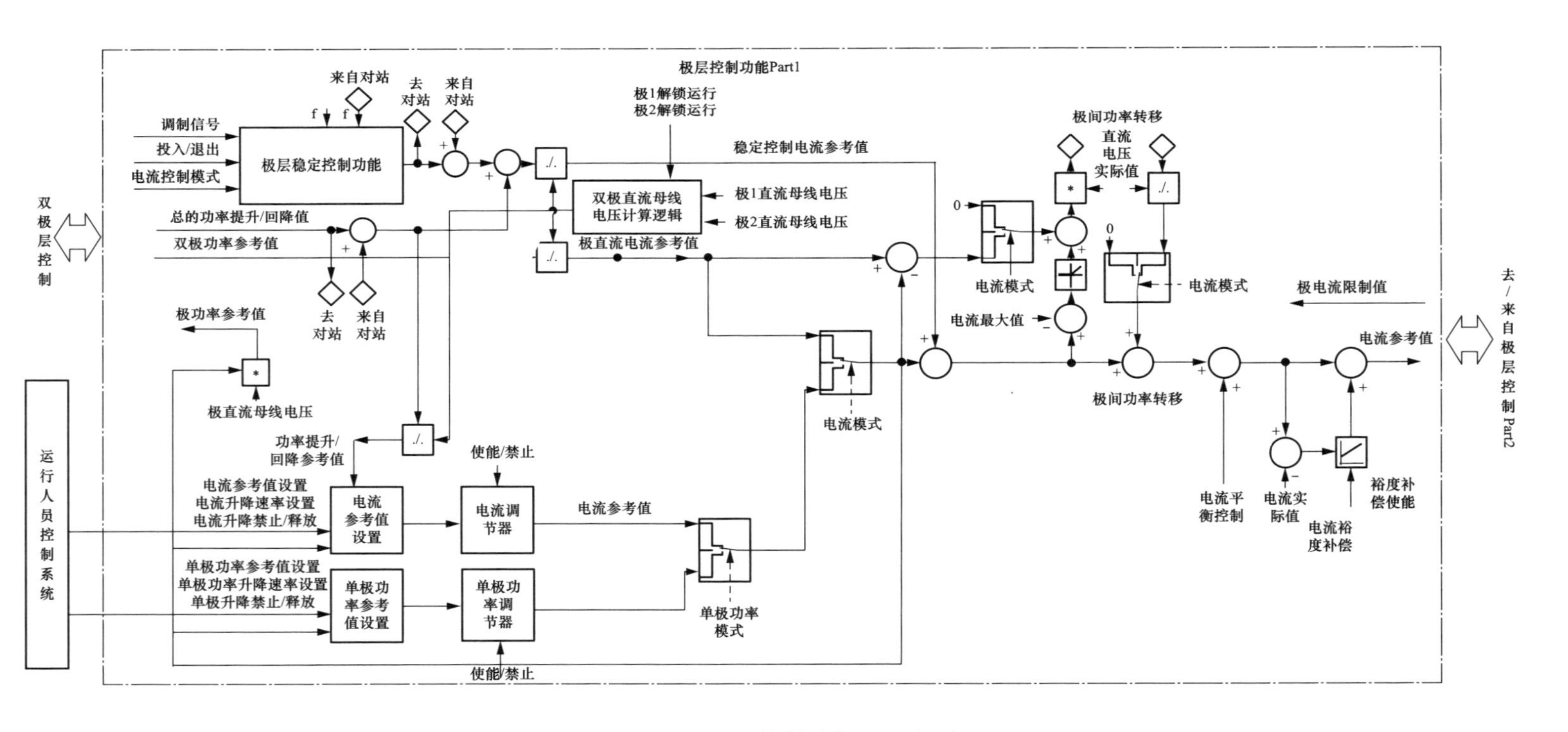

图 3-13　极层控制功能配置（一）

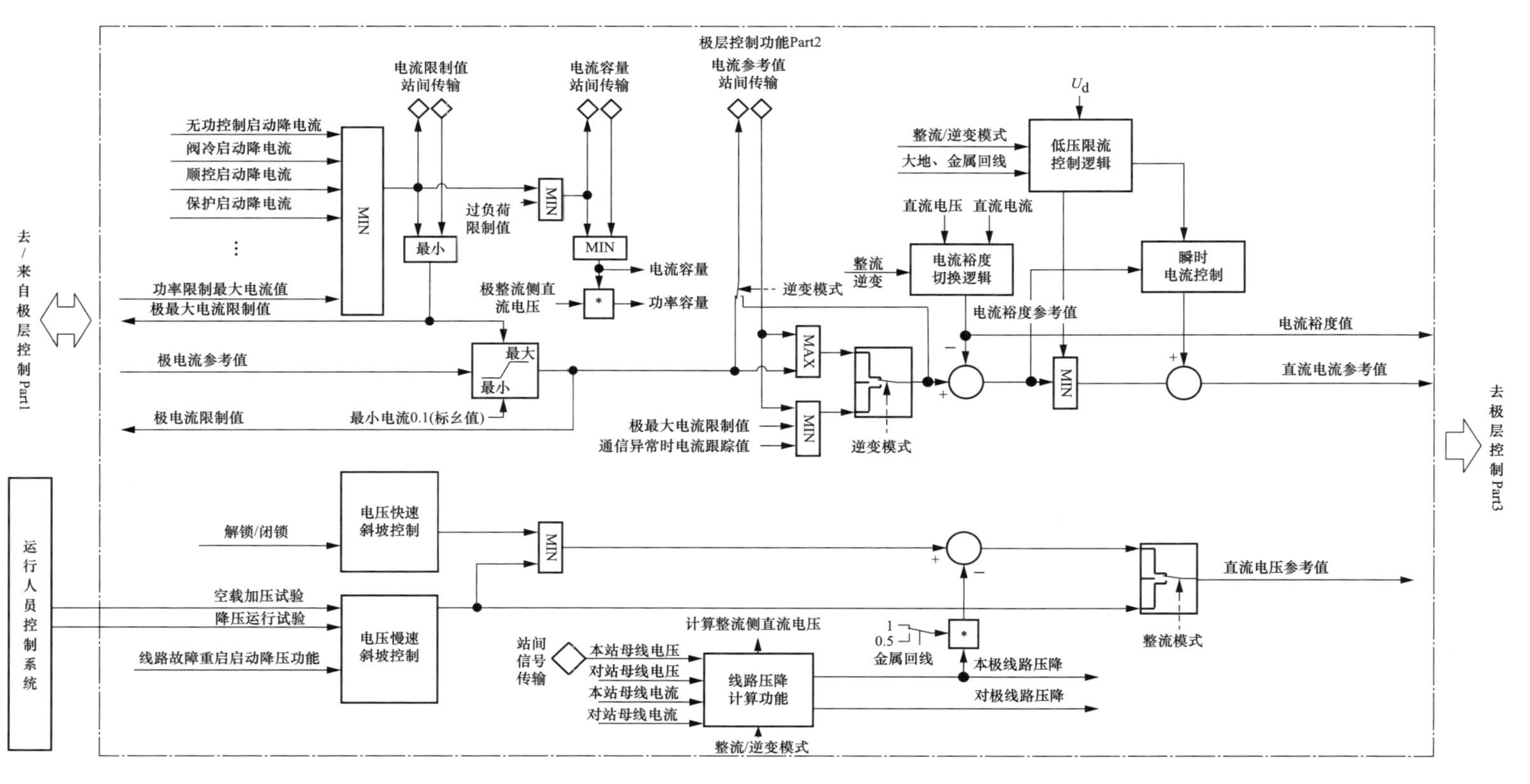

图 3-14 极层控制功能配置（二）

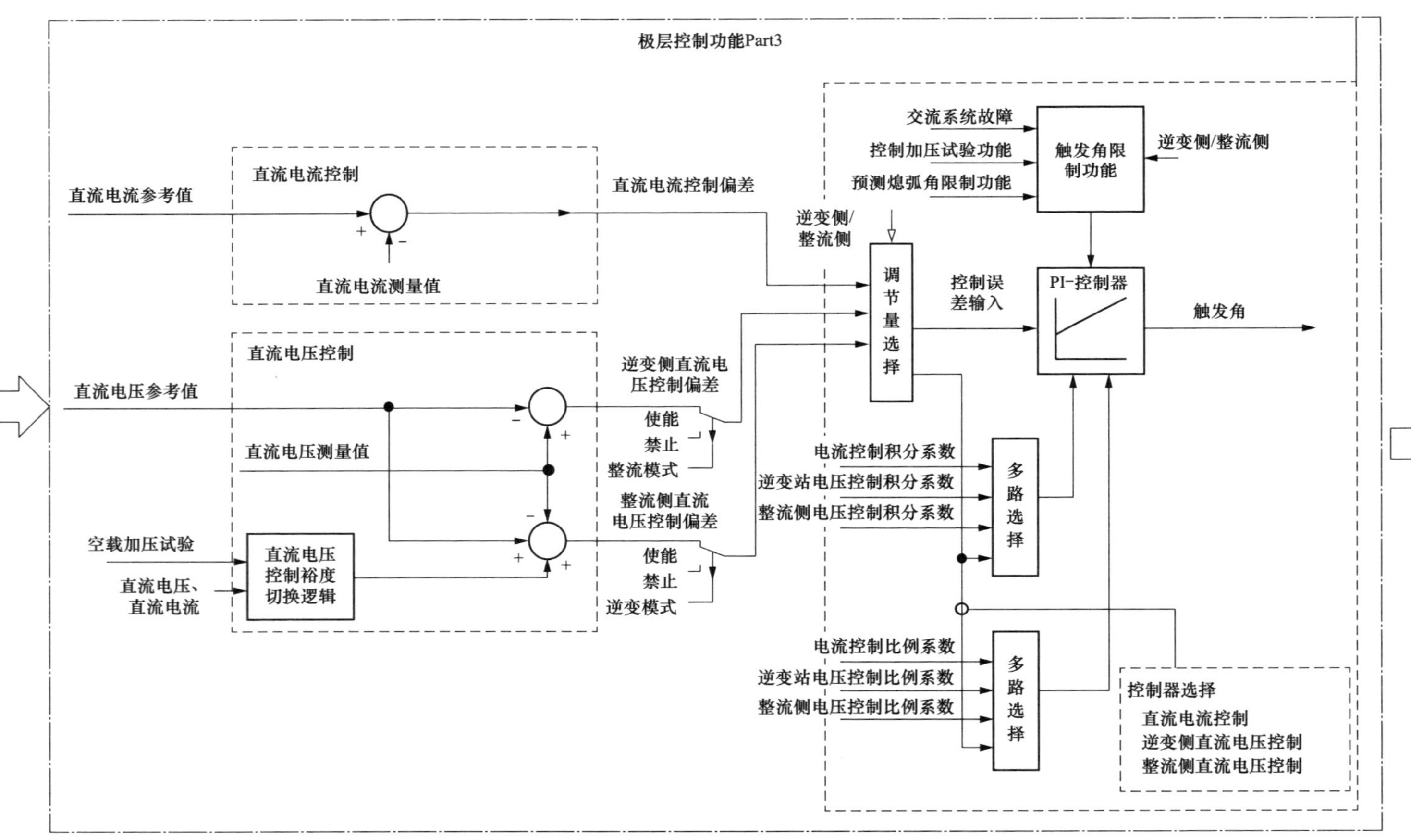

图 3-15　极层控制功能配置（三）

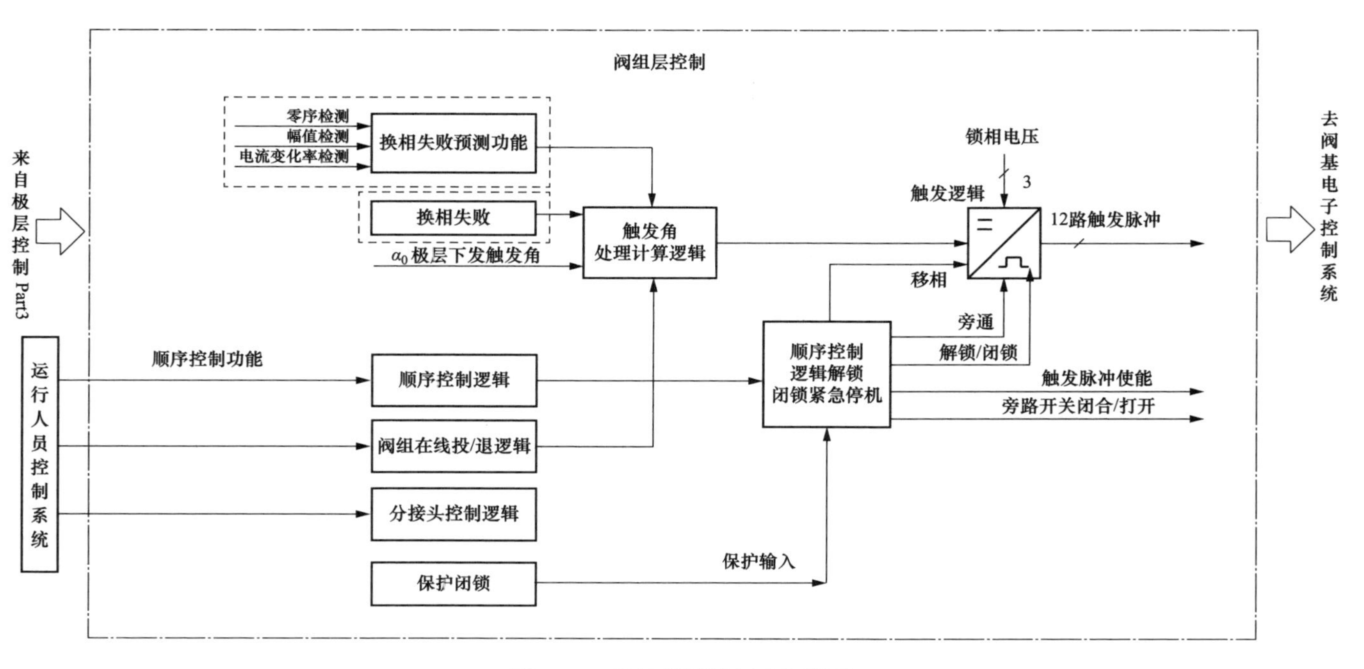

图 3-16　换流器层控制功能配置

四、站用电控制

站用电控制系统按换流站配置，每站配置一套双重化的站用电控制系统屏柜。站用电控制系统作为整个换流站控制保护系统的一部分，完成换流站内站用电系统设备的监视和控制、数据采集、联锁、站用电备用电源自动投入装置等功能。站用电控制系统接口如图 3-17 所示。

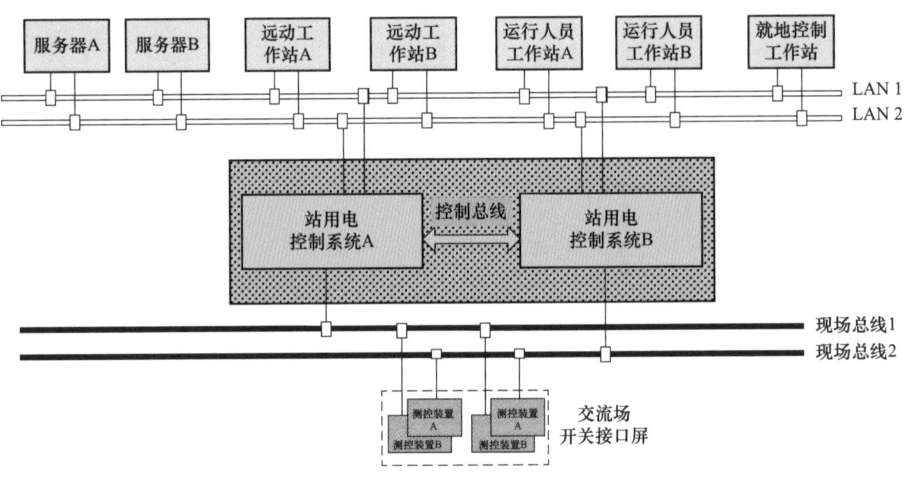

图 3-17　站用电控制系统接口

各换流站的站用电控制主机与中压室的站用电接口屏上的测控装置通过现场总线通信进行数据交互，如图 3-18 所示。

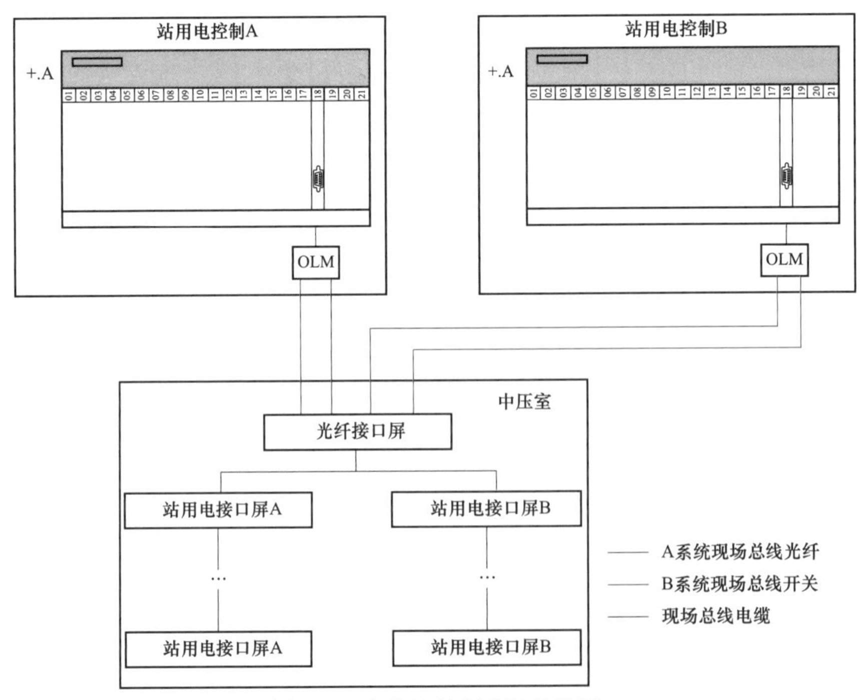

图 3-18　站用电控制现场总线图

五、保护系统

根据三端直流控制保护系统特点，直流保护包括极保护、线路保护及汇流母线保护、直流滤波器保护；交流保护主要包括交流滤波器、换流变压器、交流场断路器等。

直流极保护（集成双极区保护）、线路保护（高坡换流站集成汇流母线区保护）、换流变压器的非电量保护采用三重化冗余配置，采用“三取二”出口策略，任意一重保护系统的保护范围都覆盖整个需要保护的范围，保证在任何运行工况下所保护的设备或区域得到正确的保护。每一重保护系统完全独立，原始输入信号也尽量完全独立，所有的跳闸出口至少有两套保护系统检测到故障才有效动作。

直流滤波器保护、交流滤波器保护、换流变压器保护采用完全双重化冗余配置，采用启动＋动作出口策略，冗余保护系统同时运行，确保可靠地对直流滤波器、交流滤波器、换流变压器提供不间断的监测，两套保护系统完成相同的保护功能，并且在物理上和电气上相互独立。

第五节　就地控制层

就地控制层的测控装置通过现场总线完成对现场模拟量、状态量的数据采集和上传，并执行主站下发的控制命令。装置内置高精度交直流采样、同期控制等功能，同时配置有LAN网络接口，可以实现现场层设备的组网调试、就地监控以及状态逻辑联锁等功能。

一、三级防误操作联锁

直流控制保护系统具备三级防误操作联锁功能，多层次措施保障了系统可靠性，提高了系统的容错能力，三级防误操作联锁功能如下。

（一）运行人员控制层

运行人员控制层根据每个断路器、隔离开关的联锁条件进行实时判断，如果联锁条件不满足，则没有相关操作允许位，从操作权限上进行了最高限制。如果发生断路器偷跳，运行人员控制系统将自动锁定，不允许再次分合操作断路器，避免出现频繁分合断路器导致一次设备的损坏。

（二）控制保护设备层

交直流站控、极控和阀组控制和站用电源控制系统配置了联锁逻辑，当收到运行人员等发送的操作指令时，首先判断联锁逻辑是否满足，如果联锁逻辑不满足，则没有相关操作允许位。

(三) 就地测控层

就地测控装置配置本间隔的基本联锁功能，同时通过快速以太网实现了跨间隔通信，配置跨间隔联锁功能，保证了操作安全。

二、同期功能

就地测控装置提供应用于两个系统间并网操作的合闸同期检测及控制功能，同期合闸参数可手动设置为同频或非同频网，也可以选择由程序自动判别网络状态，从而选择最佳的同期合闸判据。

第六节　控制保护接口设计

一、换流阀接口

三端直流控制保护系统通过光接口与换流阀控制相连接，如图 3-19 所示。

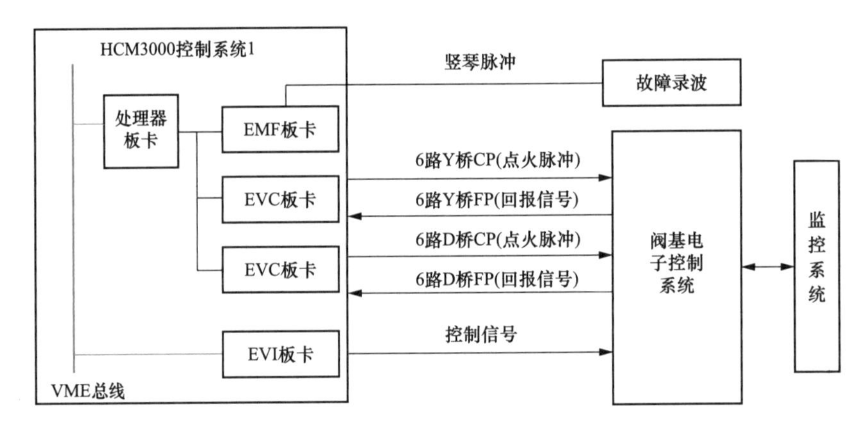

图 3-19　三端直流控制保护系统与阀控设备接口示意图

极控系统与阀控系统通过光纤通信，采用一一对应连接方式，即极控系统 A 对应阀控系统 A，极控系统 B 对应阀控系统 B。正常运行中采用“一主一备”的方式，处于主用状态的极控系统和阀控系统实际负责对换流阀的控制，处于备用状态的极控系统和阀控系统在可用时，处于热备用状态。极控系统与阀控系统信号均采用光调制信号，1MHz 表示信号有效，10kHz 表示信号无效，非 1MHz 且非 10kHz 表示通道异常。

二、阀冷系统接口

极控系统和阀冷控制系统间的重要信号通过硬连线电缆进行数据交换，实现极控系统对阀冷控制系统跳闸信号、功率回降信号快速处理。

三、换流变压器接口

每个极配置有相应的换流变压器接口屏，开关量采用无源接点接口方式，模拟量采用4～20mA 模拟量接口方式。

四、安全稳定控制装置接口

三端直流安稳系统与控制保护系统采用光调制信号的数字化接口，对直流系统功率的调节采用连续的模拟量进行调节。

安稳系统与直流站控采用冗余接口方式，如图 3-20 所示。安稳系统向直流站控输出功率提升、功率回降以及闭锁直流信号；直流站控以对安稳系统输出直流的运行状态如：定电压、定电流、降压运行的直流系统运行方式，以及两极的非正常跳闸等信号。

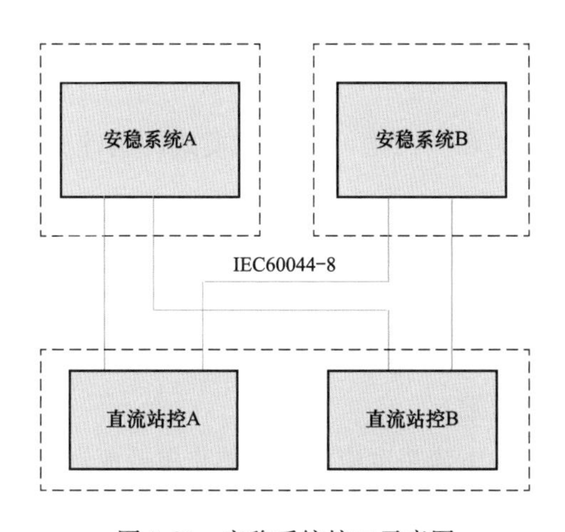

图 3-20　安稳系统接口示意图

第四章　三端直流输电控制系统

第一节　三端直流输电控制原理与特性

一、三端直流外特性

针对“一送二”运行模式和“二送一”运行模式，设计三端直流系统静态外特性曲线。设计主要遵循以下原则：

（1）任何时刻仅有一个换流站进行直流电压控制，其他两站控制换流器输入/输出功率；

（2）交直流系统故障消失后，系统具有较好的恢复特性；

（3）防止发生连续换相失败；

（4）三端运行任何时刻，电流裕度应满足，防止单换流器零电流长期运行等。

“二送一”模式三站静态外特性曲线如图 4-1 所示。正常运行时，站 A 和站 B 为整流站，处于控电流模式；站 C 为逆变站，处于控电压模式。逆变站控制站 A 电压为 500kV。站 A 和站 B 可分别下发功率参考值和功率升降速率。

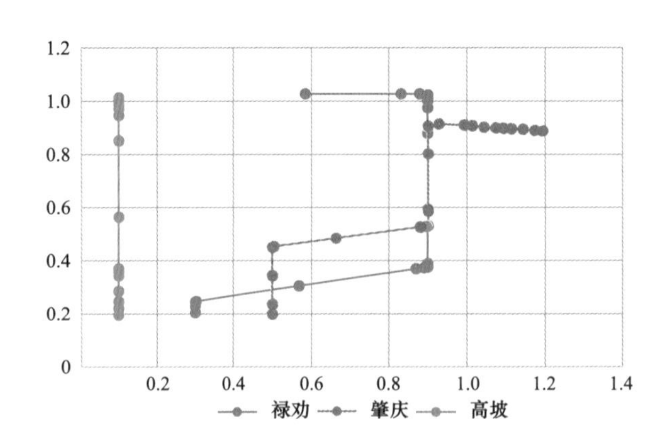

图 4-1　“二送一”模式三站静态外特性曲线

“一送二”模式三站静态外特性曲线示意如图 4-2 所示。正常运行时，站 A 为整流站，处于控电流模式；站 B 为逆变站，处于控电流模式；站 C 为逆变站，处于控电压模式。逆变站控制站 A 电压为 500kV。站 A 和站 B 可分别下发功率参考值和功率升降速率。

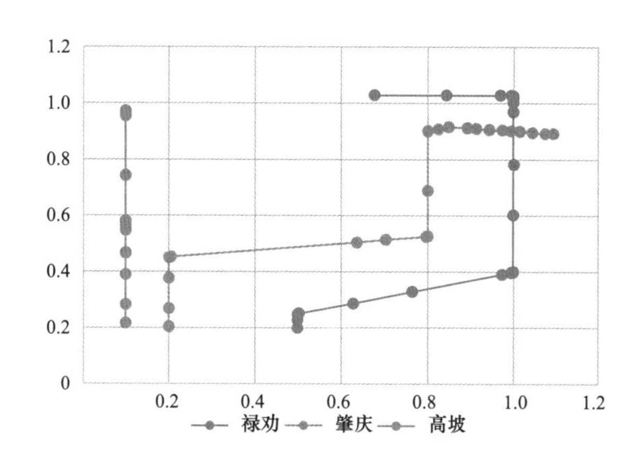

图 4-2　“一送二”模式三站静态外特性曲线

控制系统包括各种基本的控制器和限制器等，实现所要求的各种直流系统运行控制模式和控制功能，并具备把直流功率、直流电流、直流电压及换流器触发角等被控信号保持在直流主回路设备所能承受的稳定极限之内所需的一切特性。控制系统把直流系统运行时的暂态过电流及过电压都限制在一次设备能承受的极限范围内，并保证在交流或直流系统故障后，在规定的时间内平稳地恢复送电。

三站运行，正常情况下，其中两个站控制直流电流（称之为功率站)，一个站控制直流电压（称之为电压站)。电压站也配备电流控制和电流裕度补偿功能，以便当直流电压由功率站决定时，保持稳定的直流输送功率。

三站运行，“二送一”模式时，站 A 处于整流模式控直流功率，站 B 处于整流模式控制直流功率，站 C 处于逆变模式控直流电压。“一送二”模式时，站 A 处于整流模式控直流功率，站 B 处于逆变模式控制直流功率，站 C 处于逆变模式控直流电压；站 B 处于逆变模式，又需其控直流功率，故需在三站解锁时通过调整其直流电压和直流电流裕度，保证站 B 处于逆变模式且能控制直流功率。

如果整流侧交流电压降低，整流侧由于最小触发角限制而失去电流控制，逆变侧的电压站将变为功率站。此时的直流电压取决于最小触发角和整流侧的交流电压。当整流侧交流电压恢复时，整流侧直流电压控制可能会瞬时投入运行以限制直流电压。

当逆变侧交流电压降低时，为了避免熄弧角小于最小参考值，逆变侧熄弧角限制器将会限制逆变侧电压控制器的输出。当交流电压增加时，逆变侧电压控制器将通过减小触发角来维持整流侧电压为参考值。

当直流侧线路开路或电压站闭锁时，功率站直流电压控制器能够快速响应防止直流过电压。功率站的电压控制必须不能与故障恢复时的电流控制相冲突。典型的裕度设计是功率侧直流电压裕度正常时设置到30%，当直流电压上升到102%时，电压裕度切换到3%。这样可以保证当直流电流控制动态响应时，直流电压控制器不起作用，当直流电压升高需要直流电压控制器时，直流电压控制器能够适时投入。

二、直流电流控制

运行人员设定的功率/电流设定值最终要转换为功率站的直流电流控制器的电流参考值，从而实现对直流系统传输功率的控制。直流电流控制属于极层功能，根据双极功率参考值和本极的直流电压计算本极的电流参考值。

（一）极电流指令设定

1. 功率控制模式极电流指令计算

功率运行模式下，极控系统接收到直流站控发来的双极功率设定值除以实际的双极直流电压值，得到极电流定值，该值参与极电流控制。

2. 用于电流指令计算的双极直流电压计算

由于双极功能分配在各极控制中完成，因此每极分别采集本极和另一极的直流电压，保证了两极使用相同的直流电压。单极运行时另外一极直流电压设为零。

为了得到一个稳定电流指令，必须要有一个稳定的直流电压信号，因而用于稳定控制电流指令计算和双极功率模式电流指令计算的双极直流电压经过一个参数可调的低通滤波模块，这个稳定的直流电压信号在交、直流故障时也能够保持直流电流指令恒定。

下述情况直流电压的滤波时间将缩短为20ms，从而保证直流电流在运行状态变化或故障恢复时快速响应直流电压的变化：

（1）在极解锁时刻快速检测直流电压使直流电流指令严格跟随功率定值。

（2）一极运行一极解锁时立即检测到直流电压上升可以快速减少电流指令保证功率的恒定。

（3）一极运行一极闭锁时立即检测到直流电压下降可以快速增加电流指令保证功率的恒定。

（4）在另一极线路故障时快速响应直流电压降落和恢复及时增加和减少电流指令保证直流功率恒定。

3. 电流运行模式下极电流定值的计算

电流运行模式下，运行人员手动输入电流设定值、电流升降速率。

来自有效控制位置的电流定值在极控软件中选择和作限制处理。如果有效控制位置在另一站且本站为系统级从站，定值将经本站站控站间通信接收系统级主站下发的电流设定值、电流升降速率指令。

电流指令设定功能主要由斜坡发生器构成，斜坡发生器按照设定的电流升降速率调节电流指令，最终使电流指令的变化趋于平稳。在直流电流升降过程中，运行人员可以随时启动和停止直流电流的升降过程。

解锁后斜坡发生器的输出从最小电流指令到目标值。闭锁时斜坡发生器输出由实际电流指令变化到最小电流指令。

备用系统的斜坡发生器输出值与主系统斜坡发生器输出不一致时主系统输出值刷新从系统输出，保证两系统输出一致。

在功率控制模式时，电流指令斜坡发生器的输出值始终起作用，保证系统由功率模式向电流模式切换时的无扰动。

在电流模式时，功率站经过电流裕度补偿功能确定电压站的电流指令。如果站间通信故障，回校机制失去作用，运行人员此时要负责协调电流指令避免裕度的丢失。

4. 极电流参考值选择

极控系统通过当前本极控制模式实现电流参考值的选择。双极功率模式时选择双极功率参考值计算的直流电流参考值参与极电流控制，非双极功率模式时选择单极功率参考值计算的直流电流参考值或单极电流参考值参与极电流控制，极电流参考值选择功能如图 4-3 所示。

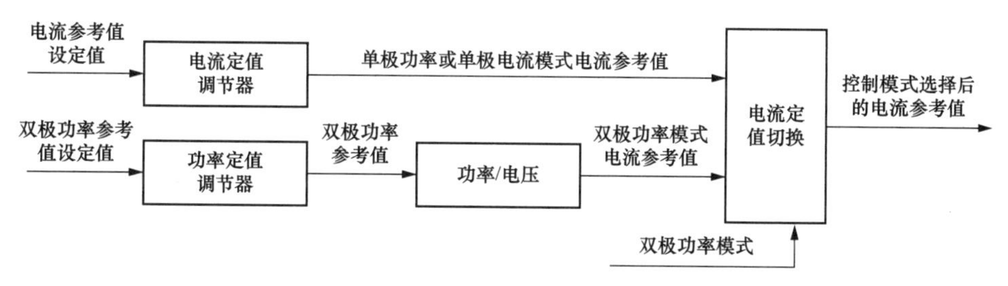

图 4-3　极电流参考值选择功能

5. 站间通信故障时功率控制

站间通信故障时功率控制将考虑以下措施：

(1) 功率站功率控制始终有效，将闭锁正常的回降协调逻辑。在电压站功率控制不起作用时，来自对站的电流指令将保持通信故障前的值。在站间通信故障时原有来自整流站的电流指令将由本站功率控制自己的电流指令 I_{dref}代替。

(2) 功率站控制直流电流，电流指令按照设定的值改变，不需要考虑电压站。电压站通过一个滞后的环节根据测量的直流功率增加或减少逆变侧的功率指令。这种情况下，只要功率升降速率在一定限制内，裕度是可以保证的。

(3) 在紧急情况下当功率变化非常快时，电流裕度会暂时丢失以保证交流系统稳定。这种情况下，电流跟踪功能将快速响应，以便故障恢复时快速切换为电流裕度控制。

6. 阻尼次同步振荡（SSR）

极控系统的附加控制功能中设置有阻尼次同步振荡的功能，用以保证对直流系统与交流系统中的任何同步发电机之间可能发生的次同步振荡产生正阻尼。SSR 功能会输出一个附加的直流电流参考值来阻尼发电机的机械振荡。站间通信故障情况下阻尼次同步振荡仍旧有效。阻尼次同步振荡功能投退，在系统层的主控站或站控层的整流站有操作权限。

7. 极电流限制

根据环境温度和换流变压器冷却系统运行状况的不同，极控系统具有不同的电流限制值，如图 4-4 所示。

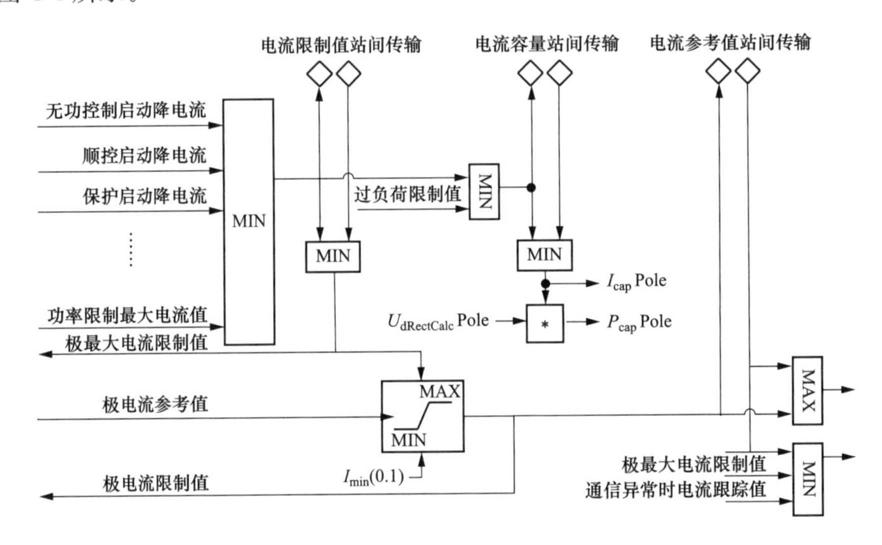

图 4-4　极电流限制功能框图

除了以上电流限制功能之外，还有一些其他的条件对系统传输的功率进行限制，如图 4-5 所示。

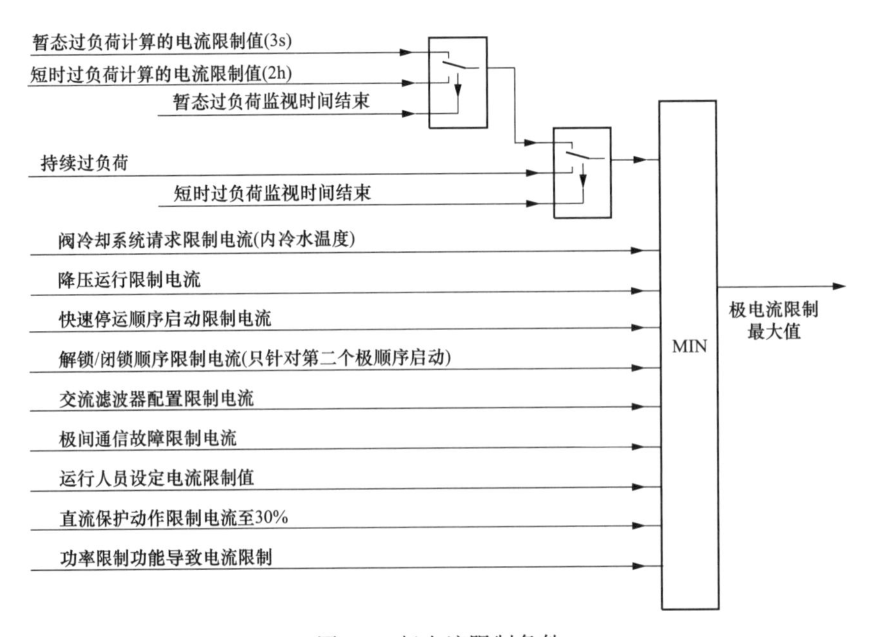

图 4-5　极电流限制条件

8. 极功率容量计算

极功率容量的计算是基于两侧极电流的限制值，具体计算方法是两侧最小的极电流限制值乘以直流电压实际值。

9. 过负荷功能

极控系统设计了三种过负荷功能，如图 4-6 所示：

（1）瞬时过负荷（3s）。

（2）短时过负荷（2h）。

（3）连续过负荷。

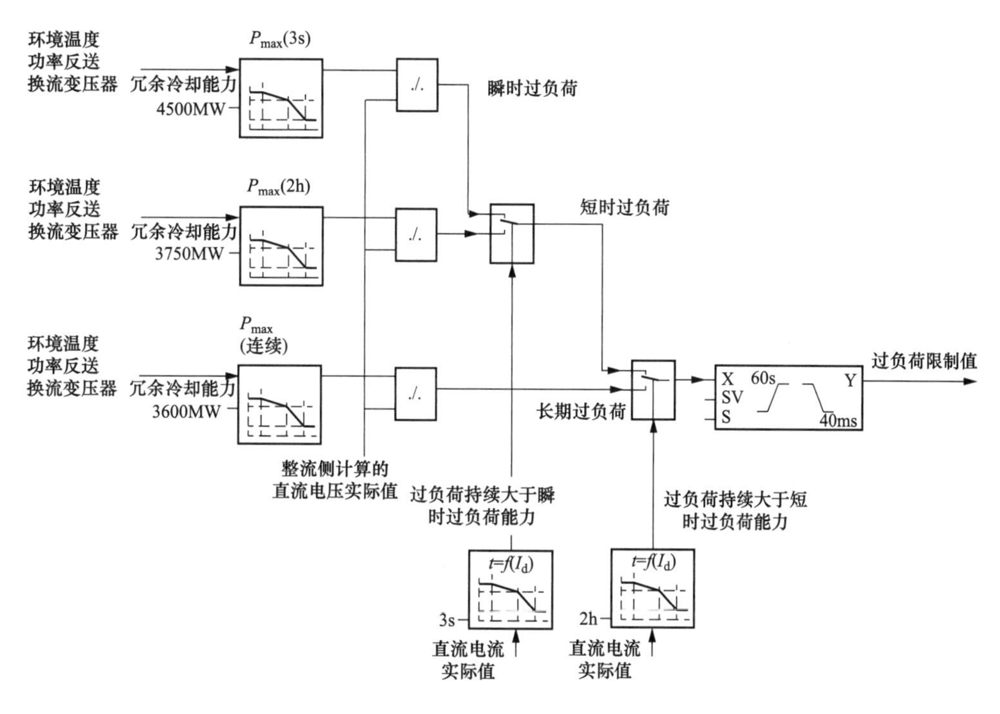

图 4-6　过负荷功能

10. 瞬时过负荷

瞬时过负荷功能具有最高等级的过负荷水平，瞬时过负荷功能为 3s 过负荷。

系统运行时，如果直流电流大于 2h 过负荷的电流限制值，瞬时过负荷功能启动，秒级过负荷运行时间为 3s。如果过负荷运行过程中直流电流发生变化，那么过负荷运行的时间将根据实际的直流电流值进行调整。

秒级过负荷恢复时间为 2min，也就是在启动一次秒级过负荷之后，在 2min 内禁止启动秒级过负荷。极控系统 2h 内启动五次秒级过负荷功能之后，那么在最后一次启动秒级过负荷功能之后的 2h 内禁止再启动秒级过负荷功能。

秒级过负荷功能启动之后，直流电流必须低于 2h 过负荷的电流值，才允许启动新的秒级过负荷功能。

11. 短时过负荷

短时过负荷功能为 2h 过负荷。

系统运行时，如果直流电流大于连续过负荷的电流限制值，小时过负荷功能启动，小时过负荷运行的电流值受到限制。

小时过负荷功能运行完毕之后，在 12h 内禁止再启动小时过负荷功能。

小时过负荷功能启动之后，直流电流必须低于连续过负荷的电流值，才允许启动小时过负荷功能。

12. 连续过负荷

连续过负荷可以长期运行。

13. 降压运行

功率正送且降电压运行时直流电流将限制在 3000A，因而瞬时过负荷、短时过负荷和连续过负荷功能均不可用。正送时电压参考值 U_{ref} 小于 0.94（标幺值）、反送小于 0.9（标幺值）时则判断本极为降压运行。

14. 最小连续运行电流

“二送一”运行时，极电流的最小连续运行电流为额定运行电流的 10%。

“一送二”运行时，极电流的最小连续运行电流为额定运行电流的 20%。

15. 电流裕度补偿

电流裕度补偿（CMC）是指逆变侧的电流参考值要在整流侧的电流参考值的基础上减去一个电流裕度值，如果逆变侧过渡到定直流电流运行，整流侧的电流裕度补偿功能起作用，将逆变侧的电流参考值增加一个电流裕度值，从而保证系统传输的功率恒定，如图 4-7 所示。该功能只在整流侧并且站间通信正常情况下可用。当极解锁以后，如果电流参考值减去实际电流值大于 2%，则差值通过 PI 调节器产生参考值补偿量，该补偿量送到逆变侧以补偿逆变侧的电流裕度。当整流侧电流限制取消并重新恢复电流控制时，随着直流电流的上升，电流裕度补偿功能自动退出。

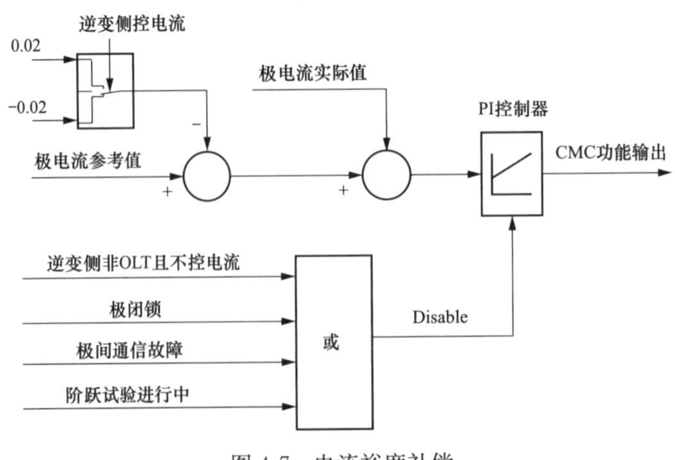

图 4-7　电流裕度补偿

16. 低压限流功能（VDCL）

VDCL 的主要功能是在交直流系统故障时，随着直流电压的降低，控制系统减小直流电流；故障恢复之后，随着直流电压的升高，极控系统逐渐恢复直流电流。VDCL 主要作用有：

（1）防止在交流系统故障时或者故障后系统不稳定。

（2）在交流系统或者直流系统故障清除后快速控制整个系统恢复功率传输。

（3）减小由于持续换相失败对换流阀造成的过应力。

（4）在故障恢复之后抑制持续的换相失败。

低压限流功能输入的直流电压经过一个非线性的滤波器，这个非线性滤波器的时间常数在直流电压升高和下降时是不一样的。为了保证在交直流故障时直流电流快速的降低，直流电压下降时的时间常数要小。VDCL 原理图如图 4-8 所示。

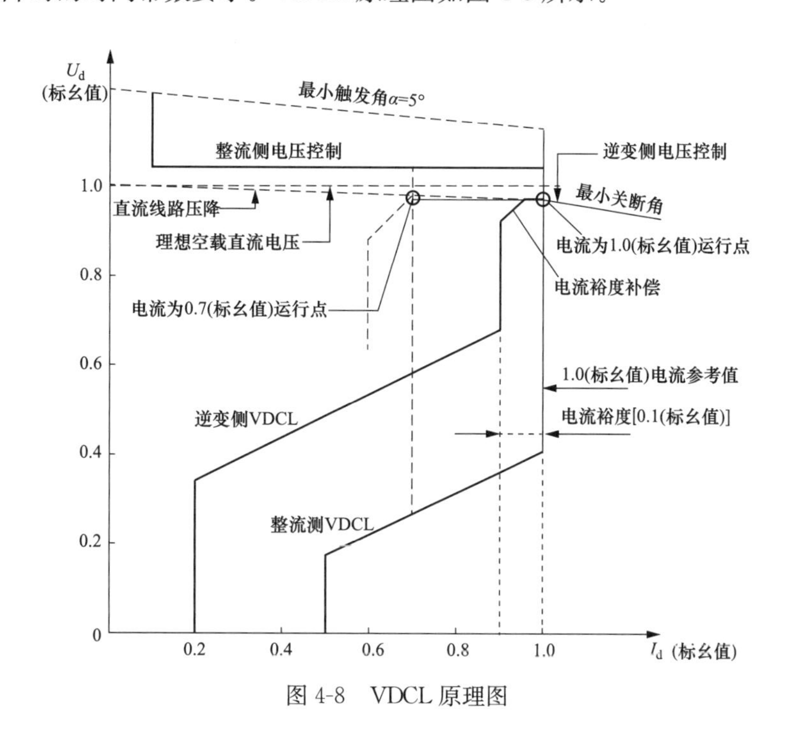

图 4-8　VDCL 原理图

（二）直流电流控制器

直流电流控制器是极控系统快速的闭环控制器，系统解锁之后，电流控制器立即起作用，保证系统传输的功率为设定值。

1. 直流电流闭环控制器

直流电流闭环控制的偏差计算方法如下：

直流电流的偏差＝直流电流的参考值－直流电流的实际值

计算的直流电流偏差值经过一个非线性环节之后产生用于直流电流闭环控制的直流电流偏差，这个非线性环节主要作用是保证正常运行时获得更高的稳态精度，此外在系统经受大的故障之后，提供快速的恢复过程。

2. 整流侧直流电流控制器

正常运行时，整流侧定电流运行，所以直流电流控制器为整流侧的主要控制器，整流侧直流电流的偏差计算方法如下：

直流电流的偏差＝直流电流的参考值－直流电流的实际值

将直流电流的偏差和直流电压的偏差相比较，选中的最小偏差，送到PI控制器（比例积分控制器），产生相应的控制信号，经过线性化环节，输出触发角的值送到触发单元，产生所需要的触发脉冲。

直流电流闭环控制器作用时，如果实际的直流电流偏小，PI控制器的输出将调整触发角向5°方向移动；如果实际的直流电流偏大，PI控制器的输出将调整触发角向160°方向移动。

3. 逆变侧直流电流控制器

如果整流侧交流电压下降，整流侧处于最小触发角限制状态，此时逆变侧将逐渐转向定直流电流控制。

正常运行时，控制直流电压的逆变侧电流参考值要在整流侧电流参考值的基础上减去一个电流裕度值，如果逆变侧过渡到定直流电流运行，整流侧的电流裕度补偿功能起作用，将逆变侧的电流参考值增加一个电流裕度值，从而保证系统传输的功率恒定。

正常运行时，控制直流电流的逆变侧要在逆变侧直流电压参考值的基础上加上一个电压裕度，同时将电流裕度值改为0，既能保证逆变侧又能控制直流功率。

将直流电流的偏差和直流电压的偏差相比较，选中最大的偏差，送到PI控制器，PI控制器的输出经过熄弧角控制器的输出限制之后，产生相应的控制信号，经过线性化环节，输出触发角的值送到触发单元。

直流电流闭环控制器作用时，如果实际的直流电流偏小，PI控制器的输出将调节触发角减小的方向移动；如果实际的直流电流偏大，PI控制器的输出将调节触发角增大的方向移动。

三、直流电压控制

直流电压控制通常在电压侧有效，与定熄弧角控制相比，定直流电压控制更有利于逆变侧交流母线电压稳定。例如，当受端交流电网受到扰动，致使逆变器交流母线电压下降时，将引起逆变侧换相角增大，同时直流电压也降低。在采用定熄弧角控制情况下，为了保持熄弧角不变，熄弧角调节器将使逆变器的触发角减小，于是逆变侧消耗的无功功率增加，这就使逆变侧换流母线电压进一步降低，从而可能导致交流电压不稳定。而采用定电压控制情况下，当受端电网交流电压下降而导致直流线路电压降低时，为了保证直流电压不变，电压调节器将减小逆变侧的触发角，这就使逆变侧消耗的无功功率减小，从而有利于换流母线电压的恢复。此外，在轻负荷时，定电压控制可获得较大的熄弧角，从而更加减小了换相失败的概率。同时，由于熄弧角加大，使逆变侧消耗的无功功率增加，这对轻负荷时换流站的无功平衡有利。功率站和电压站均配置有直流电压控制，但在两侧有不同的用途。在电压站，直流电压控制器是正常的控制方式以维持极直流电压；在功率站，正常情况下直流电压控制器作为一个限制器，当直流电压大于电压参考值与电压裕度之和时，功率站的直流电压控制器会瞬时投入，通过增加触发角减小直流电压。另外，在三端运行时，若电压站退出运行，则其中一个功率站会自动接管电压控制，以维持直流电压稳定。

（一）直流电压指令设定

直流电压参考值的产生是由直流电压调节器产生的，直流电压调节器按照固定的直流电压升降速率将直流电压升到设定值，直流电压设定值要根据系统运行的工况进行选择，如图 4-9 所示。

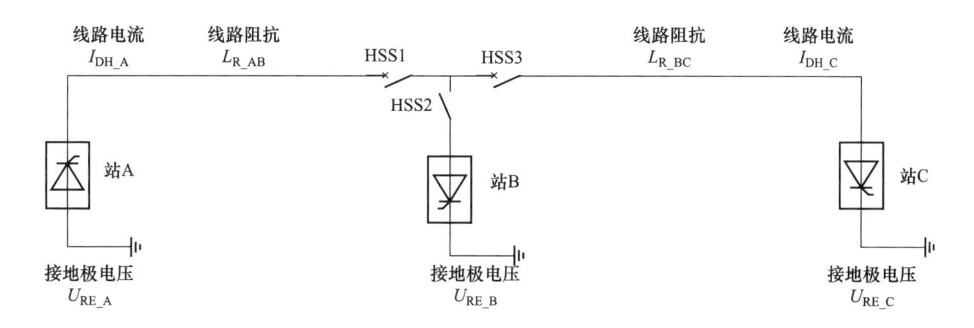

图 4-9　站间压降计算示意图

1. 换流器解锁时直流电压参考值设定

换流器闭锁时，直流电压的设定值为最小值 2%，换流器解锁时，如果逆变侧监测到直流电流大于 8%，直流电压调节器将直流电压参考值在 20ms 内从最小值升到设定值。

换流器闭锁时，逆变侧直流电压参考值设为最小值 2%；整流侧的直流电压调节器一直将直流电压参考值设为额定值。

直流电压控制中使用的直流电压实际值是整流侧的直流电压值，而电压控制又在逆变侧起作用，所以在极控中提供了整流侧直流电压实际值计算功能。极控中根据以下公式计算整流侧直流电压：

$$U_{d\,REC\,Calc} = U_{d\,INV} + R_{dc} \times I_{dH} \tag{4-1}$$

$$U_{d\,INV} = U_{d\,Line} - U_{d\,Neutral} \tag{4-2}$$

式中　$U_{d\,REC\,Calc}$——计算的整流侧直流电压；

$U_{d\,INV}$——逆变侧电压实际值；

$U_{d\,Line}$——极母线电压；

$U_{d\ Neutral}$——极中性线电压；

R_{dc}——一个极对应的直流线路电阻；

I_{dH}——直流母线电流实际值。

由于环境温度、线路发热以及其他自然条件的影响，长距离输电总的直流线路电阻R_{dc}不是一个常量。为了提高计算的整流侧直流电压的精度，程序中使用两站的电压差除以直流电流计算得到线路电阻。如果LAN网通信故障时，将整流侧的电压固定为115%，得到的线路电阻经过限幅后用于整流侧直流电压计算。当运行于金属返回运行方式时，线路电阻变为上面计算电阻的两倍。

三端运行时，“一送二”运行方式和“二送一”运行方式根据站A直流电压参考值计算站C直流电压参考值需用站A直流电压参考值减去A—B换流站线路压降和B—C换流站线路压降；“一送二”运行方式和“二送一”运行方式根据站C直流电压实际值计算站A直流电压实际值需用站C直流电压实际值加上A—B换流站线路压降和B—C换流站线路压降。

2. 空载加压试验时的直流电压参考值设定

空载加压试验时，直流电压的设定值和直流电压的升降速率由运行人员设定，如图4-10所示。

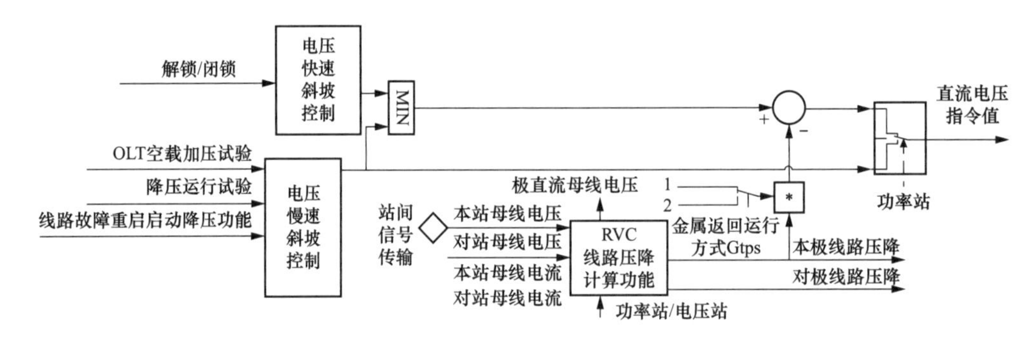

图4-10　直流电压参考值的设定

空载加压试验在整流侧进行，所以空载加压试验时，直流线路上的直流电压由整流侧的直流电压控制器进行控制。换流器解锁时，直流电压调节器按照设定的直流电压升降速率，将直流电压参考值缓慢升到设定值。换流器闭锁时，直流电压设定值为最小值2%。在整个直流电压的升降过程中，运行人员可以随时停止和启动直流电压的升降过程。

（二）直流电压控制器

直流电压控制器在整流侧和逆变侧有不同的用途。在整流侧通过增大触发角减小直流电压，逆变侧通过减小触发角减小直流电压。

1. 整流侧直流电压控制

在整流侧，直流电压控制器的目的是限制整流侧的直流电压在最大限制值以下。这个最大限制值为直流电压定值加上一个裕度值，正常情况下这个限制器不会运行。直流电压控制偏差为直流电压定值减去直流电压实际值。当直流电压控制器在整流侧起作用时，直流电压控制器将减小 PI 控制器的输出，使触发角向 150°方向移动，特性等同于强迫移相。

当逆变侧极开路或者闭锁时，整流侧直流电压控制器能够快速响应防止直流过电压。整流侧的电压控制需避免和故障恢复时的电流控制相冲突。因此整流侧直流电压裕度正常时设置为 30%，当直流电压上升到 102%时，电压裕度切换到 3%。这样可以保证当直流电流控制动态响应时直流电压控制器不起作用，直流电压升高，需要直流电压控制器时，才适时投入。

若整流侧交流电压降低，整流侧由于最小触发角限制而失去电流控制，逆变侧将变为直流电流控制。此时的直流电压将由最小触发角和整流侧的交流电压决定。如果整流侧交流电压增加到正常值以上，整流侧直流电压控制可能会瞬时投入运行以控制直流电压。但在一般情况下，虽然整流侧交流电压已增加至正常值以上，整流侧还会维持为电流控制，因为交流电压增加也引起直流电流的增加，电流控制器会通过增大触发角使直流电流恢复正常，这就会使整流侧的直流电压降低到正常水平。究竟哪种控制器起作用，主要看直流电压和直流电流的变化幅值和变化速率。

2. 逆变侧直流电压控制

在逆变侧，直流电压控制正常情况下用来控制整流侧的直流电压为额定值。用作控制变量的整流侧直流电压通过计算得到。当运行人员选择降压运行或直流线路故障引起降压运行时，逆变侧的参考值会降低为降压运行值，控制整流侧的直流电压降低到降压运行水平。当整流侧处于最小触发角限制时，逆变侧会由直流电压控制切换到直流电流控制，电流裕度补偿功能会改变逆变侧的电流参考值，使之与整流侧的电流参考值相等。

当逆变侧交流电压降低时，为了避免熄弧角小于最小参考值，逆变侧熄弧角控制器将取代电压控制器，这种情况下可能会出现瞬时的换相失败，熄弧角控制器将触发角调节到参考值时换相失败会消失。当交流电压增加时，逆变侧电压控制器将通过减少触发角来维持整流侧电压为参考值，换流变压器分接开关控制会调节熄弧角值。

四、A_{max}、A_{min}计算

熄弧角控制采用预测性熄弧角控制，预测性熄弧角控制器主要是根据换相理论，对熄弧角进行预测，并且按照一定的算法实现，具体的计算公式如下

$$A_{max}=\pi-\arccos\left[\cos\gamma_{ref}-2d_{xN}\cdot\frac{I_{ref}}{I_{dN}}\cdot\frac{U_{di0N}}{U_{di0}}-\frac{K_1(I_{ref}-I_d)}{I_{dN}}\right] \tag{4-3}$$

$$A_{min}=\pi-\arccos\left[\cos\gamma'_{ref}-2d_{xN}\cdot\frac{MAX(I_{ref},I_d)}{I_{dN}}\cdot\frac{U_{di0N}}{U_{di0}}\right] \tag{4-4}$$

式中 A_{max}、A_{min}——计算的逆变侧触发角的最大、最小值；

γ_{ref}——逆变侧设定的熄弧角的参考值；

γ'_{ref}——最小熄弧面积决定的熄弧角参考值；

I_{ref}——计算的直流电流参考值；

I_d——实际的直流电流值；

I_{dN}——额定的直流电流值；

U_{di0N}——额定的理想空载电压值；

U_{di0}——实际的理想空载电压值；

K_1——正斜率修正系数；

d_{xN}——换流变压器漏抗。

选取 A_{max} 和 A_{min} 的较小值作为逆变站 PI 控制器输出的触发角，由式（4-3）和式(4-4)知，A_{max} 和 A_{min} 与熄弧角参考值、直流电流参考值、交流电压幅值和直流电流实际值有关。稳态时，用于计算 A_{max} 的直流电流参考值与直流电流实际值相等，因此 $A_{max}<A_{min}$，选取 A_{max} 作为逆变站的触发角。暂态时，如果有可能使 $A_{max}>A_{min}>90°$，$\cos A_{max}<\cos A_{min}<0$，选择 A_{min} 作为逆变站的触发角；反之，选择 A_{max} 作为逆变站的触发角。

根据公式计算的 A_{max} 或 A_{min} 值，输出到 PI 控制器，作为控制器的最大限制值，限制控制器的输出。正常运行时，直流电压控制器的参考值比实际值大，PI 控制器的输出将调节触发角向 160°方向移动，由于受到 A_{max} 或 A_{min} 输出的限制，调节器的输出就为计算的 A_{max} 和 A_{min} 的较小值，这样保证额定运行时熄弧角为额定值。公式的最后修正项提供了逆变侧的正斜率特性。

五、控制器选择

用于整流侧的闭环控制器有直流电流和直流电压控制器；用于逆变侧的闭环控制器有直流电流控制器、直流电压控制器和熄弧角控制器。

闭环控制功能由一个 PI 控制器实现，这种多个闭环控制器由一个 PI 控制器设计方法是：对直流电压和直流电流的误差进行比较，在整流侧选择误差最小的值作为 PI 控制器的误差输入，逆变侧选择误差最大的值作为 PI 控制器的输入。这种设计方法的优点是可以实现控制器之间的无扰动切换，避免了控制器之间切换时的控制死区和对系统的扰动。

熄弧角控制器的实现是根据熄弧角的参考值和系统当前的工况计算出需要的触发角作为 PI 控制器的上限值来实现的。

闭环控制逻辑框图如图 4-11 所示。

六、触发角限制控制

正常情况下，PI 控制器输出控制信号，经过反余弦变换之后，输出触发角到触发单元，产生系统运行所需要的触发脉冲。

换流器闭锁之后，两侧的触发角设为 160°，这样保证在换流器解锁时（包括空载加压试验解锁）直流电压为零。

换流器正常运行时，触发角的范围为 5°～160°。空载加压试验时，为防止产生直流过电压，在测量直流电压值很小的时候，将触发角限制到 120°，保护或极控的顺序控制发出移相命令时，移相命令直接输出到触发单元，将触发角直接移到 160°。

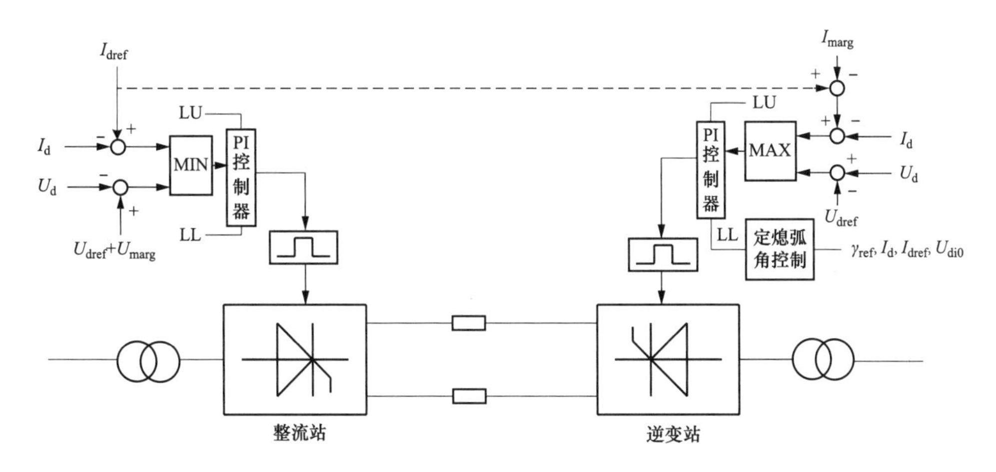

图 4-11　闭环控制逻辑框图

极控系统移相时，如果触发角移动的过快，使直流电压放电，造成换流阀中仍有直流电流流过，就会发生换相失败。所以系统运行时，当保护或顺序过程启动移相命令时，先将触发角移到 120°，等到直流电压放电完毕并且直流电流为零之后，再将触发角移到 160°。

七、分接头控制

换流变压器分接头控制是配合换流器控制的一种慢速控制，每步约 5～10s，并具有台阶效应，分为手动模式和自动模式。分接头控制的目的是保持触发角，熄弧角和直流电压在一定的范围内。由于分接头调节的步进特性，在角度控制和电压控制中均提供合适的死区以避免分接头的来回调节。

手动控制模式是指在分接头升降允许情况下，运行人员可以手动升降分接头。在手动控制模式下的分接头升降也要受到最大换流变压器阀侧理想空载电压 U_{di0} 的限制。

自动控制模式是指控制系统根据系统运行工况自动调节换流变压器分接头挡位。在自动控制模式下，运行人员不能手动升降分接头。自动控制模式下的分接头调节主要包括角度控制、U_{di0} 控制以及启动位置控制。

角度控制是一种标准的分接头控制模式，整流侧为 α 控制，逆变侧为 γ 控制。当极解锁后，如果运行人员选择了角度控制，则该控制起作用。整流侧 α 控制使触发角在 12.5°～17.5°之间。如果实际的角度超过此范围则换流变压器分接头开始动作。为了避免快速响应，实际测量到的角度要经过 500ms 的平滑滤波。

U_{di0} 控制就是维持计算得到的换流变压器二次侧电压（$U_{di0\ Calc}$）在一定的电压范围内，如果计算的 $U_{di0\ Calc}$ 小于下限参考值时，分接头降低，提高换流变压器阀侧电压，使其恢复到参考值范围内，反之分接头上升，使其恢复到参考值范围内。在自动控制模式下，当换流变压器断路器闭合后分接头控制将强制为U_{di0}控制，这可保证在换流器解锁以前，两侧的换流变压器阀侧电压在理想的电压水平。

分接头控制示意图如图 4-12 所示。

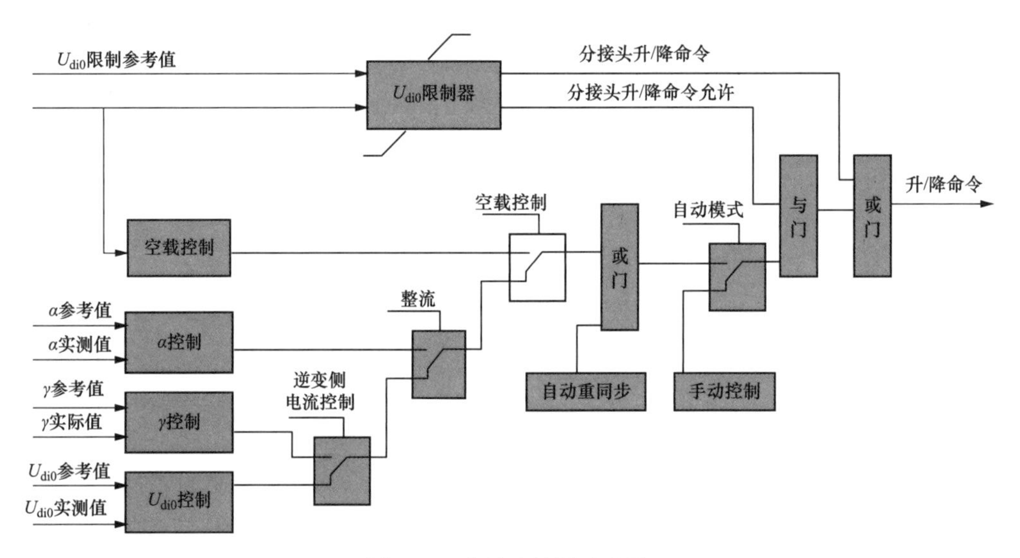

图 4-12　分接头控制示意图

第二节　三端直流输电控制系统顺控与联锁

三端直流输电控制系统顺控包含换流器顺控、直流场顺控两部分，以下对这两部分内容分别进行介绍。

一、换流器顺控

为了实现换流站安全可靠的运行，获得直流输电平稳的启/停以及各种运行模式之间的平稳过渡，极控系统设计了换流站的启停顺序控制。双极运行时，两个极的启停几乎同时。两极和两站的顺序控制完全相同。

换流站直流系统顺序控制的基本状态考虑有接地、停运、备用、闭锁、解锁 5 种。

为了实现以上各状态之间平稳、安全的手动或自动控制，换流站站控系统设计有顺序控制和联锁功能。

顺序控制和联锁的目标是：

（1）平稳的启动和停运直流输电。

（2）安全可靠地操作断路器、隔离开关和接地开关。

（一）换流器基本状态

换流器的 5 种基本状态为接地、停运、备用、闭锁、解锁运行，其与主要设备或系统的对应关系如表4-1所示。

表 4-1　　换流站基本状态与主要设备或系统的对应关系

设备	状态				
	接地	停运	热备	闭锁	解锁
阀厅钥匙已锁	×	1	1	1	1
阀厅互锁	×	1	1	1	1
阀冷却系统	×	×	1	1	1
换流变压器冷却系统	×	×	×	1	1
极接地	1	0	0	×	×
换流变压器一次侧接地开关	1	0	×	×	0
阀厅接地开关	1	0	0	0	0
直流场接地开关	1	0	0	0	0
直流滤波器状态	0/1	0/1	0/1	0/1	×
分接开关处于起始挡位	×	×	×	×	×
分接开关自动控制	×	×	×	1	×
换流变压器未连接	0	0	1	1	1
换流变压器进线断路器	0	0	0	1	1
交流滤波器可用	×	×	×	×	1
直流场配置就绪	×	×	×	1	1
触发脉冲释放	0	0	0	0	1

注　1—闭合或者运行状态；0—断开或者没有运行状态；×—任意状态。

（二）顺序控制设备范围

启动/停机顺序控制的控制对象有：

（1）交流场断路器、隔离开关、接地开关等。

（2）阀厅接地开关等。

（3）阀冷系统的启动/停止控制。

（4）换流变压器冷却系统的启动/停止控制。

启动备注：

（1）启动/停机顺控功能在极控系统中完成。

（2）所有滤波器分支的开关设备以及母线进线分支所属的开关设备的断开/闭合功能均由站控系统来实现。

（三）顺序控制模式

1．自动控制模式

自动控制模式中的顺序控制步骤按照顺控基本流程进行，自动顺控模式一般应用在站控层或系统层。当换流器处于系统层并且在闭锁状态时，由主控站启动顺控指令解锁直流系统。自动控制模式允许换流器在五种标准状态之间自动转换。

自动控制模式下，运行人员在运行人员工作站能够选择换流器的运行状态。当顺控故障时，必须进行系统总应答才能继续顺控操作。

2. 手动控制模式

手动控制模式用来维护系统或试验。在手动控制模式下可以单个操作断路器和隔离开关等设备，手动控制模式不能使用顺控基本流程。

顺控操作必须遵守以下条件：

（1）系统处于站控层时，换流器从闭锁到解锁运行或从解锁运行到闭锁整流站和逆变站必须协调控制。

（2）系统处于系统层时，主控站能够进行所有顺控流程的操作，系统自动协调闭锁到解锁运行。

（3）系统处于系统层时，主控站执行闭锁命令时，主控站和从控站均从运行状态回到闭锁状态。

（4）保护跳闸 5min 内，禁止任何顺控操作。

（5）停机时，换流器必须从备用回到接地状态。

（四）顺序控制的标准状态选择

启动/停机顺序控制的执行由运行人员选择相关的控制模式（自动模式）后，选择标准的启动初始状态并选择标准的目标状态后，控制系统自动按照既定的顺序步骤完成该顺序控制。在顺序控制的过程中，运行人员可任意干预顺控的执行。顺序控制的标准状态选择和执行流程如图 4-13 所示。

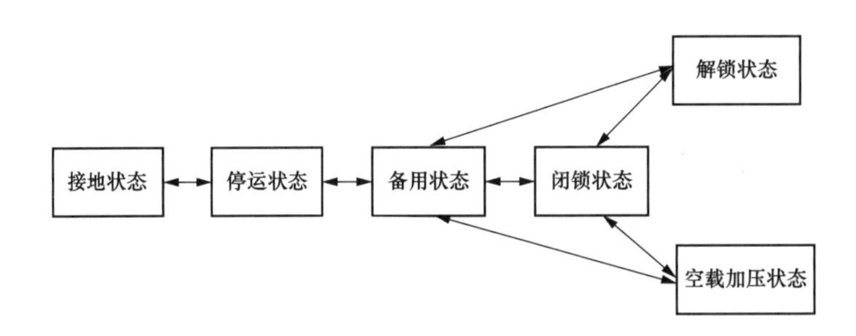

图 4-13 顺序控制的标准状态选择和执行流程

（五）顺序控制基本顺序步骤

顺序过程的启动将由运行人员启动，极控系统指示当前的操作状态。在当前的状态下并依据一些前提条件启动某个状态的顺序所必需的步骤和动作将完全自动进行。

在监视时间内监视每个步骤的回检信号来检查顺序的正确步骤是否完成。如果超过了这个时间还没有收到回检信号，这个顺序就会被终止，并产生顺控故障告警信号。在消除了故障之后，这个顺序又可以继续向下进行。如果故障无法消除，可以启动相关顺序，从而把换流站退回到先前的操作状态。

保护跳闸后，极控制自动把整个极安全地操作到备用状态。各个标准状态之间的转换过程如图 4-14～图 4-17 所示。

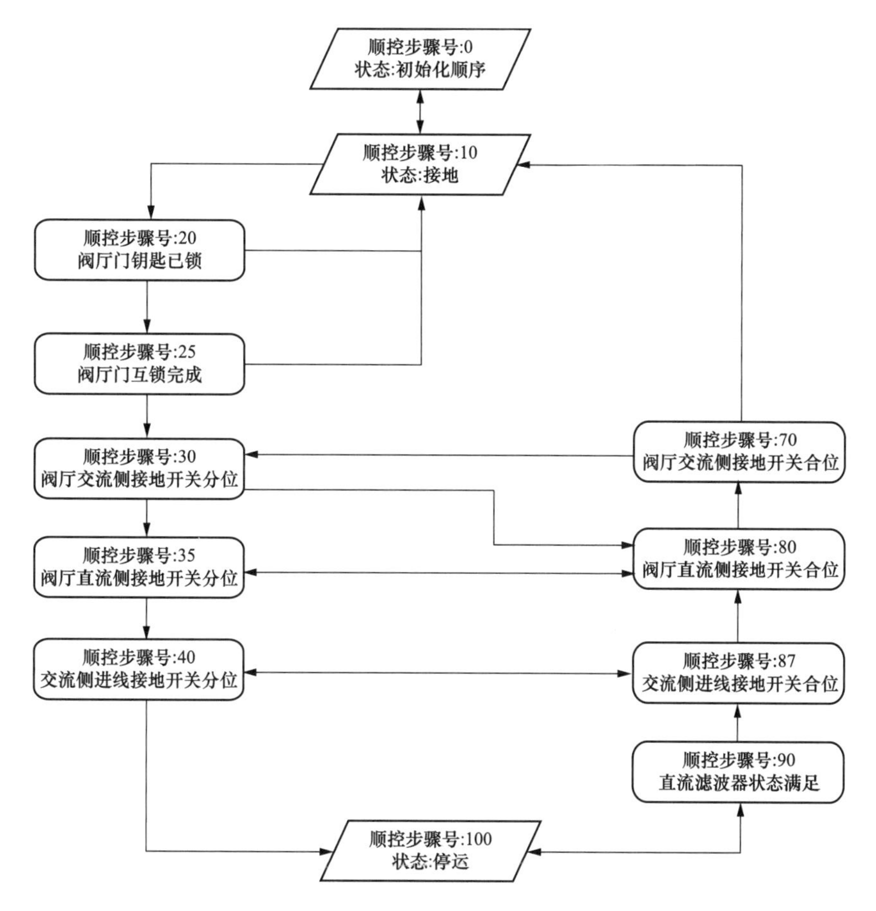

图 4-14　接地状态和停运状态之间的转换流程图

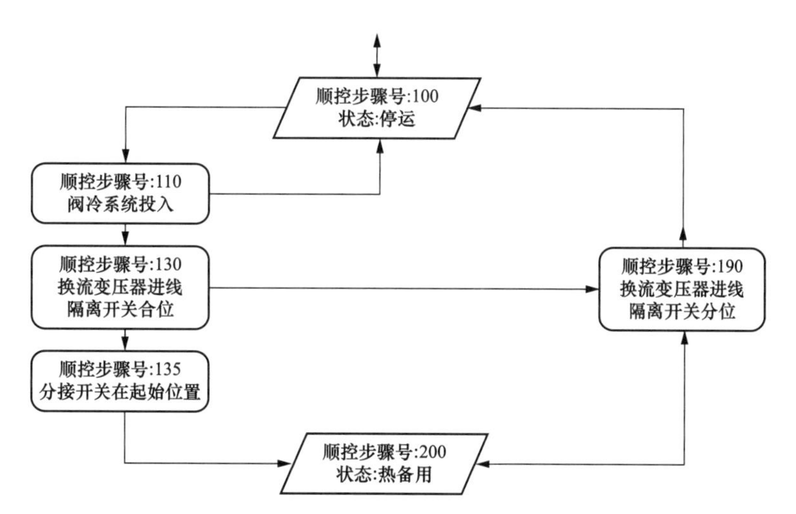

图 4-15　停运状态和热备用状态之间的转换流程图

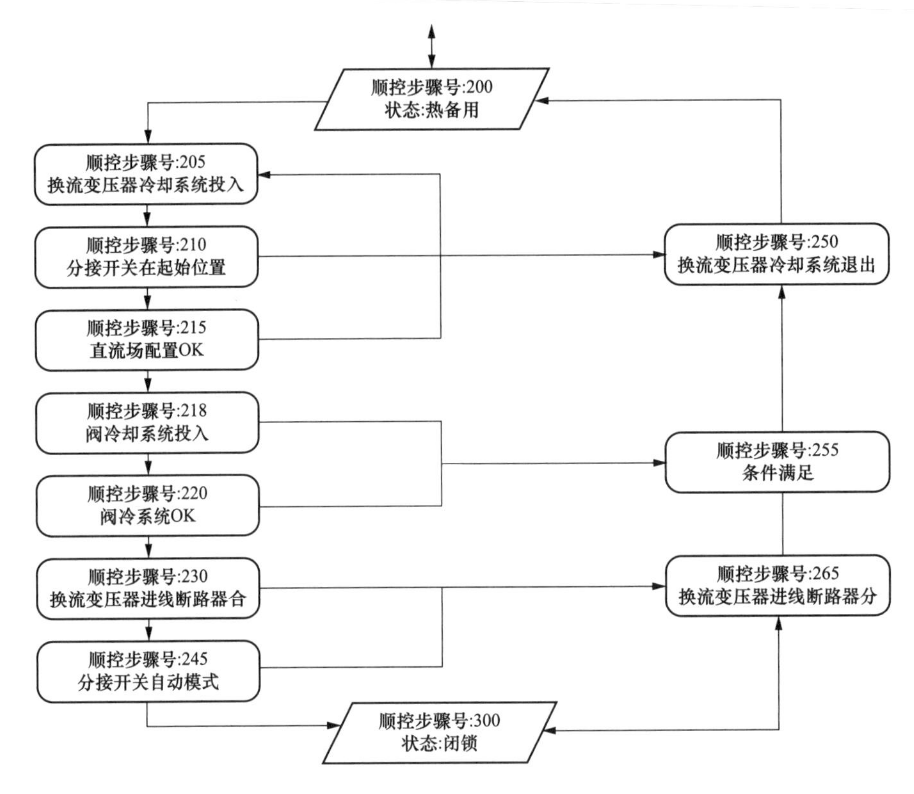

图 4-16　热备用状态和闭锁状态之间的转换流程图

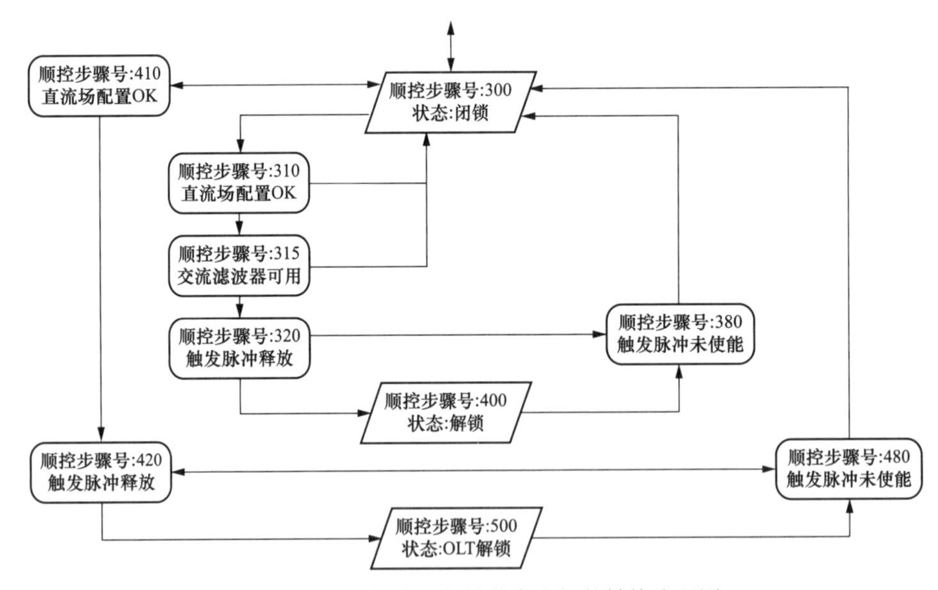

图 4-17　闭锁状态和解锁状态之间的转换流程图

（六）顺序控制过程中的监视信号

在顺控的执行过程中会产生一些监视信号，如下列信号：

（1）顺控启动过程中。

（2）顺控停止过程中。

（3）顺控启动故障。

（4）顺控停止故障。

（5）运行状态未定义（即换流器处于非标准状态）。

（七）换流器顺控联锁

对于所有顺序执行，要求以下条件必须满足：

（1）换流器顺序控制模式处于自动模式。

（2）没有其他顺序在执行中。

（3）原有顺序故障已经排除且运行人员已经确认。

（4）极控系统运行正常。

二、直流场顺控

直流场顺序控制由运行人员启动，系统将自动完成所有的步骤和顺序从而到达目标状态，这个过程包含站间协调和联锁条件的判断。

如果在顺序控制过程中与对站通信失败，由于本站站控接收不到对站开关状态导致本站开关联锁不满足，超过设定的监视时间后会报顺序控制失败，直流系统将保持顺序控制失败时的中间状态继续运行。

以禄高肇直流工程的直流场界面为例，三站直流场界面如图 4-18～图 4-20 所示。

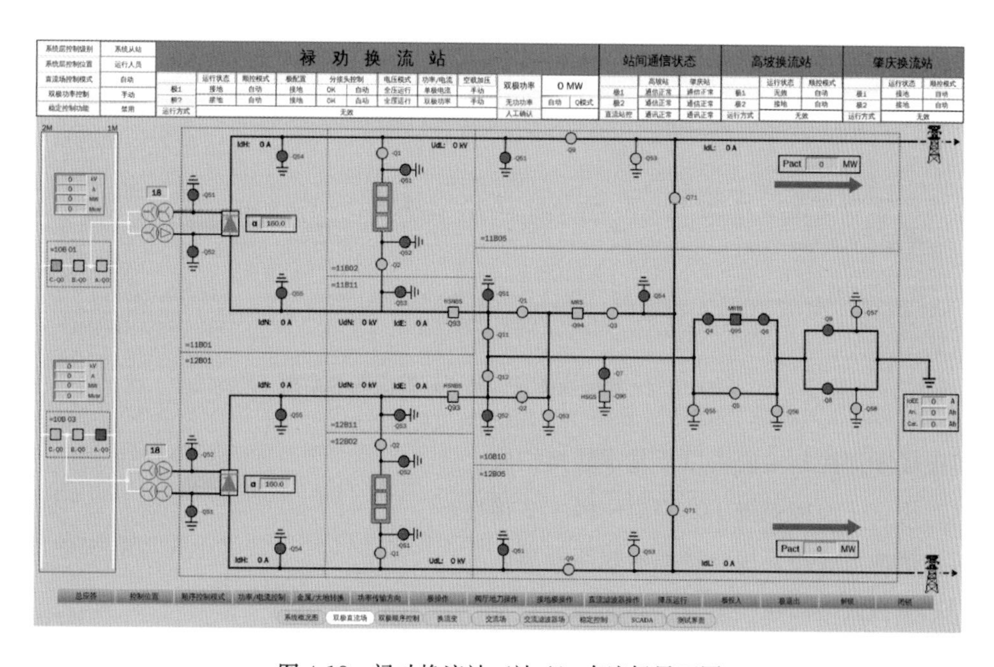

图 4-18　禄劝换流站（站 A）直流场界面图

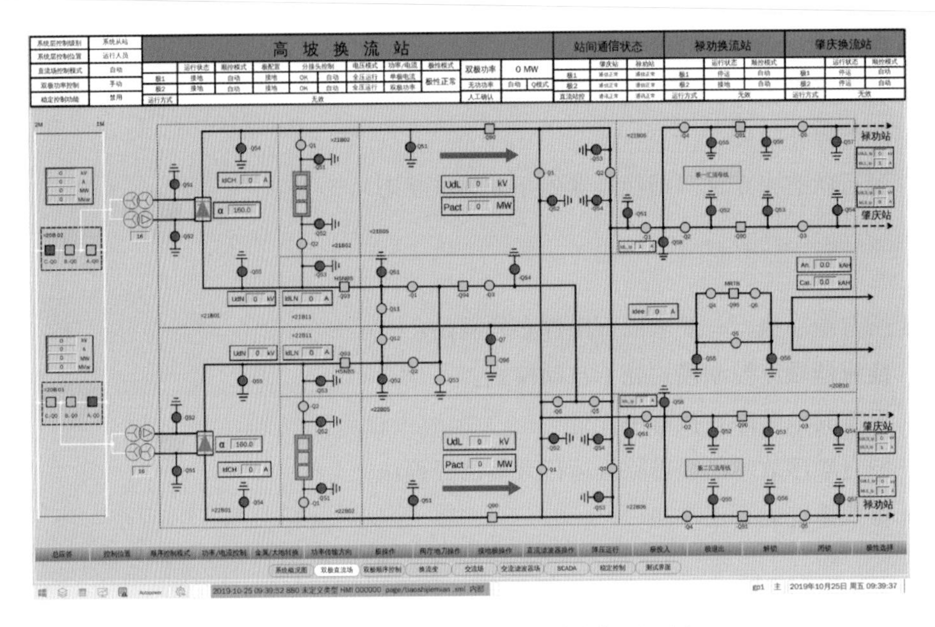

图 4-19　高坡换流站（站 B）直流场界面图

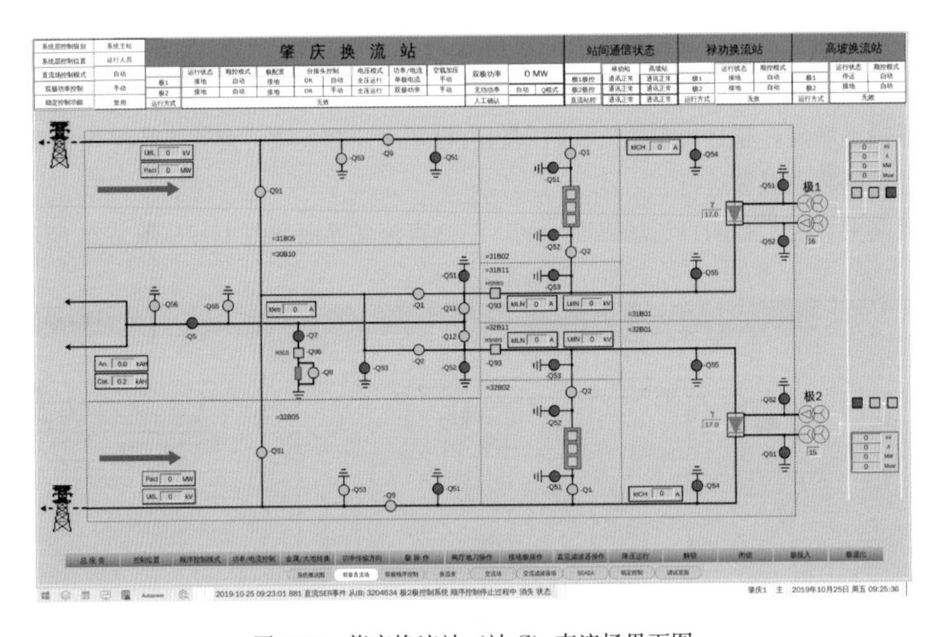

图 4-20　肇庆换流站（站 C）直流场界面图

直流场顺序控制主要由以下基本转换构成：

（1）极 1/2 连接↔极 1/2 隔离↔极 1/2 接地。

（2）接地极线路连接↔接地极线路隔离。

（3）单极大地回线↔单极金属回线。

（4）极性正常状态↔极性反转状态（仅站 B）。

（5）极 1/2 汇流母线站 A 侧连接↔热备用↔停运↔接地（仅站 B）。

（6）极 1/2 汇流母线站 C 侧连接↔热备用↔停运↔接地（仅站 B）。

（7）极 1/2 汇流母线站 B 侧连接↔热备用↔停运↔接地（仅站 B）。

（一）极接地、隔离、连接

极的连接、隔离、接地是一个自动顺序过程。极连接表示将极直流母线连接到直流线路，将极中性母线连接到接地极或金属回线。极隔离表示将极从直流线路和接地极断开。极接地表示将极母线和中性线接地。极的连接、隔离、接地顺序控制如图 4-21 所示。

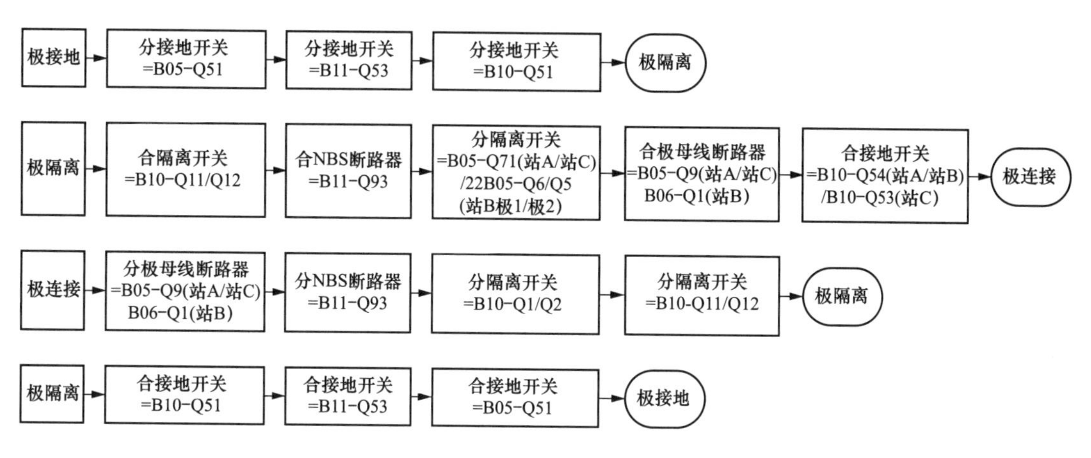

图 4-21 极母线顺控图

注意：极隔离和极接地之间的顺控转换，站控系统不再开放运行人员下发顺控转换控制权限。而是包含在极控系统的顺序控制系统中。当极控系统停运往接地顺控转换时，通过控制总线下发直流场极接地请求命令至站控系统，站控系统执行极隔离至极接地顺控；当极控系统接地往停运顺控转换时，通过控制总线下发直流场极停运请求命令至站控系统，站控系统执行极接地至极隔离命令。

（二）接地极的连接和隔离

接地极的连接和隔离是一个自动顺序过程。该顺序控制由运行人员在直流场界面上操作，从而自动地完成接地极的连接和隔离。接地极线连接和隔离的顺控转换如图 4-22 所示。

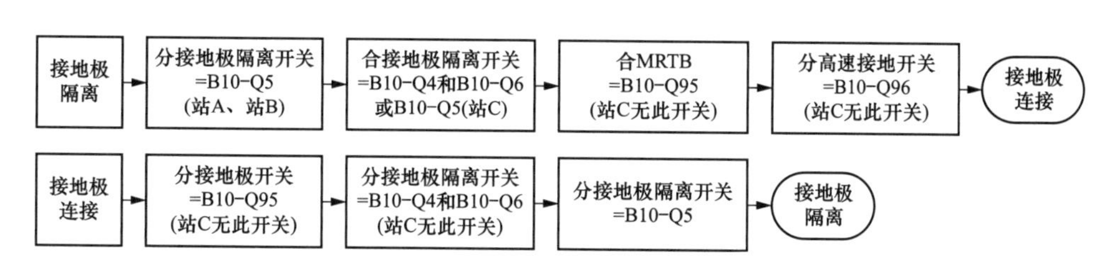

图 4-22 接地极线顺控图

站 A 接地极隔离开关 10B10-Q8/Q9 和接地开关 10B10-Q57/Q58 未配置在接地极顺控转换中，只关联相关联锁，故接地极顺控隔离转连接前，运行人员需手动拉开 10B10-Q57 和 10B10-Q58 接地开关，合上 10B10-Q8 或 10B10-Q9 隔离开关。

（三）金属/大地回线转换

为了避免大地中持续流过大电流，当双极运行中的某一极退出运行后，剩下的极可以利用未充电的对极线路作为电流的回流路径，该接线方式称为金属回线方式。大地回线和金属回线的转换可在直流极运行或未运行两种状态下进行。如果构成金属回线的对极没有被隔离，应先进行对极隔离操作。当对极隔离后，本极才能正确进入金属回线状态。

无论直流输电系统是否在运行中，金属回线和大地回线都可以相互转换。

与以往的南网工程相比，禄高肇直流工程的大地/金属回线转换顺控整体策略是一致的。其仅有以下几点差异：

（1）包含站 C 的金属回线方式，默认站 C 接地钳位，若站 A 和站 B 的金属回线方式，默认站 B 接地点钳位。

（2）“一送二”金属回线运行方式下，默认站 C 接地点钳位，若站 C 闭锁，则通过运行状态判断，开出站 B 的站内接地开关合闸命令，切换为站 B 接地钳位。

（3）采用在站 C 侧站内接地开关串联的隔离开关两端并联限流电阻的方式来降低流入站内直流电流。

（4）三站或两站系统层大地金属转换的允许关联各站相应的汇流母线状态，若本站汇流母线为连接状态，则参与顺控转换，若为非连接状态，则不参与顺控转换。

（5）系统层顺控转换命令会根据站 B 极性方式作相应切换。极性正常时，站 A 或站 C 系统主站且下发极 1/2 顺控转换命令，站 B 接收极 1/2 顺控转换命令并执行顺控；极性反转时，站 A 或站 C 系统主站且下发极 1/2 顺控转换命令，站 B 接收极 2/1 顺控转换命令并执行顺控。

（6）系统层大地金属顺控转换过程中，某一站顺控故障后该站顺控停止，其他站根据顺控条件是否具备决定是否顺控继续。顺控故障消除后，各站可在站级下发顺控命令继续执行顺控操作。

（7）本站的极大地/金属状态判断逻辑如下：若与另外两个站站间通信均故障或汇流母线均未非连接状态，则只需考虑本站的极大地/金属状态，否则需关联站间通信正常且汇流母线连接站的极大地/金属状态。

图 4-23 和图 4-24 列出了极 1 进行大地/金属回线转换的顺序操作过程，极 2 均认为处于极隔离状态。

注意，三站大地/金属转换过程中，由于每个站断路器或隔离开关操作时间的离散型，某些转换功率点会出现站 A/站 B 合上 MRS 或 MRTB 时 MRS 无流或站 A/站 B 分 MRS

或 MRTB 前流过 MRS 或 MRTB 开关电流可能会超过设计值，导致出现断路器不能正常分闸，顺控转换失败的风险。因此，大地转金属时要求站 A 和站 B 均合上 MRS 时才执行分 MRTB 的顺控命令；金属转大地时要求站 A 和站 B 均合上 MRTB 时才执行分 MRS 的顺控命令。

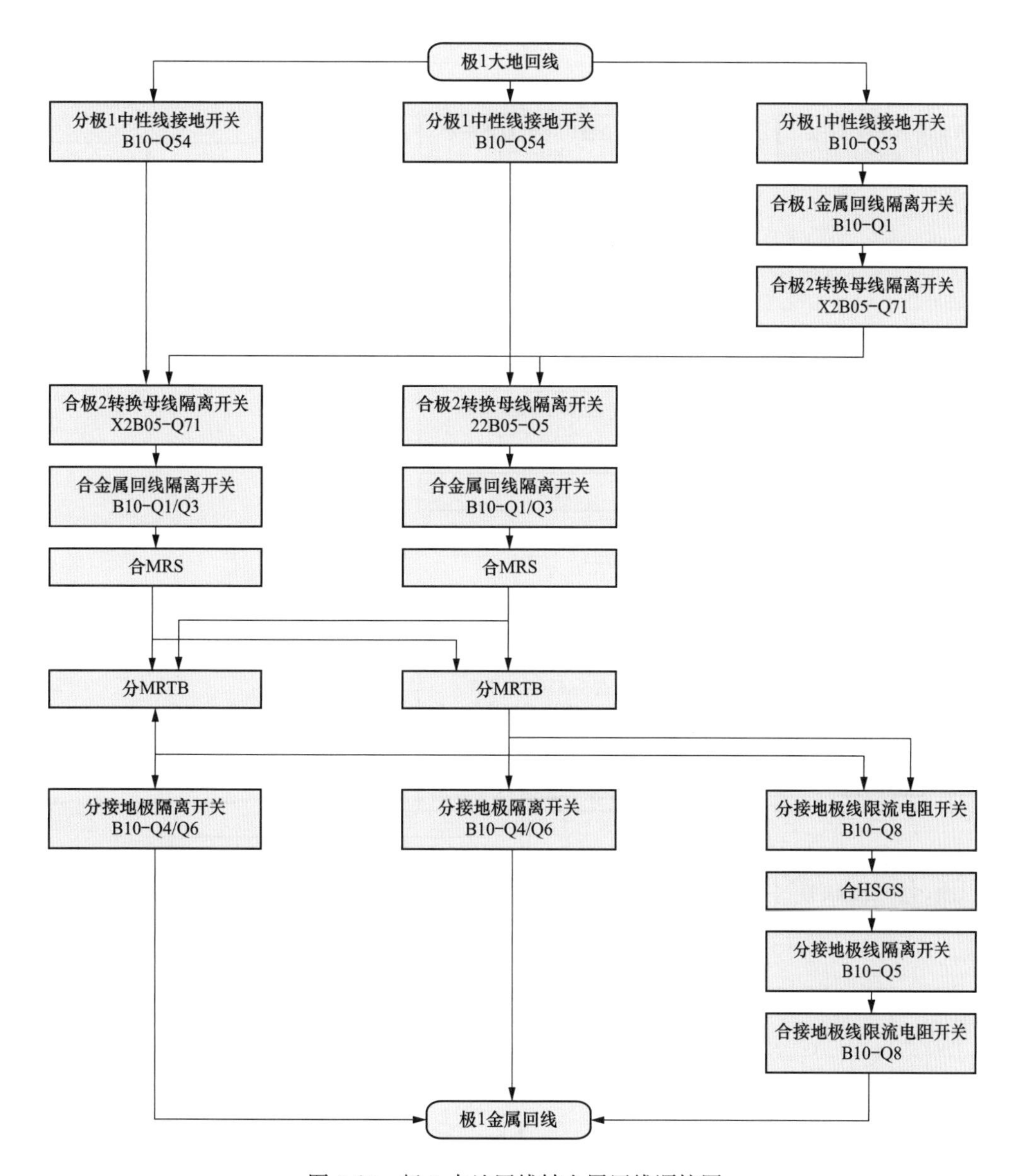

图 4-23　极 1 大地回线转金属回线顺控图

（四）汇流母线区线路连接/热备/停运/接地

汇流站配置有汇流母线区，用来实现三站之间的连接、隔离和线路检修。汇流母线区线路的连接、热备、停运和接地是一个自动顺序过程。该顺序控制由运行人员在顺序控制界面或直流场界面上操作，从而自动完成指定线路的汇流母线顺控。每极汇流母线顺控转换包含站 A 侧、站 B 侧和站 C 侧的顺控转换。汇流母线的顺控转换如图 4-25 所示。

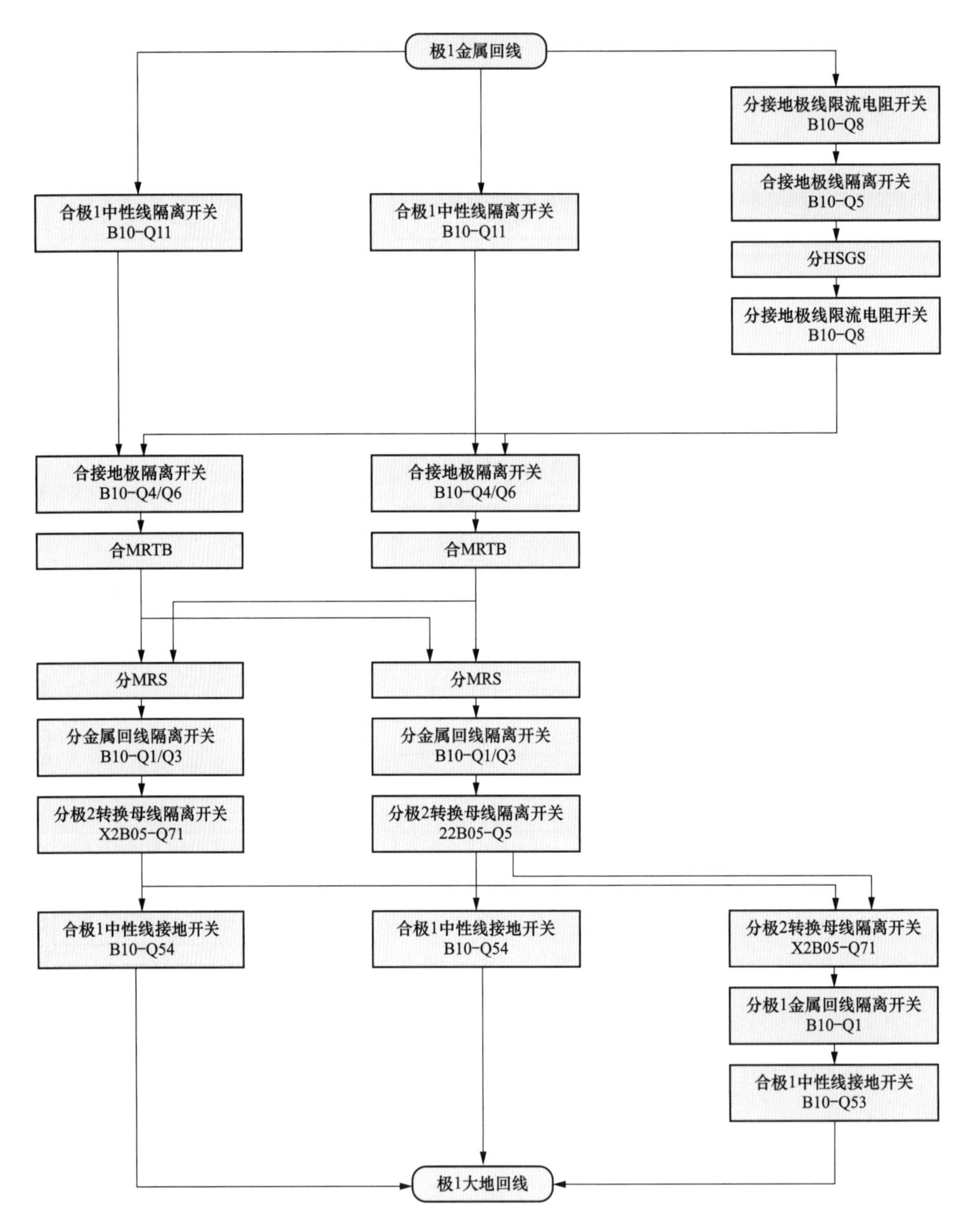

图 4-24　极 1 金属回线转大地回线顺控图

注意，站 B 汇流母线由热备顺控操作到连接状态时，若处于极性正常模式，则合本极=21B05/22B05-Q90（HSS 断路器）；若处于极性反转模式，则合对极=22B05/21B05-Q90（HSS 断路器）。三站执行解锁时，则三站极汇流母线需均处于连接状态；两站解锁第三站在线投入时，第三站极汇流母线为停运状态。站控系统接收到极控系统的第三站投入顺控命令合汇流母线隔离开关及 HSS 断路器指令并执行顺控操作；站控系统接收到极控系统的第三站退出顺控命令分汇流母线隔离开关及 HSS 断路器指令并执行顺控操作。

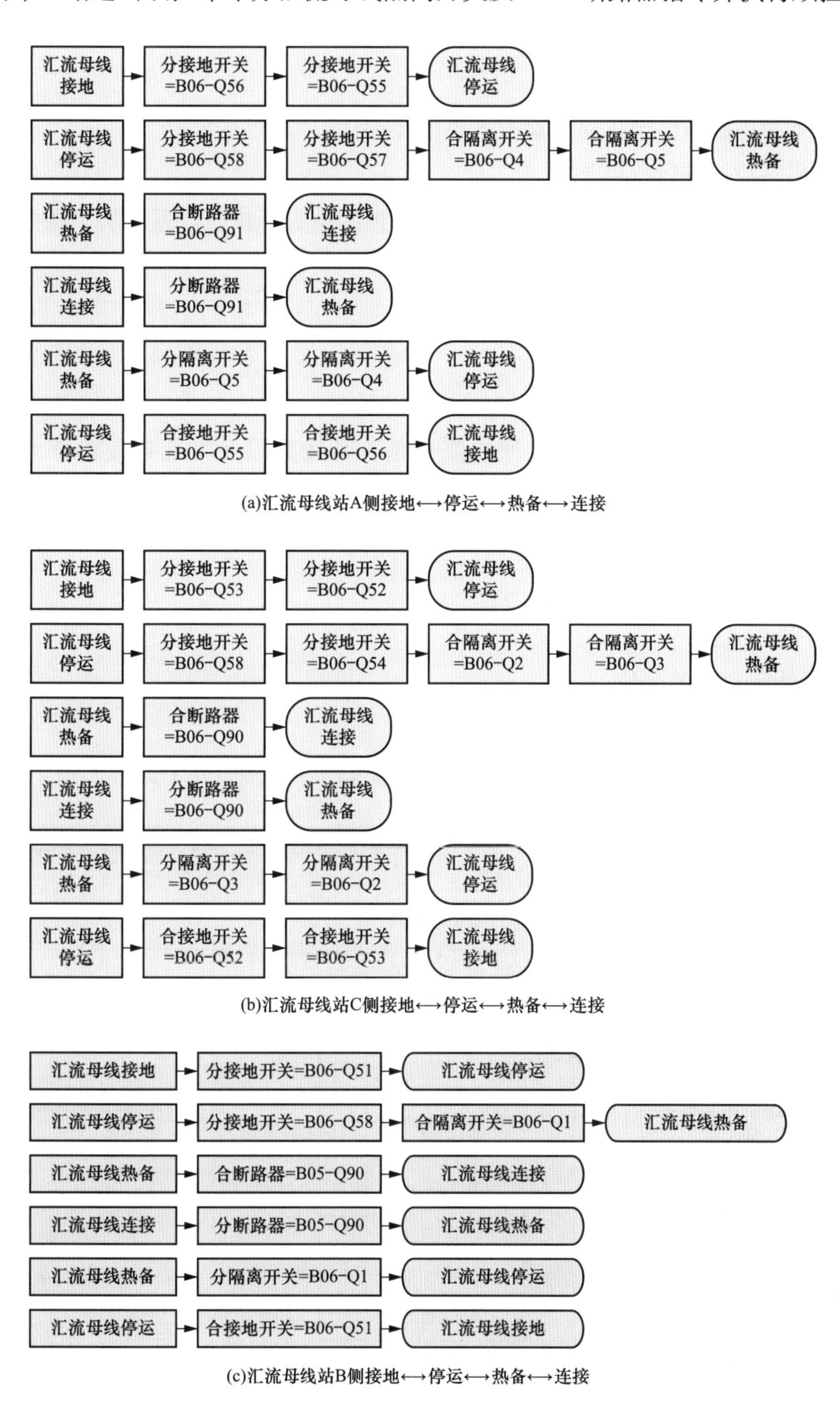

图 4-25　汇流站汇流母线顺控图

(五) 直流场顺序控制联锁

对于所有顺序执行，要求以下条件必须满足：

(1) 直流站控顺序控制模式处于自动模式。

(2) 没有其他顺序在执行中。

(3) 原有顺序故障已经排除且运行人员已经确认。

(4) 直流站控系统运行正常。

金属回线和大地回线顺序控制可以在系统层控制模式下执行，系统层下顺控命令只能由系统层主站发出并且经站间通信传输到从站。

(六) 空载加压

1. 空载加压顺控状态配置

三端直流空载加压 OLT 配置按照换流器是否带线路以及带几条线路分为以下三种配置：

(1) 不带线路 OLT 配置需具备以下 4 个条件：

1) 接地极线连接。

2) 极中性线连接。

3) 极母线隔离开关分位。

4) 极母线出线侧接地开关合位。

以禄高肇直流工程禄劝换流站为例，禄劝换流站不带线路 OLT 配置如图 4-26 所示。

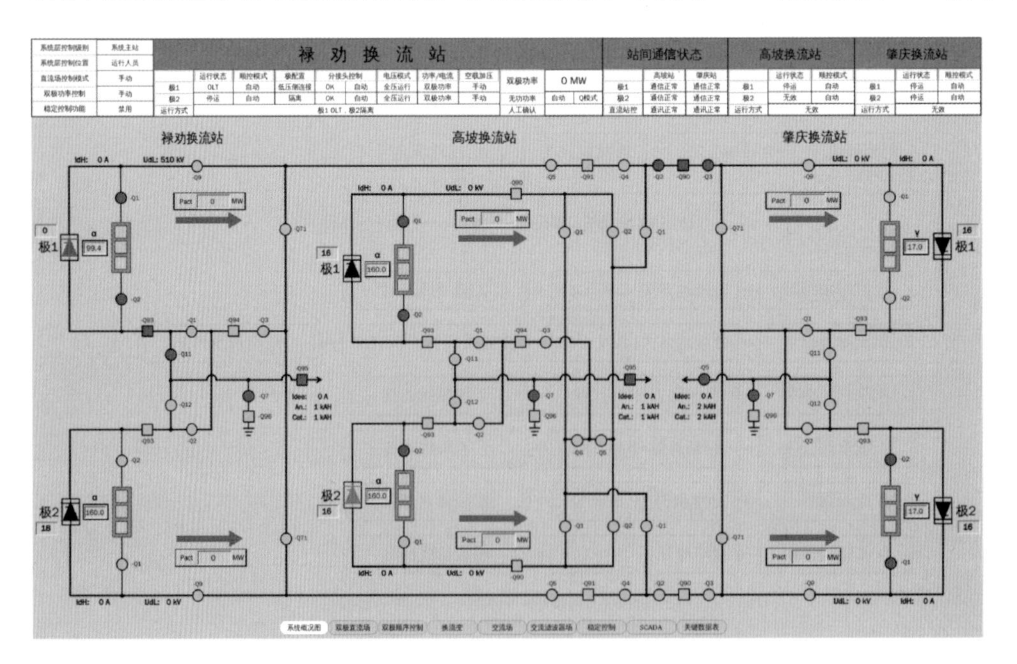

图 4-26 禄劝换流站（站 A）不带线路 OLT 配置图

（2）带禄高线路 OLT 配置需具备以下 5 个条件：

1）接地极线连接。

2）极中性线连接。

3）极母线隔离开关合位。

4）与对站 1 换流器所对应的汇流母线区隔离开关分位。

5）与对站 1 换流器所对应的汇流母线区出线侧接地开关合位。

以禄高肇三端直流工程禄劝换流站为例，禄劝换流站带禄高线路 OLT 配置如图 4-27 所示。

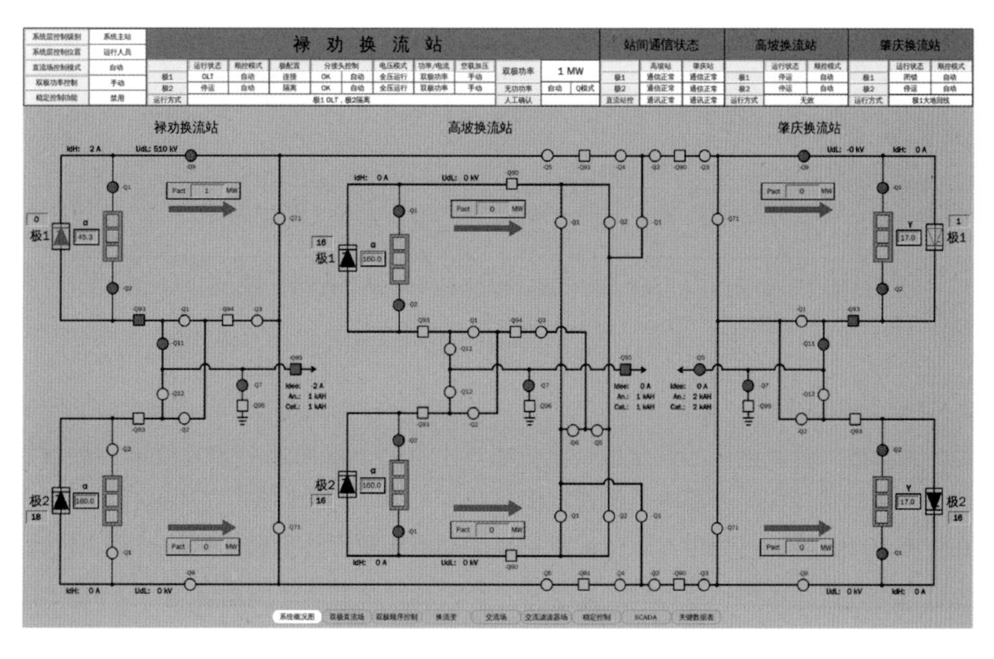

图 4-27　禄劝换流站（站 A）带禄高线路 OLT 配置图

（3）带禄高线路和高肇线路的线路全长 OLT 配置需具备以下 6 个条件：

1）接地极线连接。

2）极中性线连接。

3）极母线隔离开关合位。

4）与对站 1 换流器所对应的汇流母线区连接。

5）与对站 2 换流器所对应的汇流母线区连接。

6）对站 2 的换流器出线侧接地开关合位。

以禄高肇直流工程禄劝换流站为例，禄劝换流站带禄高线路和高肇线路 OLT 配置如图 4-28 所示。

站 A 和站 C 具备配置不带线路 OLT、带线路 1 OLT 以及带线路全长 OLT 顺控状态，站 B 因包含极性转换区开关，只配置不带线路 OLT 顺控状态。

当直流站状态处于三种 OLT 状态的任一状态时，直流场配置就绪条件满足。若闭锁状态的其他条件也满足时，可以进行 OLT 带电解锁。

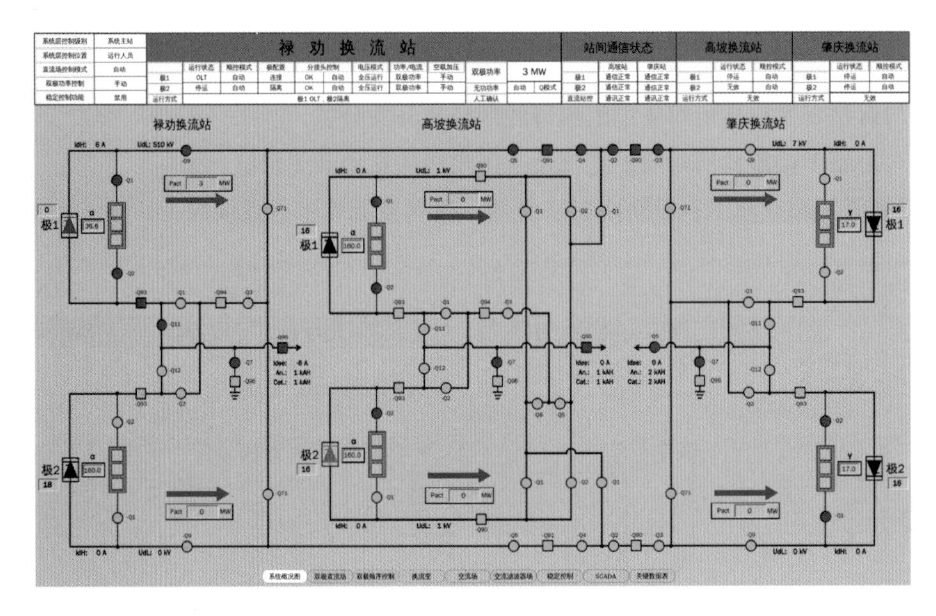

图 4-28　禄劝换流站（站 A）带禄高线路和高肇线路 OLT 配置图

2. 空载加压试验

运行人员输入直流电压的设定值、直流电压上升和下降的速率和直流电压的限制值，启动空载加压试验过程，直流电压的设定值可在 0～1.05（标幺值）之间选择。

在直流电压升降的过程中，运行人员可以手动停止和启动空载加压的过程，试验结束时，运行人员先将直流电压降低到一定水平，然后选择空载加压闭锁命令，闭锁换流阀。

控制系统监视空载加压试验的整个过程，并且根据故障的情况，发出报警信号或者停止整个空载加压试验的过程。

空载加压试验时，如果直流电流大于设定值，或者直流电压高于期望值（根据系统的工况计算的直流电压值），则判断发生直流侧接地故障。如果交流侧的等效电流和直流电流大于某一设定值，则判断发生了交流系统故障。故障比较轻微时，控制系统发出报警信号。

第三节　三端直流解闭锁

一、两端换流器解闭锁

（一）两端换流站解锁过程

换流变压器进线断路器闭合之后，极控系统发出触发脉冲到 VBE（阀基电子设备），

VBE 并不用这个触发脉冲解锁换流器，而是对换流桥臂上的可控硅进行预检。这时极控系统发出的触发角为 160°，换流器仍处于闭锁状态。当换流器解锁时，极控系统要发一个换流器解锁信号到 VBE，VBE 接收到这个信号之后，开始释放极控系统发出的触发脉冲，这时整流侧和逆变侧的换流器开始建立直流电压和直流电流，传输功率。

换流器的解锁过程是系统启动的一个步骤，运行人员在工作站监视换流器的解锁过程。换流器的解锁要求首先逆变侧解锁，然后整流侧解锁。因此，如果系统运行在站控层，系统由闭锁到解锁运行，两站的运行人员必须协调进行；如果系统运行在系统层，主导站的运行人员发出解锁指令。换流器解锁之后，如果没有停机信号或保护动作，换流器的解锁状态信息就一直保持。运行人员启动解锁后，站控将最小交流滤波器连入交流系统。两端解锁过程示意如图 4-29 所示。

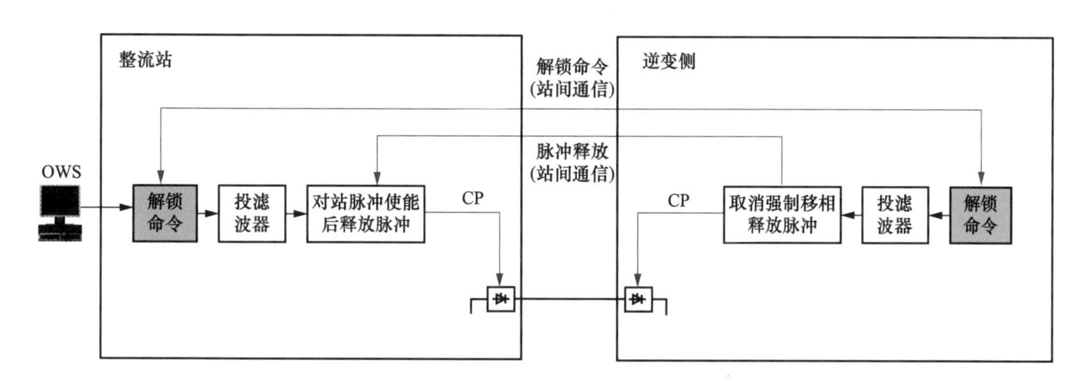

图 4-29　两端解锁过程示意图

（1）逆变侧的换流器的解锁过程如下：

1）极控系统发出换流器解锁命令到 VBE，VBE 接收到这个信号之后，开始释放极控系统的触发脉冲。

2）启动逆变侧的直流电压控制器，并且将极控系统的触发角设为 160°。然后等待整流侧解锁。

3）逆变侧检测到直流电流之后，逆变侧的直流电压调节器将直流电压参考值从最小值升到设定值。

（2）整流侧的换流器的解锁过程如下：

1）极控系统发出换流器解锁命令到 VBE，VBE 接收到这个信号之后，开始释放极控系统的触发脉冲。

2）启动整流侧的直流电流控制器，调节整流侧的触发角从 160°开始向 5°方向移动，从而建立直流电流和直流电压。整流侧换流器解锁时，直流电流的参考值增设置为 0.3（标幺值），加快直流电流和直流电压的建立。

当直流电压建立之后，根据选择的能量传输模式，功率/电流调节器开始释放，按照设定的功率/电流升降速率将功率/电流调节到设定值。

（二）两端换流站正常闭锁过程

换流阀闭锁通常由运行人员启动，这个顺序在对系统扰动最小的情况下关闭换流阀。同解锁顺序一样，闭锁顺序也根据闭锁站是整流站或逆变站而有所不同。

正常闭锁时，系统从解锁状态执行到闭锁状态，按照运行人员设定的功率/电流升降速率将直流功率/电流降到最小值。

正常的停机过程要求先闭锁功率侧的换流器，再闭锁电压侧的换流器。

（1）在功率侧执行下面的过程：

1）如果实际直流功率和直流电流为最小值，整流侧开始移相，首先将触发角移到120°，直流电流过零之后［电流小于0.05（标幺值）］，将触发角移到160°。

2）直流电流为零延时100ms之后，直流电流控制退出，触发脉冲闭锁。

（2）在电压侧执行下面的过程：直流电流为零延时500ms之后，直流电压控制退出，触发脉冲闭锁。

（三）保护启动的闭锁和紧急闭锁过程

保护启动的闭锁分为保护性闭锁和紧急停机，两者的区别在于保护性闭锁不跳交流断路器，紧急停机需要跳交流断路器，对于控制系统来说两者执行的换流器闭锁过程一致。

极控系统从冗余的直流保护系统接收保护发出的紧急停机命令，然后和极控系统的紧急停机命令相或产生最终的紧急停机命令。极控系统执行总的紧急停机命令，完成整个系统的停机过程。

极控收到保护发出的紧急停机命令时，系统从解锁状态执行到备用状态，触发脉冲闭锁同时两侧换流变压器进线断路器跳开。

（1）站间通信正常时，极控系统整流侧和逆变侧接收到紧急停机命令后，闭锁过程如下。

1）整流侧：

① 整流侧立即把触发脉冲强制移相到120°，直流电流小于5%时延时50ms之后，触发角置位到160°；当直流电流小于3%时延时10ms，触发脉冲闭锁，停止向换流阀发送触发脉冲。

② 整流侧接到ESOF信号的同时向逆变侧发出闭锁请求，逆变侧经过站间通信的延时后接到闭锁命令执行闭锁顺序：直流电流小于3%之后延时500ms，触发角置位到160°，控制器退出，触发脉冲闭锁停止向换流阀发送脉冲。

2）逆变侧：

① 接到ESOF信号后，如果直流电压大于10%并且没有禁止投旁通对，延时20ms投入旁通对，2s后撤除旁通对。如果直流电流小于3%之后延时500ms，触发角移到160°，

控制器退出，触发脉冲闭锁，停止向换流阀发送脉冲。

② 接到 ESOF 信号的同时向整流侧发出闭锁请求，整流侧经过站间通信的延时后接到闭锁命令执行闭锁顺序：接到闭锁请求后立即将触发角强制移到 120°，如果直流电流小于 5%之后延时 50ms，将触发角移到 160°；如果直流电流小于 3%之后延时 10ms，直流电流控制退出，触发脉冲闭锁停止向换流阀发送脉冲。

（2）站间通信故障时，极控系统整流侧和逆变侧接收到紧急停机命令后，闭锁过程如下：

1）整流侧：整流侧发生 ESOF 后，整流侧执行 ESOF 顺序，逆变侧直流极保护监测到直流低电压，会闭锁逆变侧。

2）逆变侧：逆变侧发生 ESOF 后，整流侧的直流线路保护检测到线路低电压，向极控发出线路故障重启信号，待重启次数大于设定次数后，整流侧会执行线路故障重启失败闭锁，立即把触发脉冲强制移相到 120°，直流电流小于 5%时延时 50ms 之后，触发角置位到 160°，当直流电流小于 3%时延时 100ms，触发脉冲闭锁，停止向换流阀发送触发脉冲停止向换流阀发送脉冲。逆变侧执行 ESOF 顺序，如果直流电流小于 3%之后延时 500ms，触发角置位到 160°，控制器退出，触发脉冲闭锁停止向换流阀发送脉冲。

有一些保护动作之后，不允许投旁通对，此时直流保护发出紧急停机命令，同时发出禁止投旁通对信号到极控系统，极控系统收到这个信号之后，在逆变侧闭锁时不会投旁通对。

① 可控停机（CSD）：系统运行过程中，当站控系统发生故障时，极控系统切换为单极控制模式，维持系统正常运行持续 2h，然后按照预先设定的速率（200MW/min）降低直流功率，当到达最小电流时闭锁换流阀。两套直流站控失去时，小组滤波器 DFU420 测控装置配置过压切除能力，由测控装置实现滤波器的切除控制，极控接口屏测控装置决定滤波器切除顺序。

② 快速停机（FASOF）：当交流滤波器配置不满足最小滤波器需求、两套站控死机、U_{di0}过高时，站控系统向极控发出快速停机命令，极控能够按照预先设定的速率降低直流，当到达最小电流时闭锁换流阀。

③ 双套极控死机：当双套极控死机时，执行三站极闭锁逻辑。双套极控死机后，RCD400 装置会产生极控 ESOF 信号通过硬接线给直流站控。直流站控根据极控 ESOF 信号以及其他信号（直流站控与极控 IFC 光纤通信故障等）判断双套极控死机，并通过直流站控站间通信执行三站极闭锁。

二、三端换流器解闭锁

（一）三端换流站解锁过程

若系统运行在系统层，“二送一”模式下主导站的运行人员发出三站解锁指令，站 C

收到解锁命令后直接解锁，站A收到解锁命令和站C的脉冲使能信号后，直接解锁，站B收到解锁命令和站A、站C的脉冲使能信号后延时1s后解锁；“一送二”模式下主导站的运行人员发出三站解锁指令，为避免站B最后解锁时换流阀因为存在直流偏置电压导致其单阀无回报晶闸管级数量达到跳闸定值闭锁直流的风险。因此站B和站C收到解锁命令直接解锁，站A收到解锁命令和站B、站C的脉冲使能信号后解锁。

“二送一”模式和“一送二”模式三站解锁步骤简图如图4-30和图4-31所示。

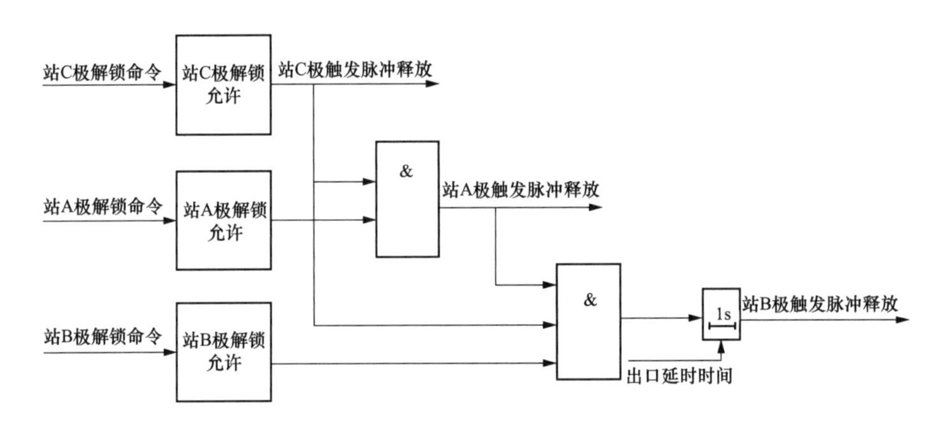

图4-30 “二送一”模式三站解锁步骤简图

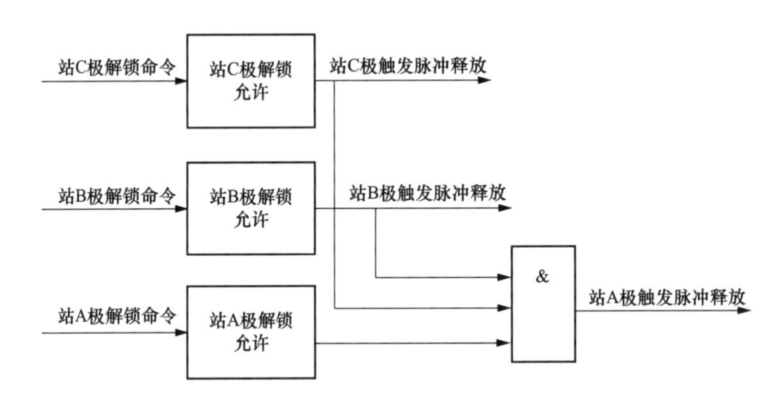

图4-31 “一送二”模式三站解锁步骤简图

若系统运行在站控层，系统由闭锁到解锁运行，三站的运行人员必须协调进行，“二送一”模式先解锁站C，再解锁站A，最后解锁站B；“一送二”模式先解锁站B和站C，最后解锁站A。

“二送一”模式三端解锁过程中，站B解锁过程与两端解锁过程中整流侧的解锁过程一致，站B以控电流模式解锁；“一送二”模式三端解锁过程中，站B解锁过程与两端解锁时的整流侧和逆变侧都存在差异，站B脉冲使能后，将电压裕度变为0.3，电流裕度变为0，其控制方式从控电压立刻切换为控直流电流，以控电流模式解锁。站B以控电流模式调节触发角，由160°开始减小，减小到一定程度后，直流电流建立。

三站均以最小功率解锁，对于“一送二”模式，站A最小功率为0.2（标幺值）。

（二）三端换流站正常闭锁过程

“二送一”模式闭锁时，三站先按速率降低至最小功率后，先闭锁功率侧的换流器，再闭锁电压侧的换流器，与两端闭锁过程一致，站 A 和站 B 执行的逻辑与两端闭锁时整流站的逻辑一致，具体哪站先闭锁取决于哪站的功率先降到最小功率，站 C 执行的逻辑与两端闭锁时逆变站执行的逻辑一致。

“二送一”模式三站闭锁步骤简图如图 4-32 所示。

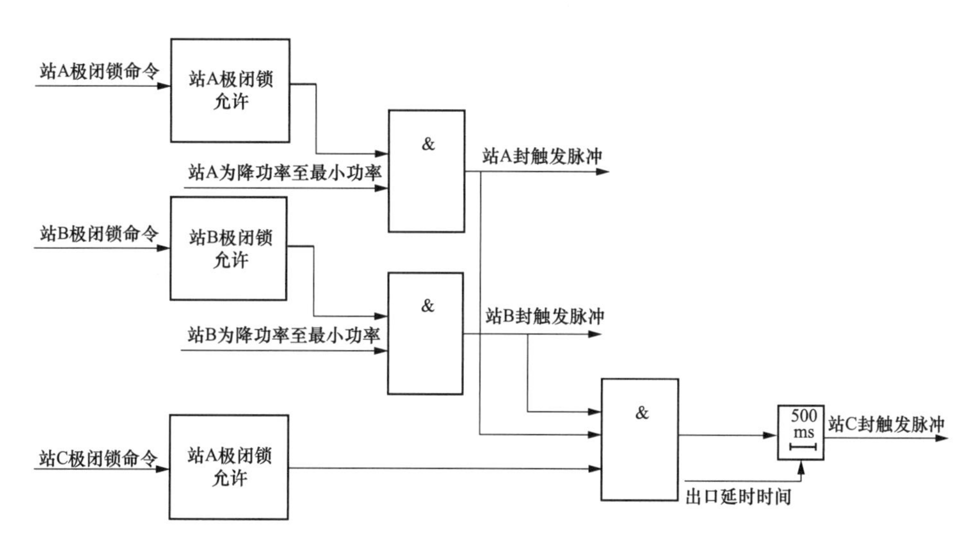

图 4-32　“二送一”模式三站闭锁步骤简图

“一送二”模式闭锁时，系统功率降到最小功率时，站 A 为 0.2（标幺值），站 B 为 0.1（标幺值），站 C 为 0.1（标幺值），整流站会直接强制移相，站 B 和站 C 待直流电流小于 0.03（标幺值）后延时 500ms 封脉冲。站层闭锁时，过程与系统层闭锁类似，只是需三站均下发闭锁命令。

“一送二”模式三站闭锁步骤简图如图 4-33 所示。

（三）三端换流站保护性闭锁过程

三端直流保护性闭锁分“二送一”运行模式和“一送二”运行模式两种工况：

(1)“二送一”模式下，站间通信正常时，站 A 或站 B 收到闭锁信号后，执行第三站故障退出逻辑；站 C 收到闭锁信号后，执行三站闭锁逻辑，闭锁过程与两端运行时一致。

(2)“一送二”模式下，站间通信正常时，站 B 或站 C 收到闭锁信号后，执行第三站故障退出逻辑；站 A 收到闭锁信号后，执行三站闭锁逻辑，闭锁过程与两端运行时一致。

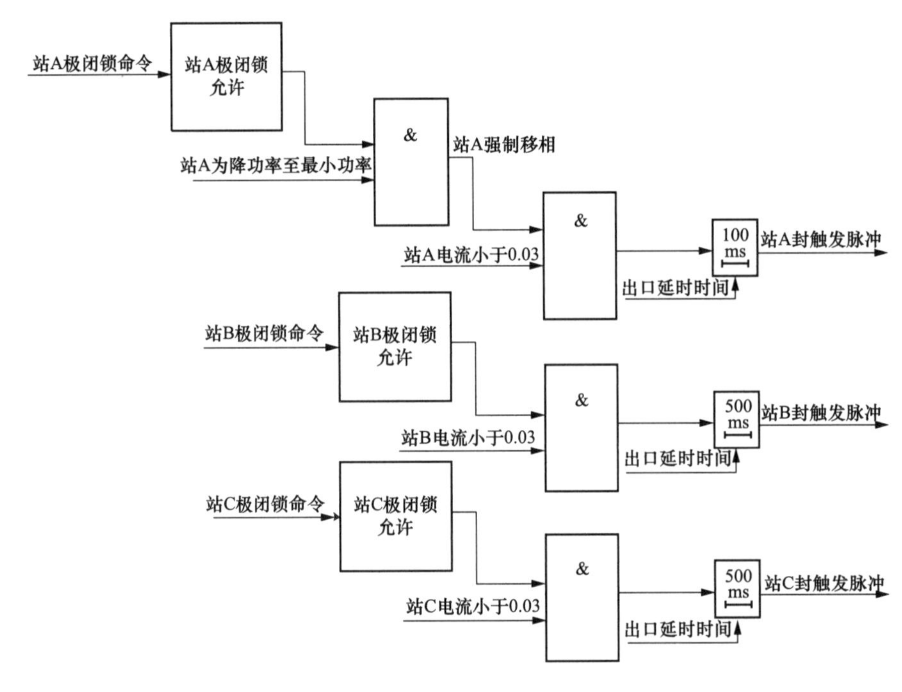

图 4-33 “一送二”模式三站闭锁步骤简图

三、第三站投退策略

（一）第三站在线投入

换流站在线投入有“二送一”模式下站 A 或站 B 送端在线投入和“一送二”模式下站 B 或站 C 受端在线投入两种工况。

“二送一”模式时，站 A 和站 B 都为整流模式且都控电流，故两站的在线投入逻辑完全一致。首先待投入换流站顺控至闭锁状态，待投入站与汇流母线的连接状态为冷备用状态，即 HSS 分闸、两侧隔离开关分闸。待运行人员下发极在线投入命令时，先将对应的 HSS 两侧的隔离开关合上后，在运整流站移相，待直流电压降低到定值（300kV）后，合上对应的 HSS，在运整流站取消移相信号，待投入换流站延时 300ms 解锁。

“一送二”模式时，首先待投入换流站顺控至闭锁状态，待投入站与汇流母线的连接状态为冷备用状态，即 HSS 分闸、两侧隔离开关分闸。待运行人员下发极在线投入命令时，先将对应的 HSS 两侧的隔离开关合上后，站 A 移相，待直流电压降低到定值（300kV）后，合上对应的 HSS 断路器，待投入换流站解锁，站 A 收到待投入站对应的 HSS 合位且另外两站脉冲使能后，取消移相信号。

若投入过程中，HSS 两侧隔离开关合闸失败，则应退回至初始状态，两侧隔离开关分开。若合 HSS 命令发出 500ms 后未收到 HSS 合位信号，则执行第三站退出逻辑。若待投入站解锁失败，执行第三站退出逻辑。

第三站投入步骤简图如图 4-34 所示。

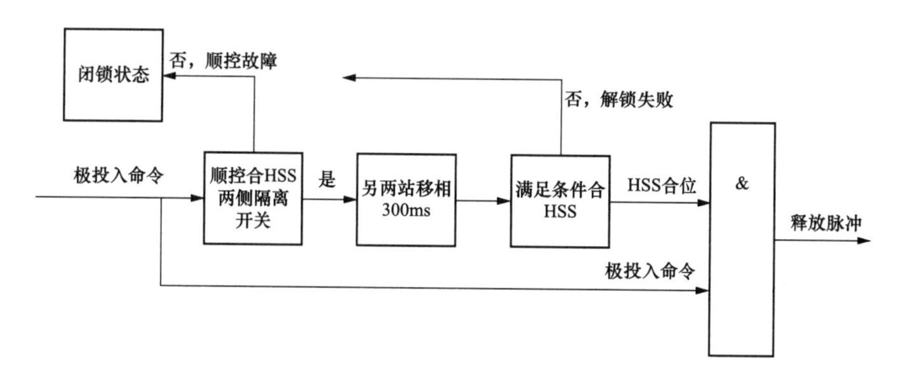

图 4-34　第三站在线投入步骤简图

第三站投入合 HSS 步骤如图 4-35 所示。

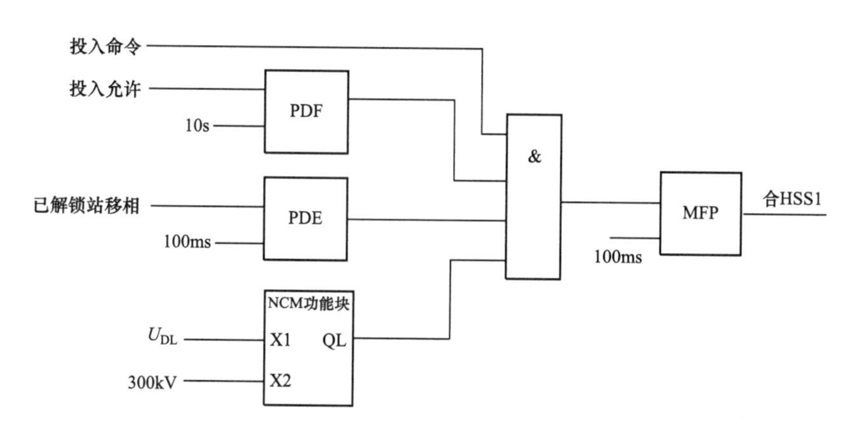

图 4-35　第三站在线投入合 HSS 简图

U_{DL}—极母线电压；PDF—延时复归模块；PDE—延时动作模块；MPF—固定脉宽输出模块

“一送二”模式时，站 B 和站 C 都为逆变模式，但站 B 控电流，站 C 控电压。整个投入过程基本一致，区别在于待投入站的解锁过程。站 B 作为逆变站，在收到 HSS 合位后，以控电流模式解锁。站 C 作为逆变站，在收到 HSS 合位后，在站 A 和站 B 移相重启前，以控电压模式解锁。

第三站投入过程的功率分配原则：“二送一”模式下，新投入的送端以最小电流解锁，另外一个送端电流保持不变，控电压的受端功率增加。“一送二”模式下，新投入的受端以最小电流解锁，送端的最小电流限制自动提升至 0.2（标幺值），另外一个受端电流减小 0.1（标幺值），但其电流不会小于 0.1（标幺值）。

“一送二”模式下，金属回线第三站在线投入时，由于存在站内接地点的转移（优先选择站 C），且第三站投入前无接地点，为避免无接地点换流变压器充电对设备的影响，禁止金属回线下第三站在线投入。

（二）第三站在线退出

第三站在线退出有“二送一”模式下站 A 或站 B 在线退出和“一送二”模式下站 B 或站 C 在线退出两种工况。

“二送一”模式时，站 A 和站 B 都为整流模式且都控电流，故两站的在线退出逻辑完全一致，相当于正常的整流站闭锁过程。首先，若处于双极功率模式，切换三站成单极电流模式，之后降低退出站电流至最小功率，三端系统送端移相，待汇流母线处相应的 HSS 满足分闸条件（判断电流持续小于定值）后，自动将 HSS 及两侧隔离开关断开，第三站闭锁，运行的两端重启，第三站在线退出完成。

第三站在线退出步骤简图如图 4-36 所示。

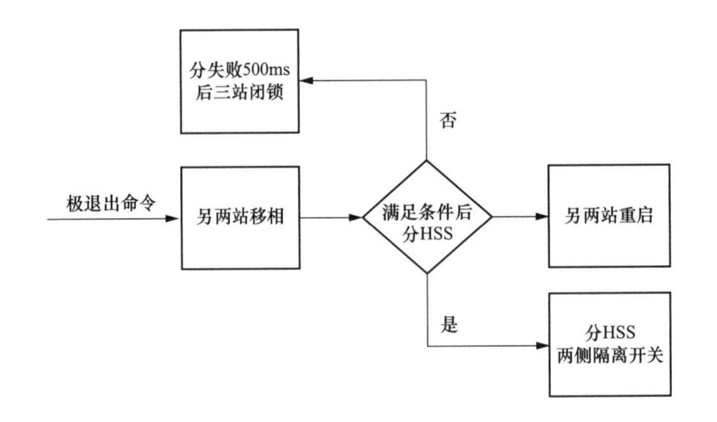

图 4-36　第三站在线退出步骤简图

第三站在线退出分 HSS 步骤如图 4-37 所示。

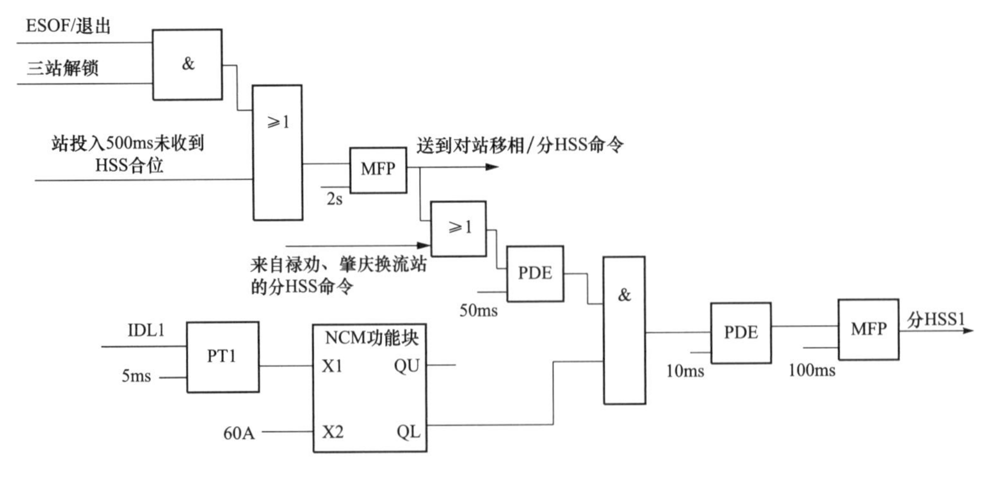

图 4-37　第三站在线退出分 HSS 简图

PT—滤波器模块；PDE—延时动作模块；MPF—固定脉宽输出模块

“一送二”模式时，站B和站C都为逆变模式，但站B控电流，站C控电压，退出过程存在差异。

（三）退出站B

站B收到后台下发的退出命令后，若处于双极功率模式，三站切换成单极电流模式，站B开始降功率，同时站A电流也开始受限，以保证站C电流不变。待站B电流降到0.1（标幺值）后，三端系统送端移相，待汇流母线处相应的HSS满足分闸条件（判断电流持续小于定值）后，自动将HSS及两侧隔离开关断开，第三站闭锁，运行的送端重启，第三站在线退出完成。

（四）退出站C

站C收到后台下发的退出命令后，若处于双极功率模式，三站切换成单极电流模式，站A开始降功率，站B功率不变，待站C电流降到0.1（标幺值）后，三端系统送端移相，待汇流母线处相应的HSS满足分闸条件（判断电流持续小于定值）后，自动将HSS及两侧隔离开关断开，第三站闭锁，站B由控电流转为控电压，运行的送端重启，第三站在线退出完成。

第三站退出过程中，若分HSS命令发出500ms后未收到HSS分位信号，则三站闭锁。

第三站退出过程的功率分配原则：“二送一”模式下，待退出的送端以最小功率闭锁，另外一个送端功率保持不变，控电压的受端功率减小。“一送二”模式下，待退出的受端以最小功率闭锁，送端功率减小，另外一个受端功率保持不变。

（五）第三站故障退出

三站运行情况下，若任一站发生紧急故障，需将故障站迅速切除。送端和受端紧急闭锁遵循如下原则：在“二送一”模式下，受端故障时，需紧急停运三站；送端故障时，仅需紧急切除故障站，其他两站维持运行状态。在“一送二”模式下，送端故障时，需紧急停运三站；受端故障时，仅需紧急切除故障站，其他两站维持运行状态。通信故障下，第三站发生故障退出时，执行三站闭锁逻辑。

第三站故障退出时，若处于双极功率模式，则进行单极电流模式切换，并需送端进行移相和去游离，待对应的HSS具备分闸条件后，断开HSS及两侧隔离开关隔离故障换流站，非故障的两端换流站重启，恢复直流系统运行。

需要注意的是，“一送二”模式下，三站单极金属运行方式下，站C故障退出，存在站内接地点转移至站B的过程。

（六）单极金属回线下第三站退出

“一送二”单极金属方式的整体结构如图4-38所示，站C站内接地开关HSGS闭合，两个受端存在第三站投退过程，其中下角op表示对极电气量。

1. 站 B 退出

(1) 站 B 在线退出时，站 B 降功率到最小功率，送端移相，分 $HSS2_{\_op}$，站 B 闭锁，送端移相重启。

(2) 站 B 故障退出时，送端移相，分 $HSS2_{\_op}$，站 B 闭锁，站 A 和站 C 移相重启。

2. 站 C 退出

(1) 站 C 在线退出时，站 C 降功率至最小功率，送端移相，站 C 闭锁，合站 B 的站内接地开关 HSGS，分 HSS3 和 $HSS3_{\_op}$，站 A 和站 B 移相重启。

(2) 站 C 故障退出时，送端移相，站 C 闭锁，合站 B 的站内接地开关 HSGS，分 HSS3 和 $HSS3_{\_op}$，站 A 和站 B 移相重启。

“二送一”单极金属方式的整体结构如图 4-39 所示，站 C 站内接地开关 HSGS 闭合，两个送端存在第三站投退过程。

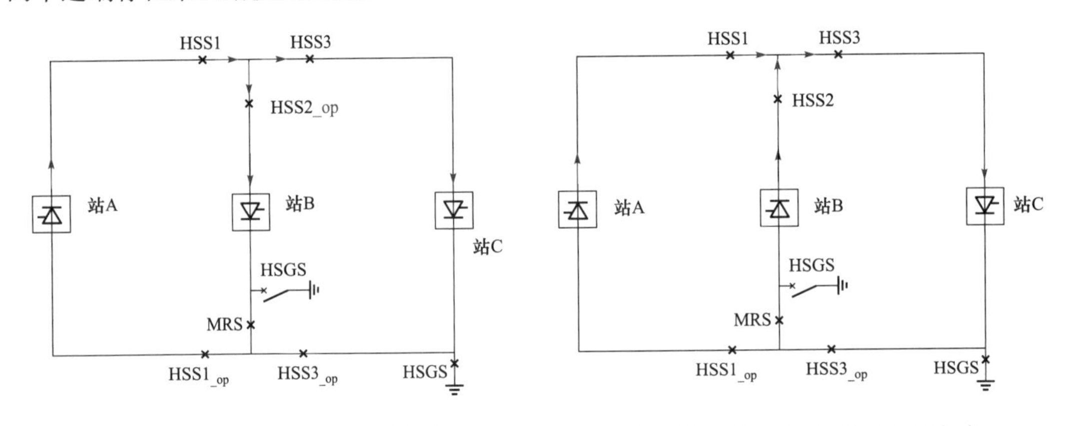

图 4-38 “一送二”单极金属方式

图 4-39 “二送一”单极金属方式

3. 站 A 退出

(1) 站 A 在线退出时，先降功率至最小功率，送端移相，站 A 闭锁，分 HSS1 和 $HSS1_{\_op}$，站 B 和站 C 移相重启。

(2) 站 A 故障退出时，送端移相，站 A 闭锁，分 HSS1 和 $HSS1_{\_op}$，站 B 和站 C 移相重启。

4. 站 B 退出

(1) 站 B 在线退出时，先降功率至最小功率，送端移相，站 B 闭锁，分 HSS2，站 A 和站 C 移相重启。

(2) 站 B 故障退出，送端移相，站 B 闭锁，分 HSS2 以及极隔离，站 A 和站 C 移相重启。

第四节 三端功率协调控制

一、站间功率协调控制

针对三端运行方式多样性的特点在极控系统增加功率协调控制功能。稳态运行“二送一”模式，站A和站B为整流站，且控制模式均为电流/功率控制，可控制各自换流站的直流功率/直流电流达到运行人员设定的参考值，站C控电压，其电流参考值为站A电流参考值加站B参考值；稳态运行“一送二”模式，站A为整流站，控制模式为电流/功率控制，站B逆变站，控制模式为电流/功率控制，站A和站B可控制各自换流站直流功率/直流电流达到运行人员设定的参考值，站C控电压，其电流参考值为站A电流参考值减站B参考值。

1. 三站的功率转移的总体原则

（1）“一送二”模式下，两个受端的功率分配优先满足站C功率受入；“二送一”模式下，两个送端的功率分配优先满足站A功率送出。

（2）换流站转移后的功率水平不超过原有双极功率水平。

（3）当发生站间通信故障时，不进行极间功率转移。

2. “一送二”模式下，三站发生单极/双极故障、稳定控制功能动作的功率转移原则

（1）“一送二”模式运行极故障。

1）唯一送端单极故障。故障送端的功率转移到对极，转移的功率优先给站C恢复至故障前双极功率水平，多余功率再分配给站B。

2）唯一送端双极故障：三站均停运。一个受端单极故障：非故障受端的功率不变，送端的对极功率增加，增加的功率全部分配给故障受端的对极。

3）一个受端双极故障。送端进行限功率，保持非故障受端的功率不变。

（2）“一送二”模式稳定控制功能。“一送二”模式下送端功率回降/功率限制或频率控制功能向下调节功率时，先降站B，不够部分再回降站C。功率提升或频率控制功能向上调节功率时，可以先提升站C功率，不够部分再提升站B功率。受端稳定控制功能激活时，站A配合调整，不影响另外一个受端的功率。

（3）“二送一”模式运行极故障。

1）一个送端单极故障。非故障送端双极功率保持不变，故障送端的功率转移至对极。

2）一个送端双极故障。另一送端功率保持不变，唯一受端同步跟随两个送端功率变化。

3）唯一受端单极故障。三站功率转移至对极，增加的功率优先满足站A恢复故障前功率，若有多余的部分再分配给站B。

4）唯一受端双极故障。三站均停运。

（4）“二送一”模式稳定控制功能。“二送一”模式唯一受端的功率提升或频率控制功能激活时，优先增加站A功率，不够再提升站B功率。唯一受端的功率下降或频率控制功能激活时，先降站B功率，不够再降站A功率。某一送端稳定控制功能激活时，站C配合调整，不影响另外一个送端的功率。

三站运行，某一站出现功率受限或极故障退出时的站间功率协调控制示意图如图4-40所示。

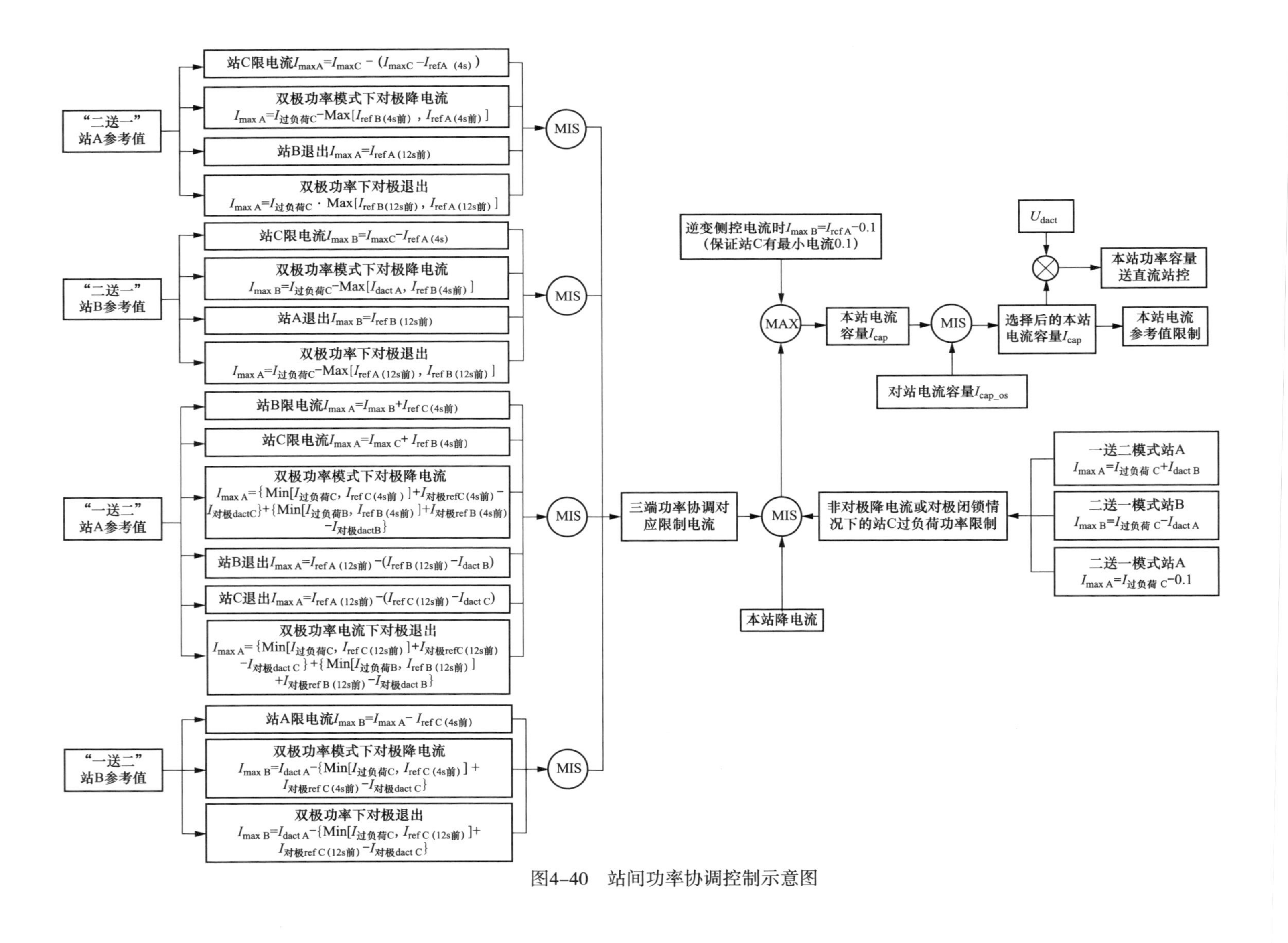

图4-40　站间功率协调控制示意图

如图 4-40 所示，三站运行站间功率协调控制关键环节主要由以下几步：

1）“二送一”模式或“一送二”模式下出现任一站功率受限或极故障退出时计算站 A 和站 B 协调后的功率参考值。具体包含“二送一”模式下站 A 或站 B 本站对极故障退出、对极降电流以及站 B 或站 A 极故障退出时的站 A 和站 B 的本极功率参考值计算；“一送二”模式下“二送一”模式下站 A 或站 B 本站对极故障退出、对极降电流以及站 B 或站 A 或站 C 极故障退出时的站 A 和站 B 的本极功率参考值计算。

2）本站计算的站间协调控制的功率参考值与本站其他功能的功率限制值取小，生成最终需要控制的功率参考值和功率容量。

3）通过本极最终的功率参考值和计算的站 A 本极的直流电压实际值除法运算，得到控制器所需控制的电流参考值，并通过输出对应的触发角调整本极的电流实际值。

4）计算本站的直流功率容量和本站功率参考值比较，若本站直流功率容量小于本站功率参考值且持续一定时间，则用本站的功率参考值更新为本站直流功率容量对应值。

以下工况按照 3s 过负荷 1.5（标幺值），小时过负荷 1.2（标幺值），长期过负荷 1.1（标幺值）考虑，站 B 和站 C 不具备小时过负荷和长期过负荷考虑，来举例说明单/双极故障功率转移策略。

“二送一”模式，站 A 极 1 故障退出（站 C 接地极限流功能投入，限制值 1200A）见表 4-2。

表 4-2 “二送一”模式，站 A 极 1 故障退出（站 C 接地极限流功能投入，限制值 1200A）

工况		站 A	站 B	站 C
初始状态	P1	1000	1500	2500
	P2	1000	1500	2500
站 A 极 1 故障退出	P1	0	1500	1500
	P2	2000	1500	3500
3s 过负荷结束	P1	0	1500	1500
	P2	1500	1500	3000
站 C 接地极限流	P1	0	1500	1500
	P2	1500	1200	2700
若试验前将三站接地极限流功能投入	P1	0	1500	1500
	P2	1200	1500	2700

“二送一”模式，站 B 极 1 故障退出（站 B 接地极限流功能投入，限制值 1200A）见表 4-3。

表 4-3 “二送一”模式，站 B 极 1 故障退出（站 B 接地极限流功能投入，限制值 1200A）

运行工况		站 A	站 B	站 C
初始状态	P1	1000	1500	2500
	P2	1000	1500	2500

续表

运行工况		站 A	站 B	站 C
站 B 极 1 故障退出	P1	1000	0	1000
	P2	1000	3000	4000
3s 过负荷结束	P1	1000	0	1000
	P2	1000	2000	3000
站 C 接地极限流	P1	1000	0	1000
	P2	1000	1200	2200
若试验前将三站接地极限流功能投入	P1	1000	0	1000
	P2	1000	1200	2200

“二送一”模式，站 C 极 1 故障退出（站 C 接地极限流功能投入，限制值 1200A）见表 4-4。

表 4-4　“二送一”模式，站 C 极 1 故障退出（站 C 接地极限流功能投入，限制值 1200A）

运行工况		站 A	站 B	站 C
初始状态	P1	1000	1500	2500
	P2	1000	1500	2500
站 C 极 1 故障退出	P1	0	0	0
	P2	2000	2500	4500
3s 过负荷结束	P1	0	0	0
	P2	1500	1500	3000
站 C 接地极限流	P1	0	0	0
	P2	900	300	1200
若试验前将三站接地极限流功能投入	P1	0	0	0
	P2	900	300	1200

“一送二”模式，站 A 极 1 故障退出（站 A 接地极限流功能投入，限制值 1200A）见表 4-5。

表 4-5　“一送二”模式，站 A 极 1 故障退出（站 A 接地极限流功能投入，限制值 1200A）

运行工况		站 A	站 B	站 C
初始状态	P1	2500	1000	1500
	P2	2500	1000	1500
站 A 极 1 故障退出	P1	0	0	0
	P2	4500	1500	3000
3s 过负荷结束	P1	0	0	0
	P2	3600	1000	2600
站 A 接地极限流	P1	0	0	0
	P2	1200	300	900
若试验前将三站接地极限流功能投入	P1	0	0	0
	P2	1200	300	900

"一送二"模式，站B极1故障退出（站A接地极限流功能投入，限制值1200A）见表4-6。

表4-6 "一送二"模式，站B极1故障退出（站A接地极限流功能投入，限制值1200A）

运行工况		站A	站B	站C
初始状态	P1	2500	1000	1500
	P2	2500	1000	1500
站B极1故障退出	P1	1500	0	1500
	P2	3500	2000	1500
3s过负荷结束	P1	1500	0	1500
	P2	3500	2000	1500
站A接地极限流	P1	1500	0	1500
	P2	2700	1200	1500
若试验前将三站接地极限流功能投入	P1	1500	0	1500
	P2	2700	1200	1500

"一送二"模式，站C极1故障退出（站A接地极限流功能投入，限制值1200A）见表4-7。

表4-7 "一送二"模式，站C极1故障退出（站A接地极限流功能投入，限制值1200A）

运行工况		站A	站B	站C
初始状态	P1	2500	1000	1500
	P2	2500	1000	1500
站C极1故障退出	P1	1000	1000	0
	P2	4000	1000	3000
3s过负荷结束	P1	1000	1000	0
	P2	3600	1000	2600
站A接地极限流	P1	1000	1000	0
	P2	2200	300	1900
若试验前将三站接地极限流功能投入	P1	1000	1000	0
	P2	2200	1000	1200

二、站内功率协调控制

（一）自动/手动功率控制模式功率设定功能

在双极功率控制模式下运行人员可以选择自动功率控制与手动功率控制。在自动功率控制模式下功率定值及功率变化率将按照预先编好的日（或周或月）直流传输功率负荷曲线自动变化，该曲线可以定义1024个功率/时间数值点。在手动功率控制模式时运行人员手动设定功率定值及功率变化率。如果来自负荷曲线的定值与手动设定的定值有差异时，在自动/手动切换时，实际的功率定值将按手动设定的变化率变化到当前的手动设定值。

且系统自动功率控制模式运行时，将闭锁运行人员手动设定功率整定值和功率变化率整定值。

(1) 系统自动功率控制模式运行的条件是：

1) 系统控制层。

2) 双极均为双极功率控制模式，至少单极解锁。

3) 系统的有效控制位置为主控站的运行人员工作站。

(2) 以下情况功率控制模式将从自动模式转换到手动模式：

1) 双极不全是双极功率控制模式。

2) 双极均没有解锁。

3) 站控层。

4) 主/从控站切换。

5) 主控站系统功能控制位置发生变化。

(二) 调制控制功率指令设定功能

控制系统配置基于对交流系统参数监视的调制控制功能，控制系统可以实现功率的动态变化。由调制控制产生的参考值（$P_{\mathrm{ref\ AC}}$）是所有有效的调制控制产生功率的参考值之和。下述稳定控制功能参与调制控制功率指令计算（POAC)：

(1) 功率摇摆阻尼（PSD)——仅在站 B 送站 C 的运行方式下有效。

(2) 功率摇摆稳定（PSS)——仅在站 B 送站 C 的运行方式下有效。

(3) 频率限制控制（FLC)——仅在功率站有效。

(4) 功率提升功能（Run Up)。

(5) 功率回降功能（Run Back)。

对于稳定控制功能设计有一总禁止信号，它可以禁止对所有稳定控制功能的响应，这个信号通过极控经站间通信传递到对站。根据系统运行的需要，所有的稳定控制功能可以一起投入运行，也可以单个功能投入运行。每一种稳定控制功能产生一个功率调制信号，所有的稳定控制信号加起来产生总的稳定控制信号 $P_{\mathrm{ref\ AC}}$。所有的稳定控制功能都有启动和禁止信号。

所有的稳定控制均不能突破最小功率限制 $P_{\min}(I_{\min}\times U_{\mathrm{dBP}})$。由于电压站功率控制器不起作用，逆变站功率变化量需要通过站间快速通信送到整流站，整流站将本站和对站的 $P_{\mathrm{ref\ AC}}$相加产生总的 $P_{\mathrm{ref\ AC}}$信号。$P_{\mathrm{ref\ AC}}$要求在两站之间交换，这样保证了即使来自逆变站的稳定控制信号也可以有效。

极控系统功率控制主要功能是根据运行人员控制信息计算正确的稳态功率指令（$P_{\mathrm{ref\ DC}}$）。

双极功率控制模式下控制原理是功率整定值除以双极直流电压（整流侧测量)。这个双极层功能在双极极控系统中执行，计算所得电流指令是整流侧电流控制器的参考值，双极电流指令相同确保双极平衡运行。

如果一极降电压运行，功率控制功能将增加电流指令以维持功率不变双极平衡运行。

如果一极停运，直流电压降为零，根据 P/U 功能运行极将增加电流参考值以获得维持定功率运行的动态响应。这个将受最大过负荷能力的限制。一旦停运极解锁运行，直流电压的恢复将减少极上的电流指令从而维持定功率和双极平衡运行。

三、极间功率转移

如上所述对于两极电流指令是由双极功率定值除以双极直流电压所得，因而在两极是完全相同的。然而极间功率转移是考虑下述工况时把功率从一极转移到另一极，这种情况下接地极将会有电流流过，具体有以下工况：

（1）一极为电流控制模式，另一极为双极功率控制模式时，双极功率控制模式的极接收电流模式的极产生电流指令增量 ΔI_{ppt}。ΔI_{ppt} 为双极功率控制模式的极产生的电流指令和电流模式的极产生的电流指令的差值。

（2）一极电流限制运行时，另一极为双极功率模式，双极功率控制模式的极接收电流限制运行的极产生电流指令增量 ΔI_{ppt}，ΔI_{ppt} 为双极功率控制模式的极产生的电流指令 $I_{dref\ DC}$ 和电流限制运行的极电流的最大值 I_{max} 的差值。

（3）增量 ΔI_{ppt} 信号在极间交换实现了电流指令从一极向另一极的转移。如果某一极闭锁，极间功率转移功能将被禁止。考虑双极运行不相同极电压的情况（一极正常运行一极降电压运行），增量 ΔI_{ppt} 信号必须按照电压进行调整。

极间功率转移功能只在整流站有效，详细的极间功率转移功能如图 4-41 所示。

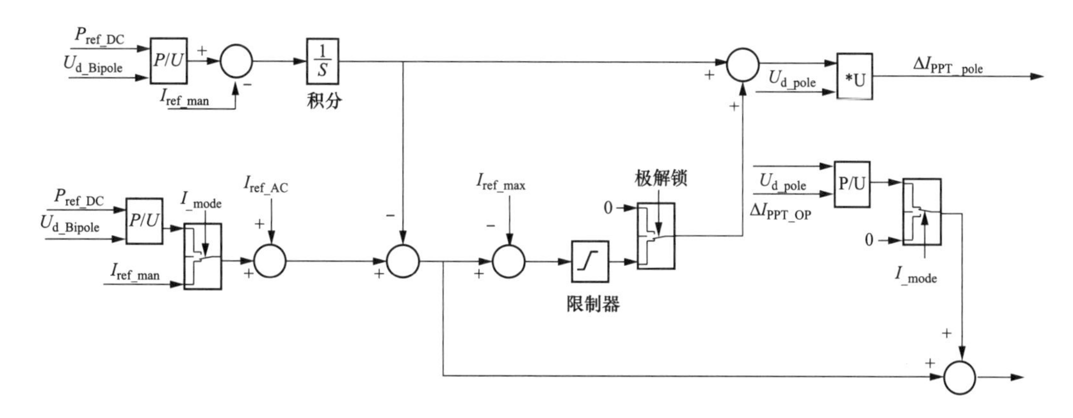

图 4-41　极间功率转移功能框图

P_{ref_DC}—双极功率参考值；I_{ref_man}—直流电流指令值；

I_{ref_max}—极最大电流限制值；U_{d_Bipole}—双极直流电压；

$I_{\_mode}$—直流电流控制；I_{ref_AC}—稳定控制功能电流参考值；

U_{d_pole}—本极直流电压

第五节　汇流站极性转换控制

站 B 配置 4 组极性转换隔离开关，用来实现站 B 为整流站的极性正常模式以及站 B 为逆变站的极性反转模式的电气连接。

站 B 极性正常/极性反转模式的选择需要运行人员在监控后台中下发。为了避免 HSS 两端电压过高影响设备和人身安全，只有在三站双极闭锁、站 B 处于接地状态（极接地、阀组接地、直流滤波器接地、汇流母线接地），极性模式选择才有允许位。站控系统接收到监控后台下发的极性正常/极性反转命令后，会执行极性正常/反转模式的选择，并将该命令传给通信切换装置、极控系统，极控系统会将该命令转给直流线路保护系统。

通信切换装置根据该命令进行直通或交叉的选择。极控系统根据极性正常/极性反转模式结合功率正送/反送传输方向用作本站整流站和逆变站的判定。极性正常/极性反转模式参与站 B 极连接/隔离顺控。极性正常时，站 B 极 1/2 连接/隔离合、分闸 21B05-Q2、22B05-Q1 隔离开关操作；极性反转时，站 B 极 1/2 连接/隔离合、分闸 21B05-Q1、22B05-Q2 隔离开关操作；同时结合最终的极性转换区的状态和站间通信切换装置的状态送给极控系统，用于关联极控解锁允许。线路保护收到该命令后用于保护输入量选择的切换。

汇流站作为整流站和逆变站时三站的通信方式如图 4-42 所示。汇流站为整流站时，本站极 1 与对站 1 和对站 2 的极 1 通信，本站极 2 与对站 1 和对站 2 的极 2 通信；汇流站为逆变站时，本站极 1 与对站 1 和对站 2 的极 2 通信，本站极 2 与对站 1 和对站 2 的极 1 通信。

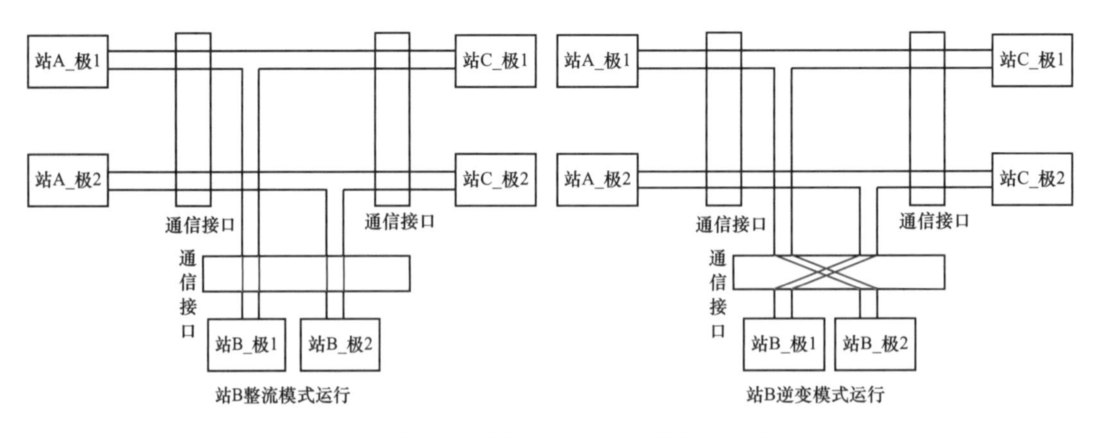

图 4-42　汇流站不同运行方式下三站站间通信图

汇流站作为整流站和逆变站时三站的通信方式切换由站间通信切换装置实现。站间通信切换装置双冗余配置，避免某一装置故障影响。

站控系统与冗余的站间通信切换装置实现硬接线交叉信号交互。站控系统下发给站间通信切换装置的信号为：站间通信切换装置直通命令和站间通信切换装置交叉命令。控制系统接收站间通信切换装置的信号为站间通信切换装置的直通状态、交叉状态、装置远方控制、装置就地控制、装置故障等信号。控制系统根据这些信号进行切换装置允许位的逻辑设计及送后台状态显示等。

站 B 站间通信切换装置与站控系统的交互信号如图 4-43 所示。

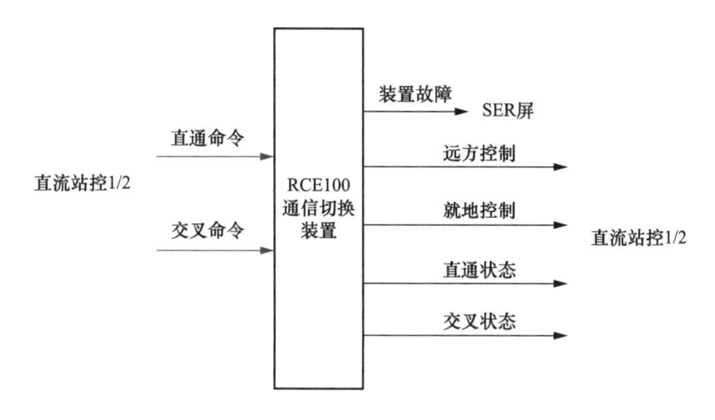

图 4-43　站 B 站间通信切换装置与站控系统交互信号

站 B 站间通信切换装置与站控系统的交互信号回路图如图 4-44 所示。

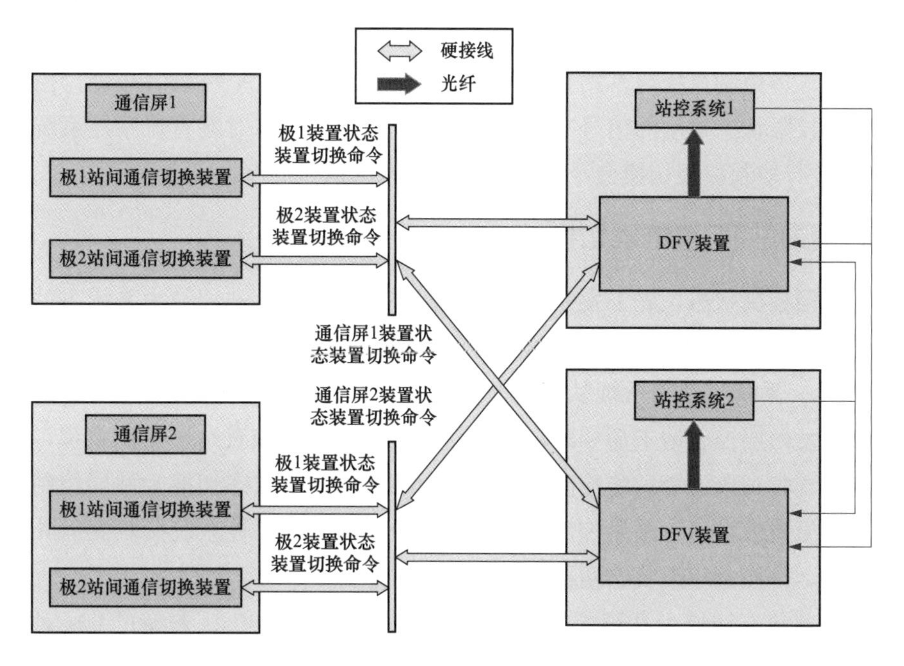

图 4-44　站间通信切换装置与站控系统交互信号回路图

站间通信切换装置 RCE100 安装在通信屏 1/2（LAN1/LAN2）内，每个通信屏内安装两个 RCE100 装置信号合并后与站控 DFV 装置通过硬接线连接。若每个通信屏极 1、极 2 站间通信切换装置状态不一致，则合成的通信屏切换装置信号既非交叉也非直通。

第六节　三端直流换流站控制权限切换控制

三端直流换流站控制权限切换控制包含站层控制和系统层的切换控制、系统层主站和系统层从站的切换控制两部分。通过控制权限的切换，实现对三站换流站的独立控制和联合控制。三站控制权限切换的数据链路网络拓扑图如图 4-45 所示。

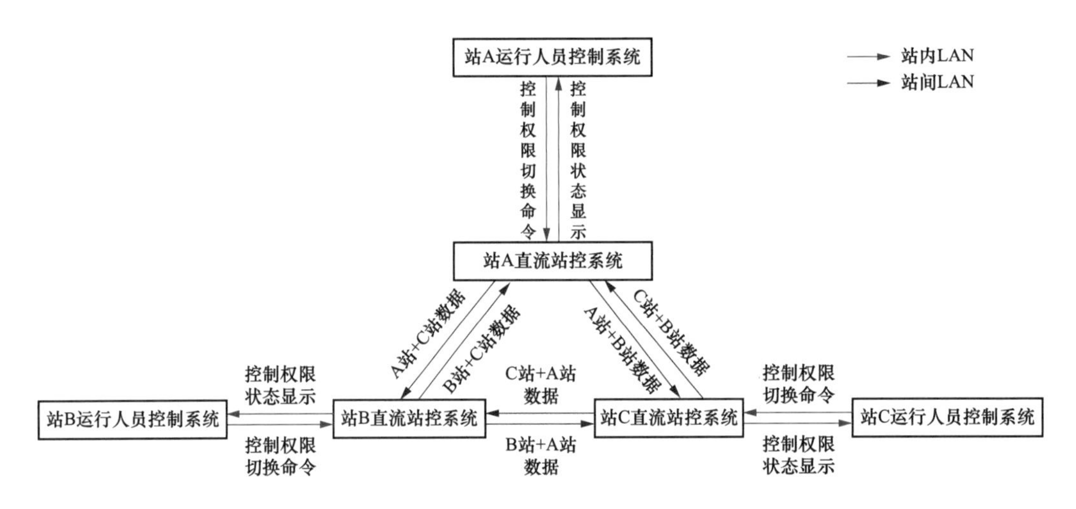

图 4-45　三站控制权限切换数据链路网络拓扑图

本站运行人员控制系统与本站直流站控系统通过站内 LAN 网通信并进行控制权限切换命令和控制权限状态显示的信号交互。本站直流站控系统与对端直流站控系统通过站间 LAN 网通信进行控制权限切换命令和控制权限状态的信号交互。

一、换流站站层/系统层切换

三站为站层控制状态，先下发系统层控制权限请求的换流站切换为系统主站，另外两个换流站则由站层控制状态切换为系统从站状态。三站站层/系统层控制权限的切换逻辑如图 4-46 所示。系统主站和系统从站均具备下发站层控制请求的权限。某换流站运行人员控制系统下发站层控制请求命令时，将该命令传给对站 1 和对站 2 站控系统，对站 1 和对站 2 站控系统收到该命令后将控制权限状态由系统层控制状态切换为站层控制状态，并将该状态送给原请求切换为站层控制的换流站站控系统，本站控系统接收到另外两站的站层控制状态后，将控制权限状态切换为站层控制状态。

系统层控制状态切换为站层控制状态的有效等待时间为 60s。若超过 60s 对站 1 和对站 2 仍未释放系统层控制权限，或原请求切换为站层控制的换流站未收到对站 1 和对站 2 的站层控制状态信息，则站层控制权限的申请无效。

二、系统层主/从站控制权限切换

三站系统层主/从站控制权限的切换逻辑，如图 4-47 所示。换流站为系统从站的运行人员控制系统具备下发控制权限请求命令的权限，并将该命令通过站间通信传给另外两个换流站的直流站控系统，换流站为系统主站的站控系统接收到对站的控制权限请求命令后，本站运行人员控制系统具备下发控制权限释放命令的权限，本站站控系统接收到控制权限释放命令后，把本站系统主站状态强制置为系统从站，并把本站系统从站状态传给另外两个换流站的站控系统。原申请控制权限请求的换流站站控系统接收到另外两个站的系统从站信息后，把本站系统从站状态强制切换为系统主站状态。

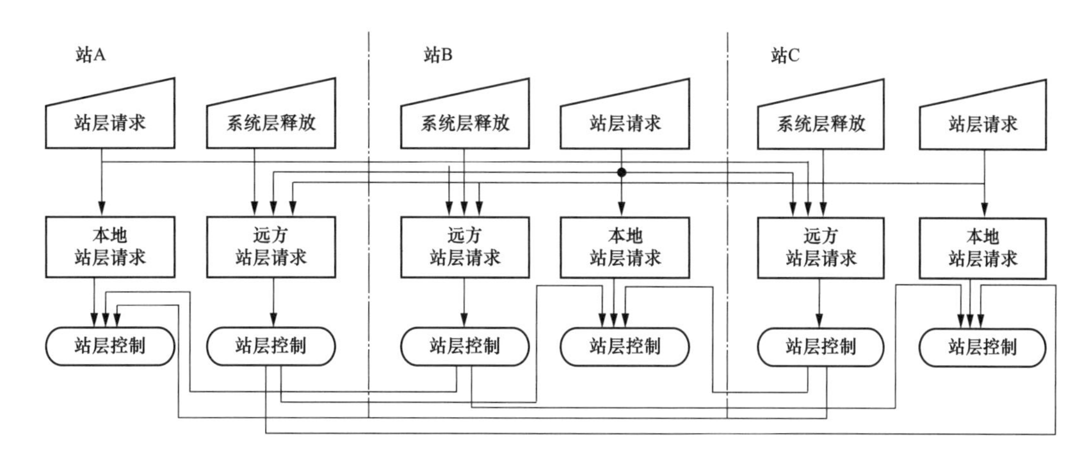

图 4-46　站层/系统层控制权限切换逻辑

系统主站控制权限切换的有效等待时间为 60s。若超过 60s 原系统主站仍未释放控制权限，或原系统从站仍未收到对站 1 和对站 2 的系统从站状态信息，则系统控制权限的申请无效。

本换流站与另外两个换流站站间通信均故障，或者本换流站与对站 1 或对站 2 的换流站站间通信故障，且收到对站 1 和对站 2 的站间通信故障信息时，强制将系统层主站或从站状态切换为站层控制状态。

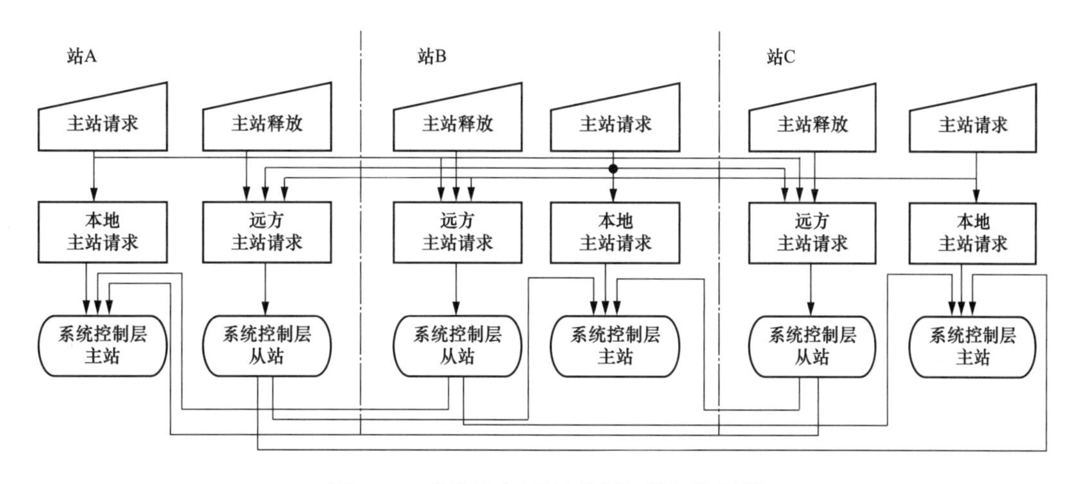

图 4-47　系统层主/从站控制权限切换逻辑

三、某一换流站通信孤岛情况下控制权限切换

若任一站通信孤岛时，则三站均切换为站层控制。通信孤岛站禁止系统层主站切换请求允许。另外两站非通信孤岛站可单独进行系统主站控制权限的切换功能。非通信孤岛站的控制权限切换不考虑通信孤岛站的控制权限状态，只与非通信孤岛站的控制权限切换状态有关。

第七节　三端直流通信设计

一、三端站间通信联络设计

三个换流站采用两两点对点通信方式，不构成通信闭环，数据转发采用首尾相连的菊花链模式。

每个换流站站间通信同时发送本站和第三站的信息（比如：站 A 发给站 B 方向的信息为站 A＋站 C，站 B 发给站 A 方向的信息为“站 B＋站 C”）。每个换流站通过两个方向的站间通信接收相同的两站信息（比如：站 A 从站 B 方向接收站 B＋站 C 的信息，站 A 从站 C 方向接收站 C＋站 B 的信息），如图 4-48 所示。

当任意两站站间通信故障时，通过第三站来获取转发的对站信息。假设站 A 和站 B 站间通信中断，站 A 无法直接接收站 B 信息，只能通过站 C 接收“站 C＋站 B”的信息；反之亦然，如图 4-49 所示。

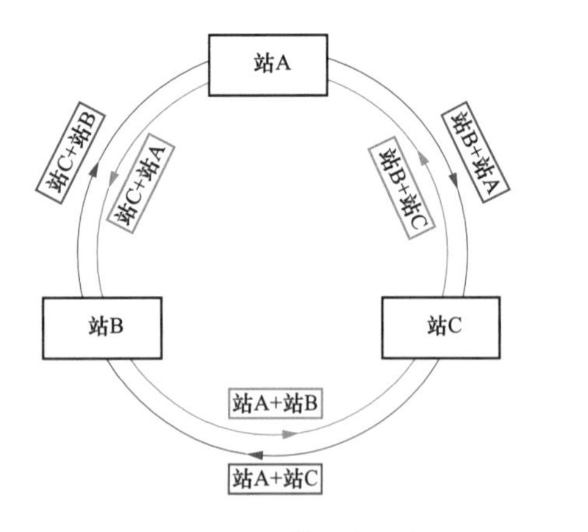

图 4-48　三站通信正常示意图

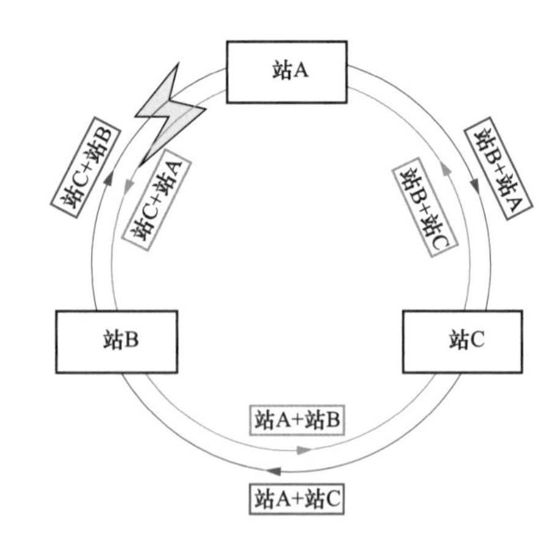

图 4-49　两站通信故障示意图

二、三端站间通信数据传输

换流站站间通信分为快速站间通信和慢速站间通信，极控系统采用快速站间通信方式。主要传输涉及参与单极/双极故障转移过程的功率分配和协调、功率限制等逻辑的

信号。

站控系统站间通信包含快速站间通信和慢速站间通信。快速站间通信主要传输涉及三站稳控功能的功率协调和分配等逻辑的信号。慢速站间通信主要传输三站的隔离开关状态、直流运行状态等信号，参与本站的联锁、状态显示等逻辑。

当站 A—站 B、站 B—站 C、站 C—站 A 站间通信全故障或三站有一站孤岛（与另两站通信故障），定义为站间通信故障，三站站间通信孤岛示意图如图 4-50 所示。

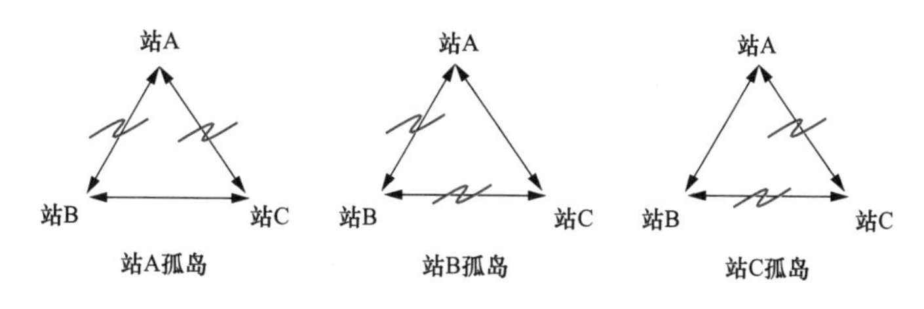

图 4-50　三站站间通信孤岛示意图

站间快速通信通道故障并不会影响直流系统的运行，直流系统仍然可以运行，在这种情况下，某些操作将受限制：

（1）两端解锁，整流/逆变站运行人员必须通过电话协调操作，比如逆变站必须先于整流站解锁。

（2）禁止三端解锁。

（3）在紧急情况下可以降功率运行，但在逆变站电流裕度可能短时丢失。

（4）运行人员设定功率变化率可以在规定的范围内设置，但对于快速变化的功率，电流裕度将会丢失，功率和电流跟随功能保持稳定运行。

（5）整流侧检测不到直流线路故障时，直流线路故障恢复不会被启动。

（6）在 LAN 网通信故障时直流线路阻抗计算功能退出（因此，在 LAN 网故障期间，如果实际线路阻抗发生改变，将使用故障前计算的线路阻抗，阻抗计算会出现小的偏差）。

（7）闭锁逆变侧功率限制。

（8）来自逆变侧稳定控制功能的功率偏差 $P_{\mathrm{ref\ AC}}$将保持不变。

（9）系统控制层转换到站控制层。

（10）禁止进行第三站投入/退出。

（11）禁止线路故障重启功能。

若通信中断时，三站功率正在升降过程中，则暂停功率升降、禁止 FLC、RUN UP、RUN BACK 等影响功率变化的控制。

站间通信一旦故障系统将在站控层控制，三站之间不能进行信息交换，命令只能够下发到本站。

第五章　三端直流输电保护系统

第一节　三端直流输电保护系统配置

一、保护配置原则

保护系统是检测直流系统发生故障或承受过应力情况下，防止损坏高压直流输电设备或其他可能导致设备损坏的异常情况，以及导致直流系统不能承受的扰动等情况，采用安全可靠的方式切除故障设备或解除设备承受的过应力。保护系统确保能够检测到所有可能的故障，并根据故障的严重情况选择性的发出告警或动作出口。

为了确保安全可靠的切除或隔离故障设备，保护系统采用完全冗余的结构。冗余的保护系统同时运行，对直流输电系统提供不间断的保护。对于每种故障情况，一般至少配置两种不同原理的保护。根据保护区域的要求配置相应的保护，不同的保护区域相互重叠，确保直流系统中不存在保护死区。保护功能的配置遵循以下原则：

（1）保护能够检测各种故障情况、可能导致设备损坏的异常情况以及系统不能承受的扰动情况，并采用安全可靠的方式切除故障设备或解除设备承受的过应力。

（2）每种故障除配置快速主保护外，还配置相应的慢速或者灵敏度较低的后备保护，后备保护采用不同的原理实现，保护的范围更广。

（3）保护能够快速检测并隔离故障，避免故障扩大化。

（4）对所有相关的设备进行保护，相邻保护区域之间相互重叠，不存在死区。

（5）断路器的跳闸回路采用冗余配置，同时产生的跳闸信号送往断路器相应的跳闸线圈。

二、保护分区

与两端直流保护相比，三端直流增加了汇流站内汇流母线区域和极性转换母线区域。直流保护对保护区域的所有相关的直流设备进行保护，相邻保护区域之间重叠，不存在保护死区。

三端直流中站 A 和站 C 保护分区如图 5-1 所示。

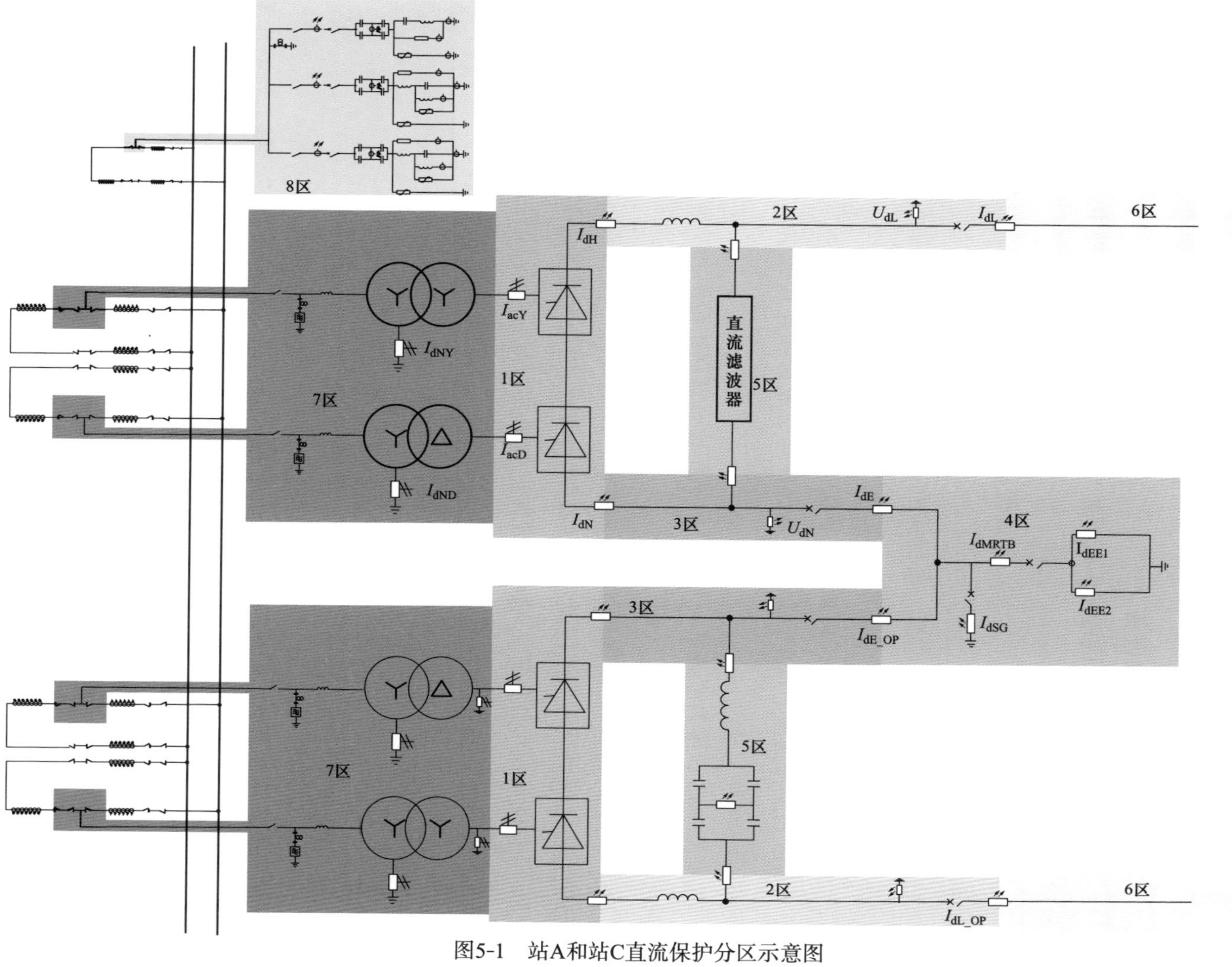

图5-1　站A和站C直流保护分区示意图

（1）1 区为换流器保护区域，负责保护从换流变压器阀侧套管至阀厅极线侧的直流穿墙套管之间的所有设备。

（2）2 区为直流极母线保护区域，负责保护从阀厅高压直流穿墙套管至极性转换区域阀侧直流电流互感器之间的所有极设备和母线设备。

（3）3 区为直流中性母线保护区域，负责保护从阀厅低压直流穿墙套管至双极中性线连接点之间的所有设备和母线设备。

（4）4 区为双极中性线和接地极引线保护区域，负责保护从双极中性线连接点的电流互感器到接地极连接点。

（5）5 区为直流滤波器保护区域，负责保护直流滤波器高、低压侧电流互感器之间的所有设备。

（6）6 区为直流线路保护区域，负责保护三个换流站直流出线电流互感器之间的直流导线和所有设备，如在站 B 是 I_{dL1} 和 I_{dL3} 之外的线路部分。

（7）7 区为换流变压器保护区域，负责保护换流变压器区域。

（8）8 区为交流滤波器保护区域，负责保护与交流母线连接的引线和交流滤波器各大组、小组之间区域。

三端直流中站 B 作为汇流站，与另外两站相比，其保护范围和功能增加了极性转换母线保护区域以及汇流母线保护区域，如图 5-2 所示。

（1）9 区为极性转换母线保护区域，负责保护极性转换区域阀侧直流电流互感器到本极站 B 侧直流出线电流互感器以及对极 B 站侧直流出线电流互感器之间的所有设备。

（2）10 区为汇流母线保护区域，负责保护本极和对极汇流母线保护区域三个直流出线电流互感器之间的所有设备。

三、保护功能

（一）极保护系统功能配置

极保护系统单独组屏，采用三重化冗余配置，保护出口信号采用“三取二”动作策略，任意一重保护系统的保护范围都覆盖整个需要保护的范围，保证在任何运行工况下所保护的设备或区域得到正确的保护。每一重保护系统完全独立，原始输入信号也尽量完全独立，所有的跳闸出口至少有两套保护系统检测到故障才有效动作，如图 5-3 所示。

极保护系统的保护范围包括换流器区域、直流极母线区域、直流中性母线区域、极性转换母线区域、双极中性线及接地极引线区域等。

1. 换流器保护配置

换流器保护区域配置的保护功能包括换流器短路保护、交直流过流保护、换相失败保护、桥差保护、组差保护、直流差动保护、50Hz 保护、100Hz 保护、交流低电压保护、

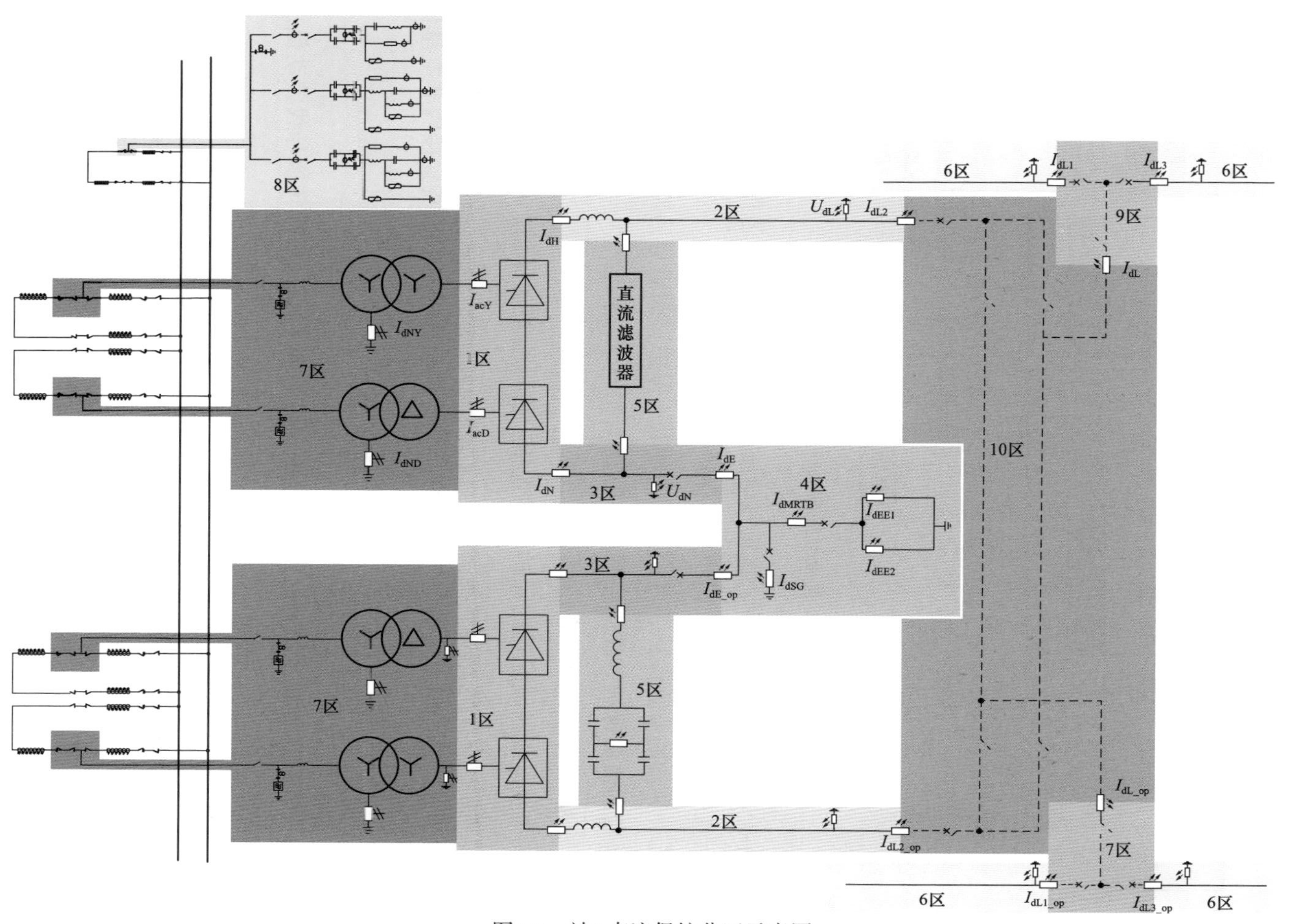

图5-2　站B直流保护分区示意图

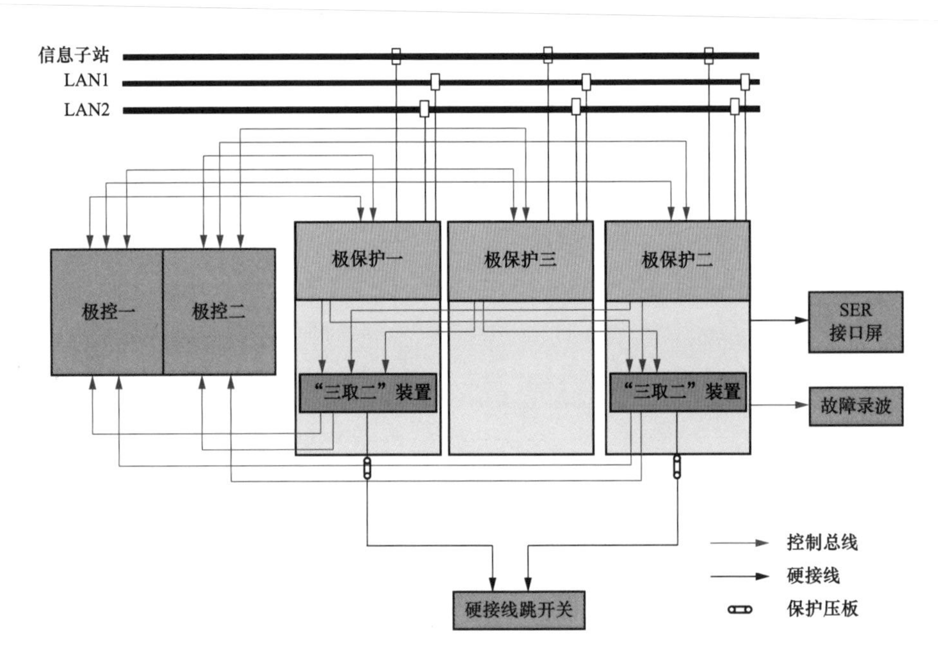

图 5-3 直流极保护系统冗余配置示意图

交流过电压保护、直流低电压保护、直流过电压开路保护、换流器零序过电压保护、换流变压器中性点直流饱和保护以及次同步振荡保护。

可控硅元件异常的监测保护、可控硅元件过电压保护、阀阻尼回路过应力保护，以及换流器点火系统的监测保护等在阀控系统中配置。

2. 直流极母线和中性母线保护配置

极母线和中性母线区域配置的保护功能包括：极母线差动保护、中性母线差动保护、直流后备差动保护以及中性母线开关保护。

除上述保护外，还包括直流分压器 SF_6 压力等非电量保护。保护装置接收非电量信号后直接做三取二逻辑并出口。

3. 极性转换母线区域保护配置

站 B 具有极性转换母线区域，此区域配置的保护功能包括：极性转换母线差动保护和高速并列开关保护。

4. 双极中性线及接地极区域保护配置

双极中性线及接地极保护区域配置的保护功能包括：接地极母线差动保护、接地极线路不平衡保护、接地极过电流保护、接地极开路保护、站内接地网过电流保护、站内接地系统保护、金属回线转换开关保护、金属回线开关保护以及高速接地开关保护。

（二）直流线路及汇流母线保护配置

直流线路保护系统实现对三个换流站之间输电线路的保护，包括直流输电线路、金属回线输电线路以及站 B 汇流母线区域的保护。

在常规直流输电工程中，线路保护集成在极保护系统中实现，三端直流输电工程中，中间换流站具有汇流母线区域，任意两站或三站运行时汇流母线区域的保护需要投入。因此，将三端直流输电工程中的线路保护系统单独组屏，以保证中间换流站检修时，汇流母线区域的保护处于运行状态。

线路保护系统单独组屏，采用三重化冗余配置，保护出口信号采用“三取二”动作策略，任意一重保护系统的保护范围都覆盖整个需要保护的范围，保证在任何运行工况下所保护的设备或区域得到正确的保护。每一重保护系统完全独立，原始输入信号也尽量完全独立，所有的跳闸出口至少有两套保护系统检测到故障才有效动作，如图 5-4 所示。

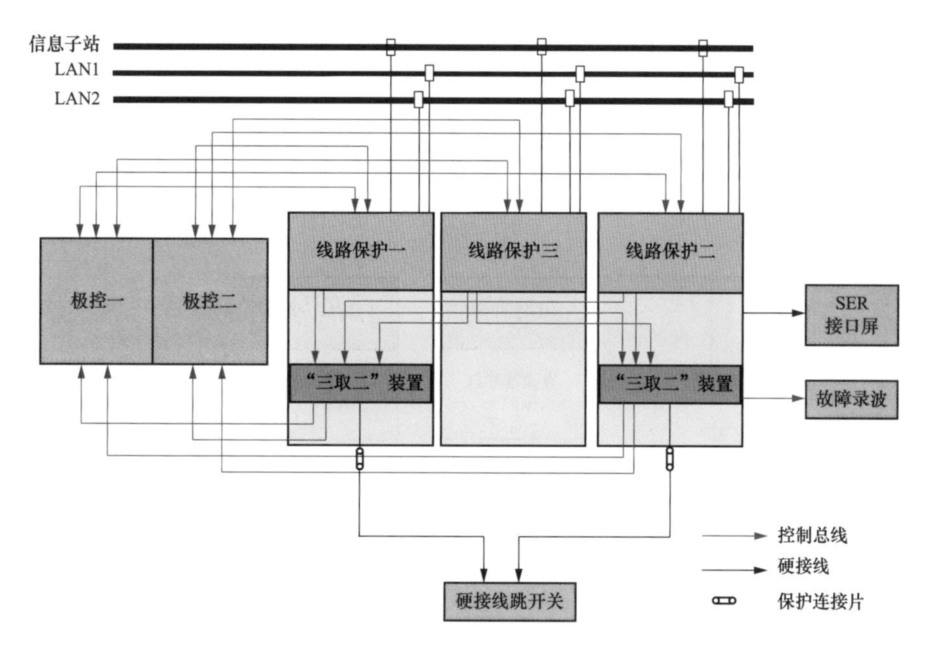

图 5-4　直流线路保护系统冗余配置示意图

1. 线路保护配置

与常规的两端直流输电工程相比，各线路保护的保护原理是相同的，但由于站 B 增加了汇流母线区和极性转换母线区，因此各站线路保护中模拟量的选择较常规换流站有所区别。

线路保护区域配置的保护功能包括直流线路行波保护、直流线路电压突变量保护、直流线路低电压保护、直流线路纵联差动保护以及交直流碰线保护。

2. 金属回线区域保护配置

金属回线保护仅在金属回线运行状态下有效，配置的保护功能包括：金属回线纵差保护和金属回线横差保护。

3. 汇流母线区域保护配置

汇流母线区位于站 B 站内，因此相应保护仅在站 B 配置，集成至线路保护装置中。汇流母线保护区包括站 B 直流出线电流互感器、站 B 至站 A 出线电流互感器以及站 B 至站

C 出线电流互感器之间的所有设备。

汇流母线保护区域配置的保护功能包括汇流母线差动保护和高速并列开关（HSS）保护。

除上述保护外，还包括汇流母线区域的直流分压器 SF_6 压力等非电量保护。保护装置接收非电量信号后直接做“三取二”逻辑并出口，无需额外的保护逻辑。

（三）直流滤波器保护配置

直流滤波器保护的范围包括直流滤波器高、低压侧之间的所有设备。

直流滤波器保护采用“启动＋动作”出口逻辑的双重化冗余配置，如图 5-5 所示。

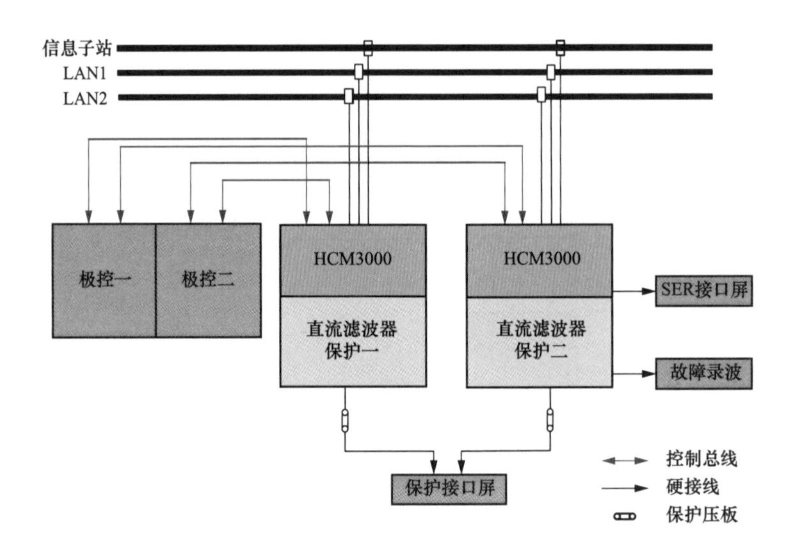

图 5-5　直流滤波器保护系统冗余配置示意图

“启动＋动作”的双重化冗余配置中，启动逻辑和动作逻辑从数据采样、保护逻辑到保护动作出口的硬件完全独立，只有启动逻辑和动作逻辑同时满足条件才会最终出口；“启动＋动作”出口逻辑可以保证一套保护自身单一元件损坏时保护不误动；双重化屏柜配置可以保证一套保护屏柜故障退出时，另一套保护可以正确动作，防止保护拒动。

直流滤波器区域配置的保护功能包括：直流滤波器差动保护、直流滤波器电容不平衡保护、直流滤波器过电流保护以及直流滤波器过电压保护。

（四）交流滤波器保护配置

交流滤波器保护是实现对交流滤波器区域各类故障的检测和隔离，大组滤波器连线保护和小组滤波器保护独立配置。

交流滤波器保护采用启动＋动作出口逻辑的双重化冗余配置，如图 5-6 所示。

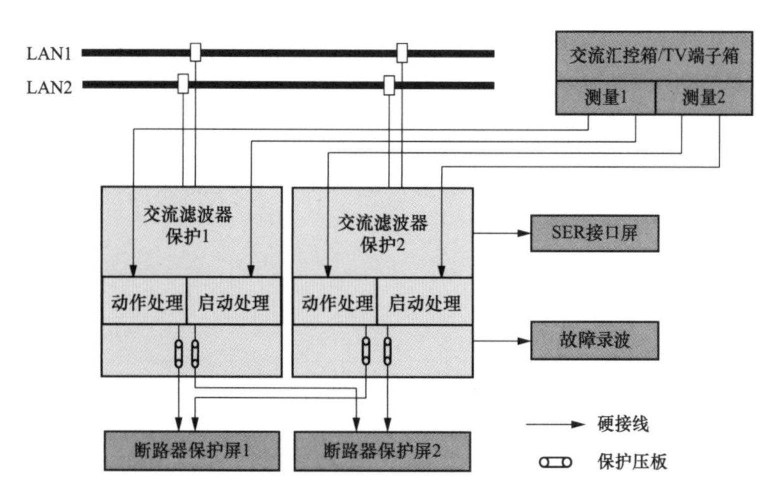

图 5-6　交流滤波器保护双重化冗余配置示意图

1. 交流滤波器大组母线保护配置

交流滤波器大组母线配置的保护功能包括：交流滤波器大组母线差动保护、交流滤波器大组母线过电流保护、交流滤波器大组母线过电压保护以及交流滤波器断路器失灵保护。

2. 交流滤波器小组保护配置

交流滤波器小组母线配置的保护功能包括：交流滤波器差动保护、交流滤波器过流保护、交流滤波器零序保护、交流滤波器失谐保护、交流滤波器 C1 比值不平衡保护以及交流滤波器电阻/电抗热过负荷保护。

（五）换流变压器保护配置

换流变压器保护实现对换流变压器区各类故障的检测和隔离，采用“启动＋动作”出口逻辑的双重化冗余配置，图 5-7 所示。

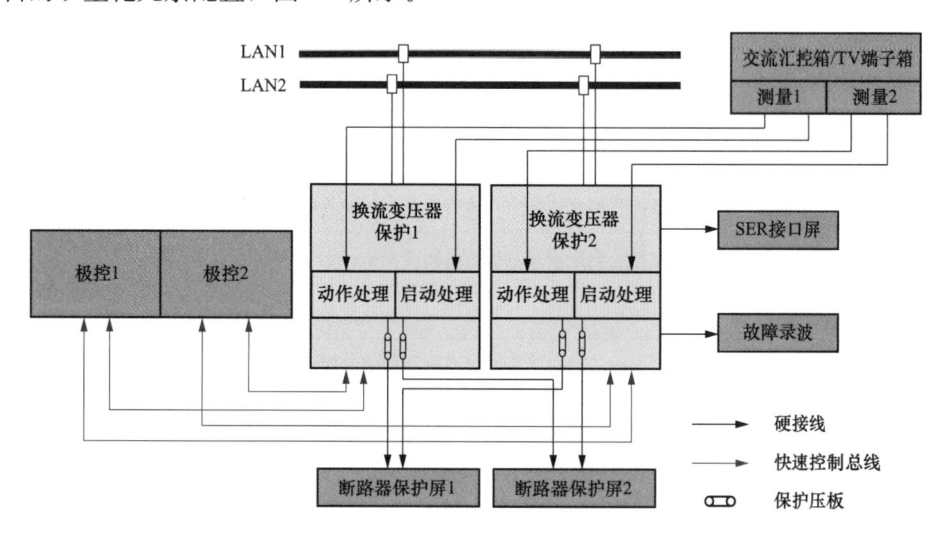

图 5-7　换流变压器保护双重化冗余配置示意图

换流变压器保护配置的保护功能包括：换流变压器引线差动保护、换流变压器引线过流保护、换流变压器引线和换流变压器差动保护、换流变压器差动保护、换流变压器过流保护、换流变压器引线过电压保护、热过负荷保护、换流变压器绕组差动保护、零序电流保护、换流变压器过励磁保护、零差保护、饱和保护、阻抗保护以及换流变压器本体保护。

四、保护出口设计

极保护动作后的出口方式如表 5-1 所示。

表 5-1　　极保护出口方式

序号	动作信号	描述
1	告警	SER 事件告警
2	禁止投旁通对	极控收到此信号后，禁止换流器投旁通对
3	封脉冲	极控收到此信号后，封闭换流器触发脉冲
4	切换极控系统	极控收到此信号后，进行主备切换
5	禁止解锁	极控收到此信号后，禁止本极解锁
6	50Hz 降电流	50Hz 保护降电流段动作后，发出 50Hz 降电流命令，控制系统在原有功率基础上固定下调 0.25（标幺值），同时保证下调后的直流电流不低于 0.2（标幺值）
7	接地极降电流	接地极线路过流保护 I 段动作后，发出接地极降电流命令，控制系统执行降功率命令，且功率最低不小于 0.5（标幺值）
8	增大 γ 角	将 γ 角参考值增大 10°
9	平衡双极运行	极控收到此信号后，执行双极电流平衡控制
10	移相重启	接地极电流不平衡保护动作后，极控系统执行移相重启命令。重启动次数为 1
11	ESOF	极控收到此信号后，跳开本极进线交流断路器，同时执行故障闭锁逻辑
12	本站闭锁	极控收到此信号后，执行本站故障极闭锁逻辑
13	在运站闭锁	极控收到此信号后，执行所有在运换流站故障极闭锁逻辑
14	极隔离	极控收到此信号，执行极隔离操作
15	跳交流断路器	由保护“三取二”装置通过硬接线直接送直流场跳开交流断路器
16	重合开关	由保护“三取二”装置通过硬接线直接送直流场重合相应的开关
17	禁止打开开关	极控收到此信号后，将通过控制总线传给直流站控，直流站控禁止相应开关的分闸操作
18	短时平衡双极运行	极控收到此信号后，执行双极电流平衡控制，当平衡信号消失后，恢复之前的功率水平

线路保护动作后的出口策略如表 5-2 所示。其中，“线路 1”为站 A 至站 B 直流输电线路，“线路 2”为 B 站至站 C 直流输电线路。

表 5-2　线路保护的动作信号描述

序号	动作信号	描述
1	线路故障重启	直流线路行波保护、直流线路突变量保护、直流线路低电压保护、直流线路纵差保护动作后，极控执行直流线路故障重启策略
2	线路 1 故障	用于故障线路选线，与线路故障重启信号配合，表明线路 1 上发生故障。该信号用于在线路重启不成功时根据运行状态选择闭锁相应的换流站
3	线路 2 故障	用于故障线路选线，与线路故障重启信号配合，表明线路 2 上发生故障。该信号用于在线路重启不成功时根据运行状态选择闭锁相应的换流站
4	移相重启	金属回线纵差保护动作后，极控系统执行移相重启命令。重启动次数为 1
5	ESOF	极控收到此信号后，跳开本极进线交流断路器，同时执行故障闭锁逻辑
6	本站闭锁	极控收到此信号后，执行本站故障极闭锁逻辑
7	在运站闭锁	极控收到此信号后，执行所有在运换流站故障极闭锁逻辑
8	金属回线线路 1 故障闭锁	线路 1 金属回线纵差保护移相重启不成功，保护发出此信号。极控收到此信号，根据运行状态选择闭锁相应的换流站
9	金属回线线路 2 故障闭锁	线路 2 金属回线纵差保护移相重启不成功，保护发出此信号。极控收到此信号，根据运行状态选择闭锁相应的换流站
10	极隔离	极控收到此信号，执行极隔离操作
11	跳交流断路器	由保护“三取二”装置通过硬接线直接送直流场跳开交流断路器
12	重合开关	由保护“三取二”装置通过硬接线直接送直流场重合相应的开关

第二节　三端直流线路区保护策略

一、线路保护功能、保护范围及定值

（一）故障点说明

直流线路保护实现对三个换流站之间输电线路的保护，其包括直流输电线路、金属回线输电线路及站 B 汇流母线区域的保护。直流线路保护故障点配置如图 5-8 所示。

图中各故障点对应的故障如表 5-3 所示。

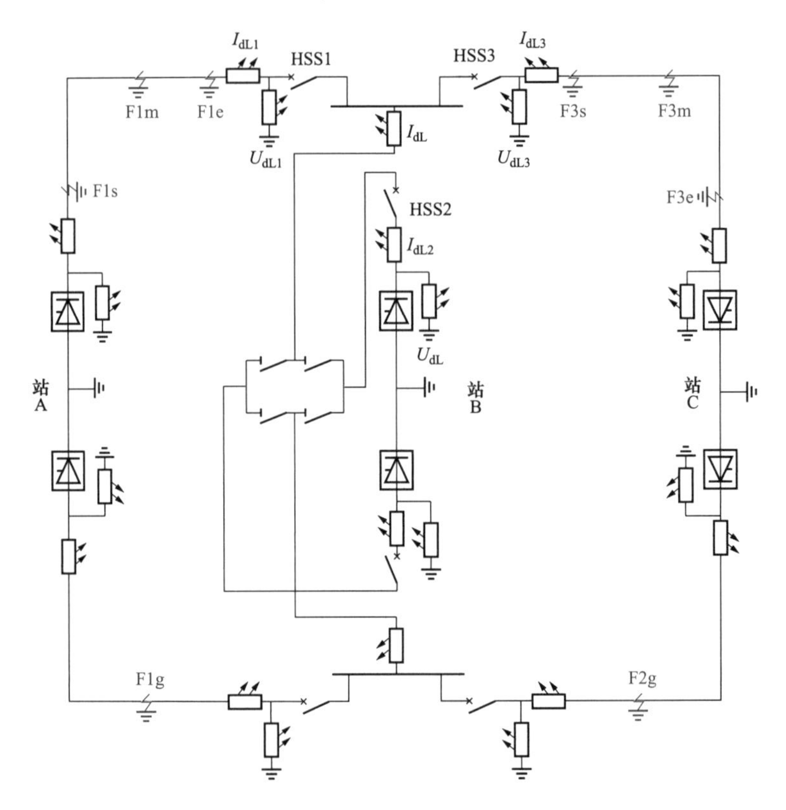

图 5-8　直流线路保护故障点配置

表 5-3　线路保护区域故障点对照表

序号	故障位置	故障编号
1	站 A—站 B 直流线路首端接地故障	F1s
2	站 A—站 B 直流线路中点接地故障	F1m
3	站 A—站 B 直流线路末端接地故障	F1e
4	站 B—站 C 直流线路首端接地故障	F3s
5	站 B—站 C 直流线路中点接地故障	F3m
6	站 B—站 C 直流线路末端接地故障	F3e
7	站 A—站 B 金属回线接地故障	F1g
8	站 B—站 C 金属回线接地故障	F2g

（二）线路保护功能配置

与两端直流相比，三端直流各线路保护的保护原理是相同的。但由于汇流站既可以作为送端与汇流母线进行电气连接（极性正常模式），也可以作为受端与汇流母线进行电气连接（极性反转模式），不同运行模式时的输电回路不同。三端直流运行方式如图 5-9 所示。

以禄高肇直流为例，站 A 和站 C 的线路保护配置如图 5-10 所示，站 B 的线路保护配置如图 5-11 所示。

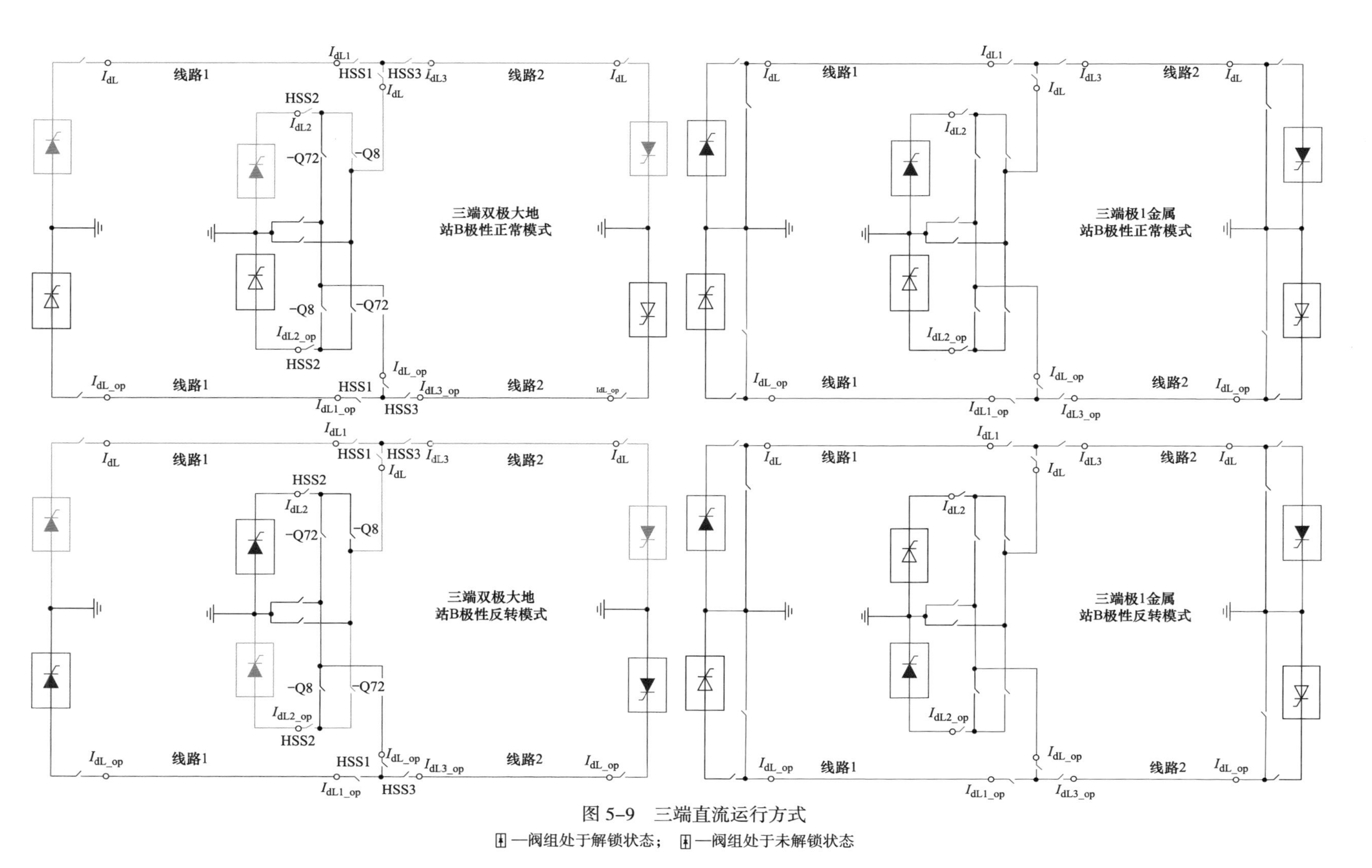

图 5-9　三端直流运行方式

▣—阀组处于解锁状态；▣—阀组处于未解锁状态

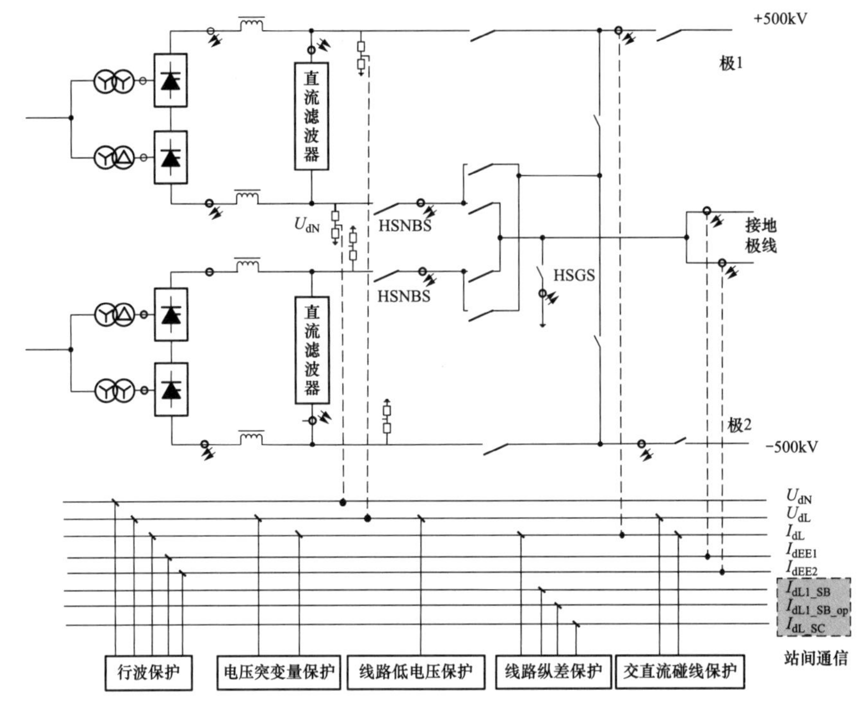

图 5-10　站 A 线路保护配置图（站 C 相同）

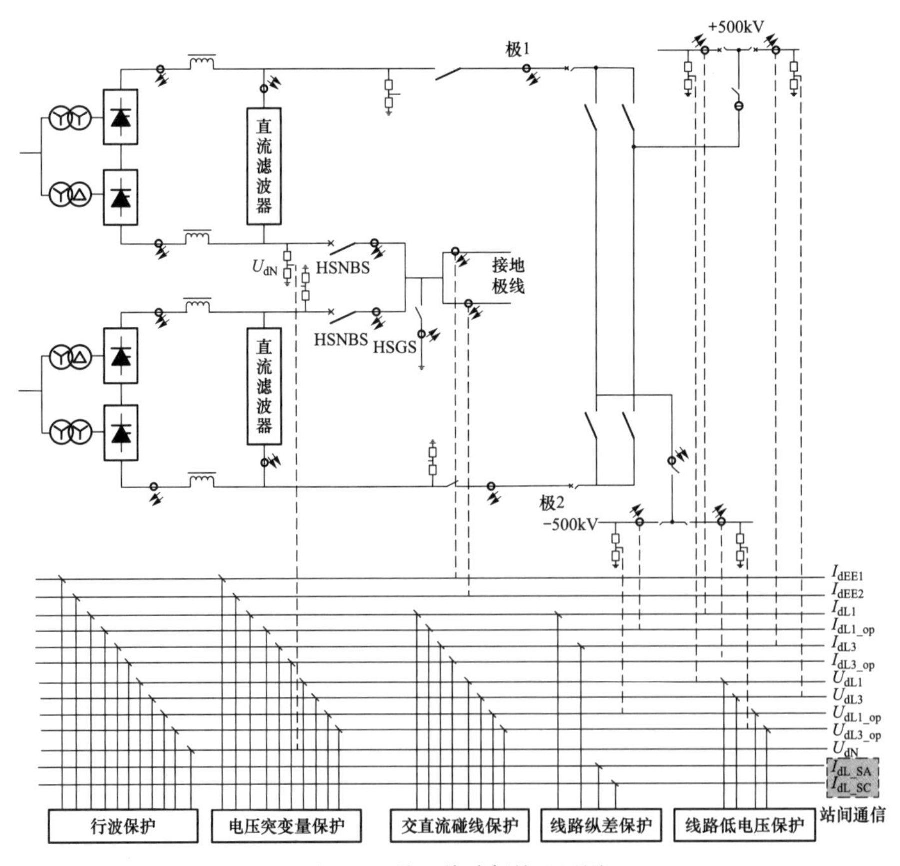

图 5-11　站 B 线路保护配置图

（1）直流线路行波保护（见表 5-4）。

表 5-4　　　　直流线路行波保护

保护目的	检测直流线路的故障
动作结果	线路故障重启
保护原理	单极运行：$POL>\Delta_1$ 且 $I_{dL}>\Delta_2$ 且 $U_{dL}<\Delta_3$，延时判断 $U_{dL}<\Delta_5$，行波保护出口； 双极运行：$POL>\Delta_1$ 且 $I_{dL}>\Delta_2$ 且 $U_{dL}<\Delta_3$ 且 $COM>\Delta_4$，延时判断 $U_{dL}<\Delta_5$，行波保护出口。 其中： 极波：$POL=I_{dL}X_{R\_P}-U_{dL}$（站 A 和站 B 的线路 2 用反行波）； $POL=-I_{dL}X_{R\_P}-U_{dL}$（站 C 和站 B 的线路 1 用前行波）。 地波：$COM=0.5X_{R\_G}(I_{dEE1}+I_{dEE2})-U_{dN}\times0.5$。 X_{R_P}：定值差模波阻抗； X_{R_G}：定值共模波阻抗
保护配置说明	站 A 仅配置Ⅰ段行波保护，对线路 1 和线路 2 的部分进行保护（站 A 原则上保护范围为线路 1 的全长，由于汇流母线处未有平波电抗器，会保护线路 2 的部分）。在站 A—站 B 两端运行模式、站 A—站 C 两端运行模式、三端运行模式下投入
保护配置说明	站 C 仅配置Ⅰ段行波保护，对线路 1 的部分和线路 2 进行保护（站 C 原则上保护范围为线路 2 的全长，由于汇流母线处未有平波电抗器，会保护线路 1 的部分）。在站 B—站 C 两端运行模式、站 A—站 C 两端运行模式、三端运行模式下投入
	站 B 针对线路 1 和线路 2 分别配置行波保护，并根据各换流站的运行情况投入对应的行波保护： 站 A—站 B 两端运行时，投入线路 1 对应的行波保护； 站 B—站 C 两端运行时，投入线路 2 对应的行波保护； 三端运行时，同时投入两条线路对应的行波保护
保护参数预处理	站 A 和站 C 配置的行波保护与常规工程相同 站 B 配置的行波保护判据中，电压和电流需根据站 B 极性模式选用对应线路汇流母线区的直流电流和直流电压。 当站 B 为极性正常模式时： 线路 1 选用汇流母线站 A 侧出线极线电流 I_{dL1}、直流电压 U_{dL1}； 线路 2 选用汇流母线站 C 侧出线极线电流 I_{dL3}、直流电压 U_{dL3}。 当站 B 为极性反转模式时： 线路 1 选用对极汇流母线站 A 侧出线极线电流 I_{dL1_op}、直流电压 U_{dL1_op}； 线路 2 选用对极汇流母线 C 站侧出线极线电流 I_{dL3_op}、直流电压 U_{dL3_op}
保护定值	差模波阻抗（站 A 和站 B 线路 1）：0.2638kΩ（XR_P）； 差模波阻抗（站 B 线路 2 和站 C）：0.2611kΩ（XR_P）； 共模波阻抗（站 A 和站 B 线路 1）：0.511kΩ（XR_G）； 共模波阻抗（站 B 线路 2 和站 C）：0.508kΩ（XR_G）； 共模行波幅值：0.1（标幺值）（Δ_4）； 降压差模行波幅值：0.25（标幺值）（Δ_1）； 全压差模行波幅值：0.38（标幺值）（Δ_1）； 电流变化量定值：0.1（标幺值）（Δ_2）； 低电压检测定值：0.55（标幺值）（Δ_3）； 行波出口低电压判据定值：0.7（标幺值）（Δ_5）
保护配合	本极保护在另一极直流线路故障或交流系统故障时不误动，极起停及受端站换向失败时保护不误动；保护动作后需要判断故障线路，以便永久故障时隔离故障线路
定值设定依据	参照以往工程经验，并结合仿真试验结果
丢失通信的影响	站间通信失败时，对保护的逻辑判断无影响
后备保护	—电压突变量保护； —直流线路纵差保护； —直流低压保护

(2) 直流线路电压突变量保护（见表 5-5）。

表 5-5　　直流线路电压突变量保护

保护目的	检测直流线路的故障
动作结果	一线路重启
保护原理	$U_{dL}<\Delta_1$ 且 $DU/DT_1<\Delta_2$ 且 $DU/DT_2<\Delta_3$（其中 DU/DT_1、DU/DT_2 表示不同时长的电压变化率）。 另外，电压突变量保护与行波保护共用相同的电流判据
保护配置说明	站 A 的电压突变量保护仅配置 I 段，对线路 1 和线路 2 的部分进行保护。在站 A—站 B 两端运行模式、站 A—站 C 两端运行模式、三端运行模式下投入。 站 C 的电压突变量保护仅配置 I 段，对线路 1 的部分和线路 2 进行保护。在站 B—站 C 两端运行模式、站 A—站 C 两端运行模式、三端运行模式下投入。 站 B 针对线路 1 和线路 2 分别配置保护，并根据各换流站的运行情况投入对应的保护： 站 A—站 B 两端运行时，投入线路 1 对应的电压突变量保护； 站 B—站 C 两端运行时，投入线路 2 对应的电压突变量保护； 三端运行时，同时投入两条线路对应的电压突变量保护
保护参数预处理	站 A 和站 C 配置的电压突变量保护与常规工程相同。 站 B 配置的电压突变量保护判据中，电压和电流选用对应线路汇流母线区的直流电流和直流电压。 当站 B 处于极性正常模式时： 线路 1 选用汇流母线站 A 侧出线极线电流 I_{dL1}、直流电压 U_{dL1}； 线路 2 选用汇流母线站 C 侧出线极线电流 I_{dL3}、直流电压 U_{dL3}。 当站 B 处于极性反转模式时： 线路 1 选用对极汇流母线站 A 侧出线极线电流 I_{dL1_op}、直流电压 U_{dL1_op}； 线路 2 选用对极汇流母线站 C 侧出线极线电流 I_{dL3_op}、直流电压 U_{dL3_op}
保护定值	低电压定值：0.55（标幺值）(Δ_1)； 低电压动作延时：0.2ms； du/dt 定值 1：−0.7（标幺值）(Δ_2)； 定值 1 动作延时：0.1ms； du/dt 定值 2：−1.2（标幺值）（站 AΔ_3）； du/dt 定值 2：−0.95（标幺值）（站 BΔ_3）； du/dt 定值 2：−1.1（标幺值）（站 CΔ_3）
保护配合	本站线路测点 IdL 至对站平波电抗器之间的接地故障，保护能正确动作； 对换相失败、对极线路故障、交流系统故障保护不动作
定值设定依据	参照以往工程，并结合仿真试验结果
丢失通信的影响	站间通信失败时，对保护的逻辑判断无影响
后备保护	直流低电压保护

(3) 直流线路低电压保护（见表 5-6）。

表 5-6　　直流线路低电压保护

保护目的	检测直流线路的故障
动作结果	线路故障重启
保护原理	$\vert U_{dL}\vert<\Delta$（仅整流站有效） 本站或另外两站交流低电压、移相重启，闭锁保护
保护配置说明	站 A 和站 C 的线路低电压保护配置与常规工程相同。 站 B 针对线路 1 和线路 2 分别配置保护（站 B 整流模式）： 站 A—站 B 两端运行时，投入线路 1 对应的保护； 站 B—站 C 两端运行时，投入线路 2 对应的保护； 三端运行时，同时投入两条线路对应的保护

续表

保护参数预处理	低通滤波（f_g=60Hz）。 站A和站C的线路低电压保护判据使用直流线路电压U_{dL}。 站B配置的线路低电压保护判据中，电压选用对应线路汇流母线区的直流电压。 当站B为极性正常模式时： 线路1选用汇流母线站A侧出线直流电压U_{dL1}； 线路2选用汇流母线站C侧出线直流电压U_{dL3}。 当站B为极性反转模式时： 线路1选用对极汇流母线站A侧出线直流电压U_{dL1_op}； 线路2选用对极汇流母线站C侧出线直流电压U_{dL3_op}
保护定值	全压运行：Δ=0.35（标幺值）； 降压运行：Δ=0.25（标幺值）； 保护延时：T=200ms（极控通信正常）； T=1500ms（极控通信故障）
保护配合	保护在送端站及受端站交流系统故障时不误动，极启停及受端站换向失败时保护不误动。 同直流低电压保护相配合（27DC）
定值设定依据	经过动态性能试验验证得来的经验值保护线路全长
丢失通信的影响	控制系统通信丢失，保护出口由线路故障重启改为闭锁。若保护系统通信丢失，则逆变站交流低电压时不能传至整流站闭锁本保护
后备保护	直流低电压保护

（4）直流线路纵差保护（见表5-7）。

表5-7　　直流线路纵差保护

保护目的	检测直流线路接地故障
动作结果	Ⅰ段：线路重启； Ⅱ段：告警
保护原理和配置（站A）	站A线路纵差保护的保护范围是线路1或线路全长。 当站B运行时，线路纵差保护保护线路1： $\lvert I_{dL\_SA}-I_{dL1\_SB}\rvert>\Delta$ 当站B退出时，线路纵差保护保护线路全长： $\lvert I_{dL\_SA}-I_{dL\_SC}\rvert>\Delta$
保护原理和配置（站B）	站B针对线路1和线路2分别配置保护： 站A—站B两端运行时，投入线路1对应的线路纵差保护； 站B—站C两端运行时，投入线路2对应的线路纵差保护； 三端运行时，同时投入两条线路对应的线路纵差保护 线路1线路纵差保护： $\lvert I_{dL1\_SB}-I_{dL\_SA}\rvert>\Delta$（B站极性正常模式）； $\lvert I_{dL1\_SB\_op}-I_{dL\_SA\_op}\rvert>\Delta$（站B极性反转模式）。 线路2线路纵差保护： $\lvert I_{dL3\_SB}-I_{dL\_SC}\rvert>\Delta$（站B极性正常模式）； $\lvert I_{dL3\_SB\_op}-I_{dL\_SC\_op}\rvert>\Delta$（站B极性反转模式） 其中： I_{dL_SA}：站A直流线路电流； $I_{dL\_SA\_op}$：站A对极直流线路电流； I_{dL1_SB}：站B汇流母线靠站A侧电流； $I_{dL1\_SB\_op}$：站B对极汇流母线靠站A侧电流； I_{dL3_SB}：站B汇流母线靠站C侧电流； $I_{dL3\_SB\_op}$：站B对极汇流母线靠站C侧电流； I_{dL_SC}：站C直流线路电流； $I_{dL\_SC\_op}$：站C对极直流线路电流。

续表

保护原理和配置（站 C）	站 C 线路纵差保护的保护范围是线路 2 或线路全长。 当站 B 运行时，线路纵差保护保护线路 2： $\lvert I_{dL\_SC}-I_{dL3\_SB}\rvert>\Delta$ 当站 B 退出时，线路纵差保护保护线路全长： $\lvert I_{dL\_SC}-I_{dL\_SA}\rvert>\Delta$
保护参数预处理	低通滤波（f_g=4.6Hz）
保护定值	Ⅰ段：Δ=0.05（标幺值），T=500ms； Ⅱ段：Δ=0.02（标幺值），T=900ms
保护配合	保护延时要考虑站间通信时延的影响，并与其他直流线路保护配合
定值设定依据	定值：考虑躲过测量回路产生的最大不平衡电流； 延时：长于一次线路故障重启，短于 27DC 动作延时
是否依靠通信	来自另一侧的直流线路电流通过站间通信传送，站间通信故障时，此保护功能被闭锁
后备保护	直流线路低电压保护； 直流低电压保护

（5）交直流碰线保护（见表 5-8）。

表 5-8　　交直流碰线保护

保护目的	检测逆变站脉冲闭锁故障和保护投旁通对失败、交直流导线的碰线故障
动作结果	在运站闭锁
保护原理	Ⅰ段：$I_{dL\_50Hz}>\Delta$ 且 $I_{dL}>\Delta$； Ⅱ段：$I_{dL\_50Hz}>\Delta$ 且 $U_{dL\_50Hz}>\Delta$ 其中，U_{dL_50Hz}、I_{dL_50Hz}分别为直流线路电压电流的 50Hz 谐波分量
保护配置说明	站 A 和站 C 配置的交直流碰线保护与常规工程相同。 站 B 分别针对线路 1 和线路 2 分别配置保护： 站 A—站 B 两端运行时，投入线路 1 对应的交直流碰线保护； 站 B—站 C 两端运行时，投入线路 2 对应的交直流碰线保护； 三端运行时，同时投入两条线路对应的交直流碰线保护
保护参数预处理	50Hz 带通滤波（带宽 45Hz～55Hz） 站 A 和站 C 的交直流碰线保护判据使用直流线路电压 U_{dL}和直流线路电流 I_{dL}。 站 B 配置的交直流碰线保护判据中，两套保护的判据分别选用对应线路汇流母线区的直流电流、直流电压。 当站 B 极性正常模式时： 线路 1 选用汇流母线站 A 侧直流电流 I_{dL1}、直流电压 U_{dL1}； 线路 2 选用汇流母线站 C 侧直流电流 I_{dL3}、直流电压 U_{dL3}。 当站 B 极性反转模式时： 线路 1 选用对极汇流母线站 A 侧直流电流 I_{dL1_op}、直流电压 U_{dL1_op}； 线路 2 选用对极汇流母线站 C 侧直流电流 I_{dL3_op}、直流电压 U_{dL3_op}
保护定值	Ⅰ段：$I_{dL_50Hz}>$0.4（标幺值）（1200A）； $I_{dL}>$1.55（标幺值）（4650A）； T=0ms。 Ⅱ段：$I_{dL_50Hz}>$0.0672（标幺值）（200A）； $U_{dL_50Hz}>$0.35（标幺值）（175kV）； T=100ms
保护配合	Ⅰ段对逆变站脉冲闭锁故障动作，对换相失败不能动作； Ⅱ段对交直流碰线故障能够动作，对换相失败不能动作
定值设定依据	依据工程经验值，Ⅰ段中 I_{dL}定值要大于最大的短时过负荷电流 1.4（标幺值）
丢失通信的影响	对保护功能无影响
后备保护	50Hz 保护（81_50Hz）

（三）金属回线保护

站 A 和站 C 的金属回线保护配置如图 5-12 所示，站 B 的金属回线保护配置如图 5-13 所示。

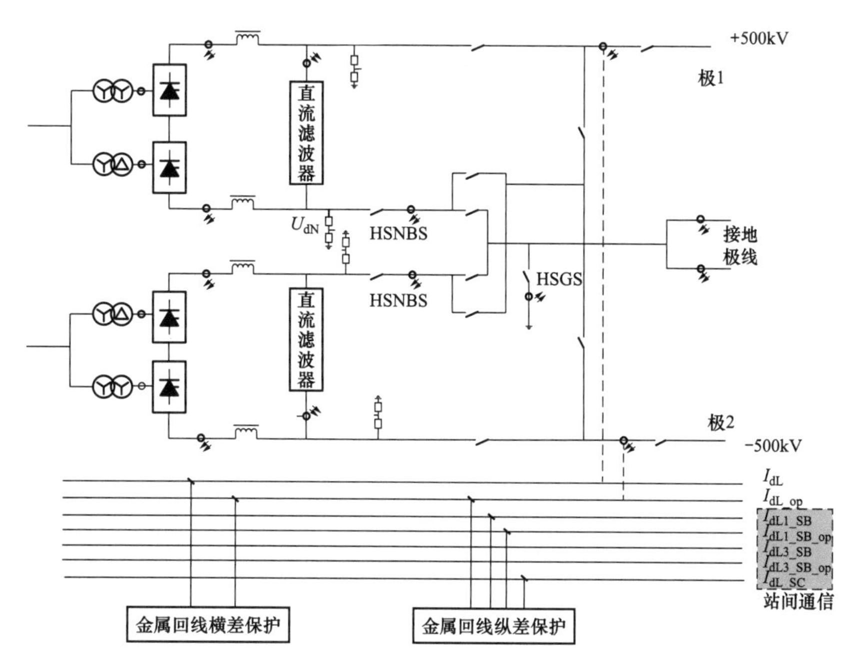

图 5-12　站 A 和站 C 金属回线保护配置图（站 A 为例）

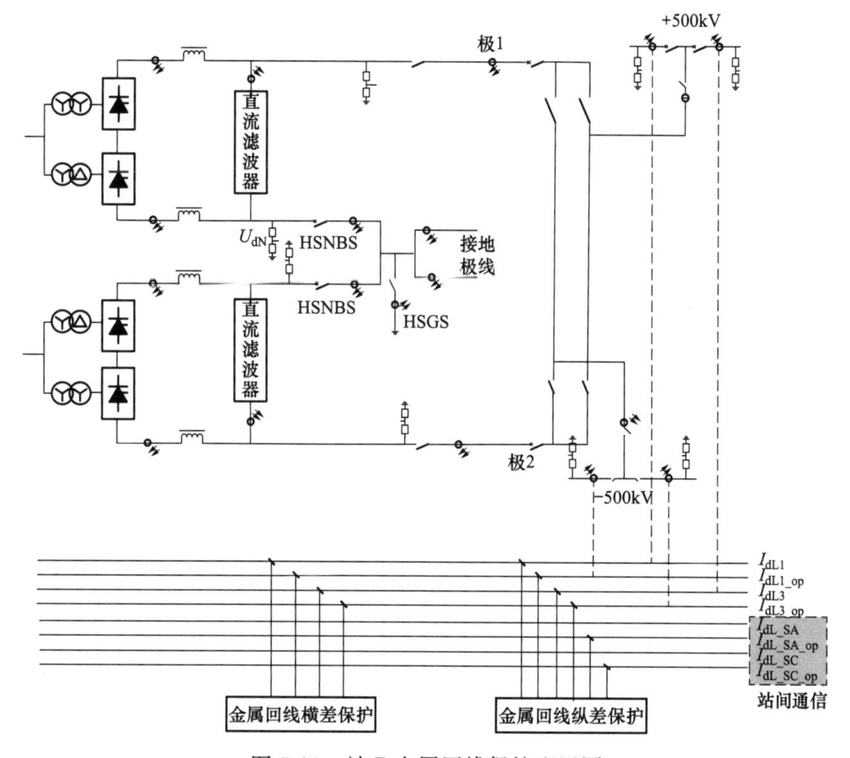

图 5-13　站 B 金属回线保护配置图

（1）金属回线纵差保护（见表 5-9）。

表 5-9　　金属回线纵差保护

保护目的	检测金属回线方式运行时金属回线上发生接地故障
动作结果	Ⅰ段：移相重启，10s 内发生第二次故障则金属回线线路 1 或线路 2 故障闭锁； Ⅱ段：金属回线线路 1 或线路 2 故障闭锁
保护原理 & 配置（站 A）	站 A 金属回线纵差保护的保护范围是线路 1 或线路全长 当站 B 运行时，保护线路 1： $ABS（I_{dL\_SA\_op}-I_{dL1\_op}）>\Delta$ 当站 B 退出时，保护线路全长： $ABS（I_{dL\_SA\_op}-I_{dL\_SC\_op}）>\Delta$
保护原理和配置（站 B）	站 B 金属回线纵差保护的保护范围是线路 1 和线路 2。 站 A—站 B 两端金属回线运行时，投入线路 1 对应的金属回线纵差保护； 站 B—站 C 两端金属回线运行时，投入线路 2 对应的金属回线纵差保护； 三端金属回线运行时，同时投入两条线路对应的金属回线纵差保护。 线路 1 金属回线纵差保护： $\mid I_{dL1\_op}-I_{dL\_SA\_op}\mid>\Delta$（站 B 极性正常模式） $\mid I_{dL1}-I_{dL\_SA}\mid>\Delta$（站 B 极性反转模式） 线路 2 金属回线纵差保护： $\mid I_{dL3\_op}-I_{dL\_SC\_op}\mid>\Delta$（站 B 极性正常模式） $\mid I_{dL3}-I_{dL\_SC}\mid>\Delta$（站 B 极性反转模式）
保护原理和配置（站 C）	站 C 金属回线纵差保护的保护范围是线路 2 或线路全长。 当站 B 运行时，保护线路 2： $\mid I_{dL\_SC\_op}-I_{dL3\_op}\mid>\Delta$ 当站 B 退出时，保护线路全长： $\mid I_{dL\_SC\_op}-I_{dL\_SA\_op}\mid>\Delta$
保护参数预处理	系统滤波（$f_g=4.6Hz$）
保护定值	1 段定值：$\Delta=Max（I_{dL\_op}、I_{dL\_op\_os}）\times0.2$，且 $0.05<\Delta<0.15$； 1 段延时：$T=500ms$。 2 段定值：$\Delta=Max（I_{dL\_op}、I_{dL\_op\_os}）\times0.2$，且 $150A<\Delta<450A$； 2 段延时：$T=900ms$
保护配合	本保护只在金属回线运行方式下有效，需要与保护区内的其他保护相配合
定值设定依据	定值：考虑躲过测量回路产生的最大不平衡电流。 延时：长于 87DCLL、87DCB，短于 76SGⅢ段
丢失通信的影响	丢失通信后对站电流不能送到本站，所以丢失通信后闭锁本保护
后备保护	金属回线横差保护

（2）金属回线横差保护（见表 5-10）。

表 5-10　　金属回线横差保护

保护目的	检测金属回线方式运行时金属回线上发生接地故障
动作结果	—线路 1 故障闭锁（站 B 保护 1）； —在运站闭锁（其他）
站 A 和站 C 保护原理	$ABS（I_{dL}-I_{dL\_op}）>\Delta$（接地站有效）

续表

站B保护原理	站B保护1判据配置如下（接地站或三站运行时有效）： ABS（$I_{dL1}-I_{dL1\_op}$）$>\Delta$ 站B保护2判据配置如下（接地站有效）： ABS（$I_{dL3}-I_{dL3\_op}$）$>\Delta$
保护参数预处理	低通滤波（f_g=11Hz）
保护定值	站B保护1定值： Δ=0.024（标幺值）；T=1100ms。 站A、站C和站B保护2定值： Δ=0.024（标幺值）；T=1300ms
保护配合	本保护只在金属回线运行方式下的接地站有效，需要与保护区内的其他保护相配合
定值设定依据	定值：考虑躲过测量回路产生的最大不平衡电流 延时：比87DCLL、87DCB、87MRL延时长，比76SGⅢ段延时短
是否依靠通信	否
后备保护	冗余系统中的金属回线横差保护

二、三站线路故障选线

线路故障选线功能仅在站B配置，用于识别线路故障发生在线路1还是线路2，当线路故障重启不成功后将闭锁相应的换流站，需要配置故障选线功能判断故障线路。

（一）线路故障选线原理

针对直流输电线路的接地故障，配置的保护有行波保护、电压突变量保护、线路纵差保护以及线路低电压保护，其中站B的行波保护、电压突变量保护和线路纵差保护都是按照线路1（站A—站B线路）和线路2（站B—站C线路）分别配置，选线逻辑已经集成在保护判据中，可以实现故障选线功能。

1. 行波保护和电压突变量保护的选线逻辑

线路1和线路2两段直流线路上发生接地故障时，站B汇流母线区域电流的变化方向是相反的。行波保护和电压突变量保护都具备电流变化率辅助判据，可以根据电流变化特征实现故障位置识别：

（1）线路1故障时，汇流母线区站A侧电流I_{dL1}减小，而线路1行波保护和线路1电压突变量保护的电流判据为$\Delta I_{dL1}<\Delta$，可以检测电流变小的趋势，从而实现线路1的故障识别。

（2）线路2故障时，汇流母线区域的线路电流增大，而线路2行波保护和线路2电压突变量保护的电流判据为$\Delta I_{dL3}>\Delta$，可以检测电流增大的趋势，从而实现线路2的故障识别。

2. 线路纵差保护的选线逻辑

线路 1 和线路 2 两段直流线路上发生接地故障时，线路两端电流的差动电流是不一样的，故障线路有差动电流，非故障线路没有差动电流，基于差动电流的变化特征，直流线路纵差保护可实现故障选线：

（1）线路 1 故障时：$|I_{dL\_SA}-I_{dL1\_SB}|>\Delta$；

（2）线路 2 故障时：$|I_{dL\_SC}-I_{dL3\_SB}|>\Delta$。

另外，金属回线运行时的纵差保护也具备故障选线功能，且与线路纵差保护类似。

（二）线路故障选线功能的实现

1. 站 B 具备选线功能的保护动作

站 B 的行波保护、电压突变量保护和线路纵差保护都是按照线路 1 和线路 2 分别配置保护功能且具备选线功能，保护动作则说明对应线路有故障，如图 5-14 所示。

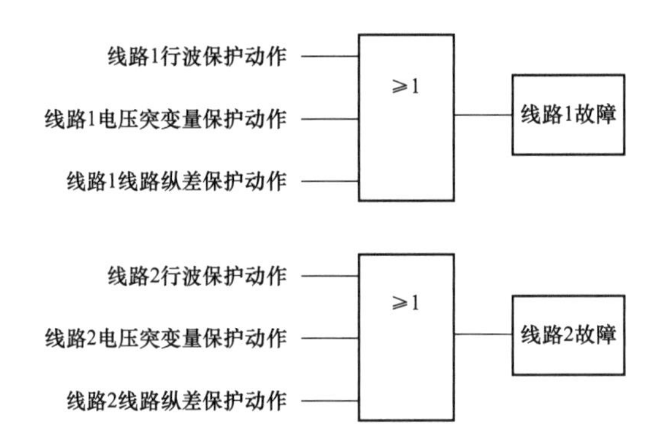

图 5-14　站 B 具备选线功能的保护动作时的选线逻辑

2. 站 B 具备选线功能的保护未动作

当站 B 的行波保护、电压突变量保护和线路纵差保护没有动作，而其他两站的行波保护、电压突变量保护动作或任一站线路低电压保护动作时，站 B 启动电流选线判据（即线路 1 和线路 2 行波保护的电流判据），实现故障识别，如图 5-15 所示。

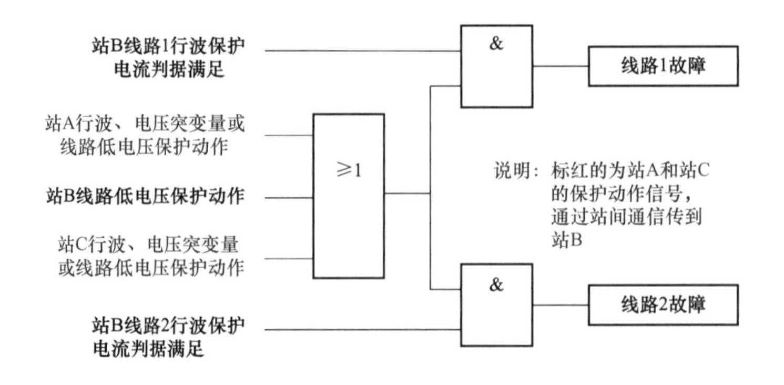

图 5-15　站 B 具备选线功能的保护未动作时的选线逻辑

3. 线路故障选线功能

线路 1 故障的保护内置故障录波如图 5-16 所示。故障后站 B 线路 1 的行波保护和电压突变量保护正确动作，同时，线路故障选线功能正确判断故障位置为线路 1（L1_FA 为 1 表示线路 1 发生故障）。

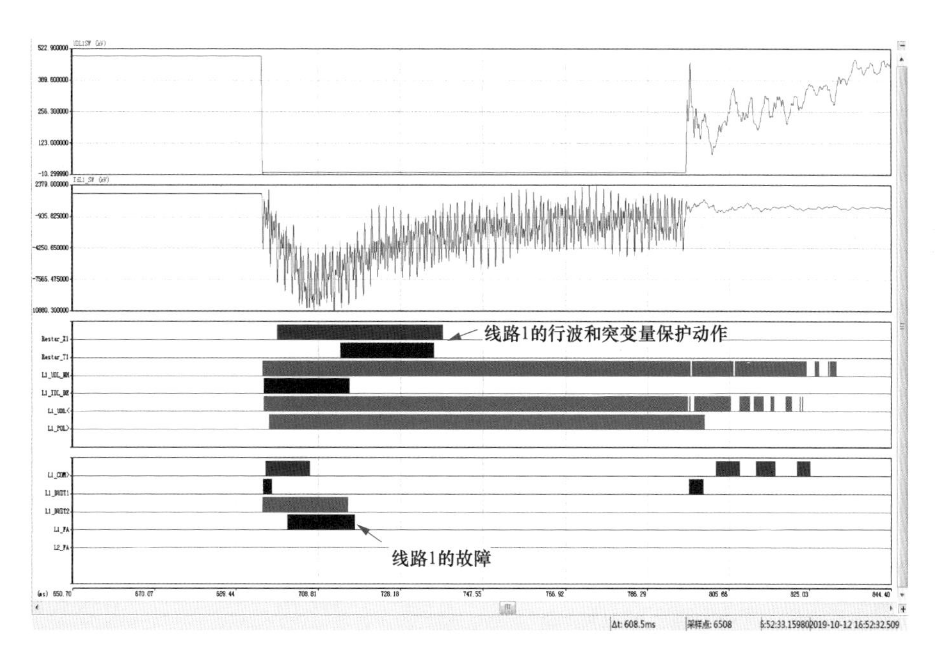

图 5-16　线路 1 故障时线路保护及选线功能波形图

线路 2 故障的保护内置故障录波如图 5-17 所示。故障后站 B 线路 2 的行波保护和电压突变量保护正确动作，同时，线路故障选线功能正确判断故障位置为线路 2（L2_FA 为 1 表示线路 2 发生故障）。

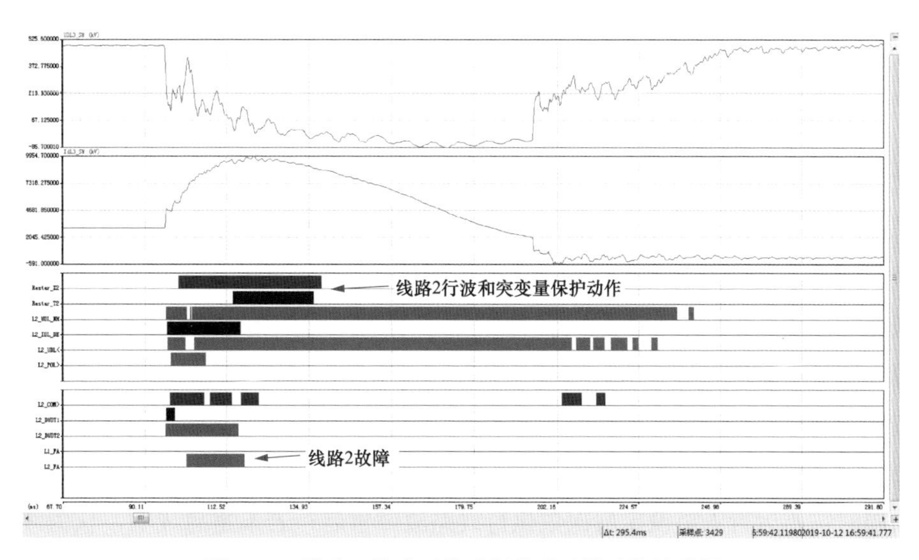

图 5-17　线路 2 故障时线路保护及选线功能波形图

（三）站间通信的影响

行波保护和电压突变量保护的故障选线功能是根据故障时汇流母线区电流的变化方向进行判断，因此不依靠站间通信功能。

线路纵差保护和金属回线纵差保护的故障选线功能是根据故障时线路首末端电流的差流进行判断，需要另外两站的直流线路电流，因此需要依靠站间通信功能。

在站 B 线路保护不动作而其他两站线路保护动作时，电流判据选线功能需要其他两站的保护动作信号作为启动条件，因此需要依靠站间通信功能。

三、三端线路故障重启动协调

三端系统运行时，运行人员可以在操作员工作站设置直流线路故障重启次数和每次重启的放电时间。如果通信故障或站层控制以上数值不能被对站更新，只能靠三站的运行人员将其调节一致。三端系统“二送一”运行模式（站 A 和站 B 为整流模式，站 C 为逆变模式）和“一送二”运行模式（站 A 为整流模式，站 B 和站 C 为逆变模式）时线路重启及故障隔离方案不同。

（一）“二送一”运行模式

三端系统“二送一”运行模式下系统主接线及故障点如图 5-18 所示。

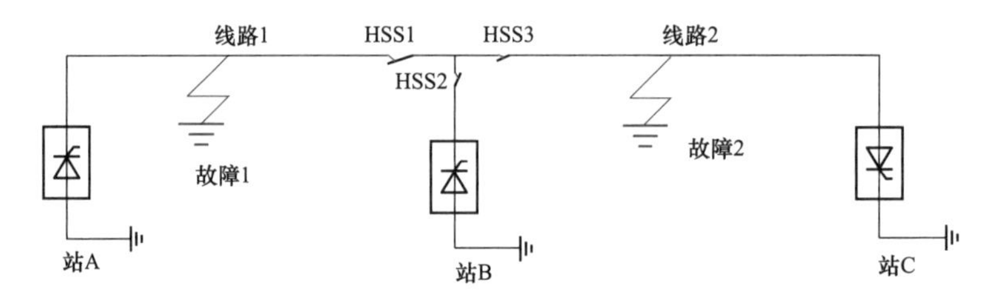

图 5-18　“二送一”模式系统主接线及故障点

1. 线路 1 发生接地故障

三站同时按照运行人员设定的次数执行线路故障重启；若未重启成功，认为线路 1 发生永久性故障。在送端换流站移相期间，站 A 闭锁，并拉开站 B 高速并列开关 HSS1 以隔离故障线路 1（如 HSS1 失灵无法进行故障隔离，极控系统闭锁三站）。

故障线路被隔离后，站 B 和站 C 按照第三站退出逻辑继续执行双端重启逻辑，若重启成功系统继续运行，若重启不成功，系统闭锁。

2. 线路 2 发生接地故障

三站同时按照运行人员设定的次数执行线路故障重启；若未重启成功，认为线路 2 发生永久性故障，控制系统发出闭锁命令，停运三站故障极。

(二)“一送二”运行模式

三端系统“一送二”运行模式下系统主接线及故障点如图 5-19 所示。

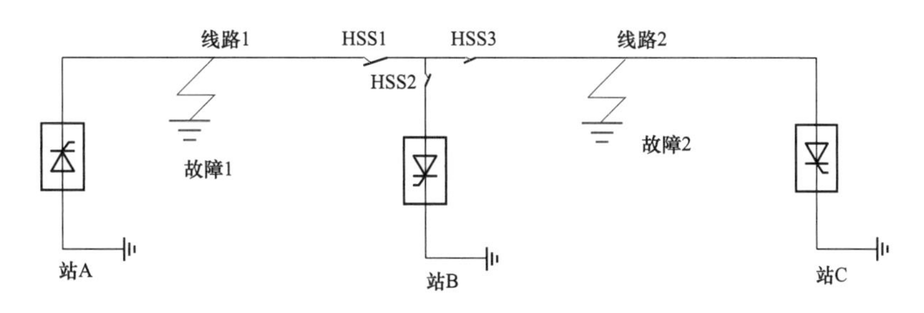

图 5-19 “一送二”模式三端运行线路故障示意图

1. 线路 1 发生接地故障

三站按照运行人员设定的次数执行线路故障重启；若未重启成功，认为线路 1 发生永久性故障，控制系统发出闭锁命令，停运三站故障极。

2. 线路 2 发生接地故障

三站按照运行人员设定的次数执行线路故障重启；若未重启成功，认为线路 2 发生永久性故障。在送端换流站移相期间，站 C 闭锁，并拉开站 B 高速并列开关 HSS3 以隔离故障线路 2（当需要隔离的高 HSS 失灵无法进行故障隔离时，极控系统发三站闭锁指令）。

故障线路被隔离后站 A 和站 B 继续按照第三站退出逻辑执行重启逻辑，若重启成功，系统继续运行，若重启不成功，系统闭锁。

第三节 三端直流汇流母线与极性转换母线区保护策略

一、汇流母线区域保护策略

汇流母线保护区域位于站 B，在线路保护屏柜中实现，除配置汇流母线差动保护外，还针对汇流母线区域的四个高速并列开关配置开关保护。

站 B 的极性正常时，直流线路电流流经本极的汇流母线区域；站 B 的极性反转时，直流线路电流流经对极的汇流母线区域。因此，本区域的保护在站 B 的极性不同时，所保护的区域不相同，保护配置如图 5-20 所示。

(1) 汇流母线差动保护（见表 5-11）。

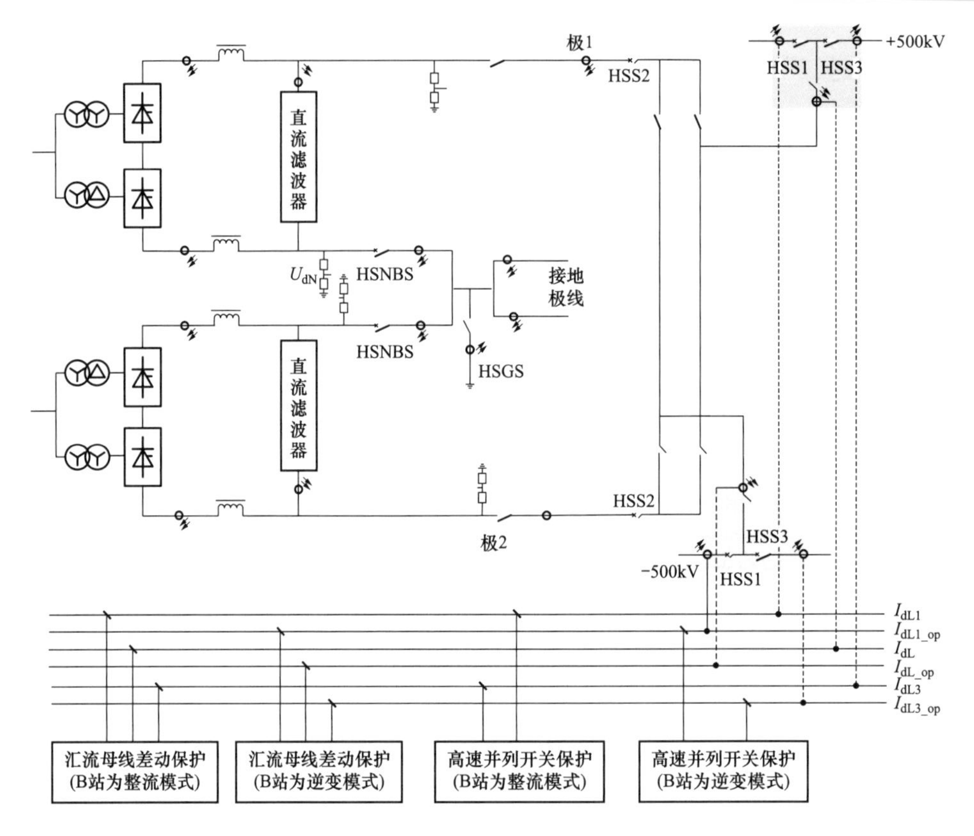

图 5-20　汇流母线保护区配置

表 5-11　　汇流母线差动保护

保护目的	检测汇流母线区域接地故障
动作结果	在运站闭锁
保护原理	站 B 处于极性正常模式： $\text{ABS}（I_{dL1}+I_{dL}-I_{dL3}）>\Delta$ 站 B 处于极性反转模式： $\text{ABS}（I_{dL1\_op}+I_{dL\_op}-I_{dL3\_op}）>\Delta$ 另外，当站 B 金属回线运行方式下，同时开放上述两个判据。 保护在检测到三个换流站中至少一个换流站解锁且非 OLT 模式时投入
保护参数预处理	低通滤波（f_g=11Hz）
保护定值	Ⅰ段：Δ=Max [0・MAX（I_{dL1}/I_{dL1_op}、I_{dL3}/I_{dL3_op})、0.3（标幺值)]　T=5ms Ⅱ段：Δ=Max [0・MAX（I_{dL1}/I_{dL1_op}、I_{dL3}/I_{dL3_op})、0.15（标幺值)]　T=20ms
保护配合	与各站线路保护相配合相配合。 汇流母线差动保护可以适应系统运行方式的转换，保证动作正确性
定值设定依据	Ⅰ段：与行波保护相配合，当汇流母线区域发生金属性接地故障时，对站行波保护可能会动作，汇流母线差动保护闭锁信号会终止线路重启，闭锁所有在运换流站，防止对系统的冲击 Ⅱ段：与直流线路纵差保护相配合，当汇流母线区域发生高阻接地故障，汇流母线差动保护动作闭锁所有在运换流站的故障极，防止纵差保护动作 金属回线运行方式下，汇流母线差动保护需要对本极和对极的汇流母线区域同时进行保护，对极汇流母线保护的判据需要经试验后确定
是否依靠通信	需要将闭锁指令传到另外两个换流站
后备保护	—直流线路纵差保护

（2）汇流母线高速并列开关保护（见表 5-12）。

表 5-12　　汇流母线高速并列开关保护

项目	内容
保护目的	汇流母线区的高速并列开关 HSS1 及 HSS3 发生分闸失败或偷跳故障
动作结果	Ⅰ段：重合 HSS； Ⅱ段：在运站闭锁
保护原理	高速并列开关 HSS1 合位消失，若 ABS（I_{dL1}）$>\Delta$： 延时 T_1，重合高速并列开关 HSS1； 发出合闸命令后，延时 T_2，若未收到开关合位信号，在运站闭锁、跳交流断路器。 高速并列开关 HSS3 合位消失，若 ABS（I_{dL3}）$>\Delta$： 延时 $T1$，重合高速并列开关 HSS3； 发出合闸命令后，延时 T_2，若未收到开关合位信号，在运站闭锁、跳交流断路器
保护配置说明	站 A 解锁且非 OLT 模式下，HSS1 保护投入； 站 C 解锁且非 OLT 模式下，HSS3 保护投入； 站 B 为极性正常模式时，保护本极 HSS1 和 HSS3； 站 B 为极性反转模式时，保护对极 HSS1 和 HSS3； 站 B 金属回线运行时，同时保护本极和对极的 HSS1 和 HSS3
保护参数预处理	低通滤波（$f_g=55$Hz）
保护定值	定值：$\Delta=0.02$（标幺值）； Ⅰ段：$T_1=150$ms； Ⅱ段：$T_2=150$ms
保护配合	保护和 HSS 的操作时间相配合
定值设定依据	定值：与开关特性配合； T_1 大于开关分闸时间；T_2 大于开关重合闸时间； T_1+T_2 小于 HSS 能承受的拉弧时间
是否依靠通信	否
后备保护	冗余系统中的高速并列开关保护

汇流母线高速并列开关保护在检测到开关合位消失但仍有电流流过，则延时重合开关。与常规开关保护不同的是，高速并列开关保护在发出重合开关的指令后，如果一段时间内未收到开关合位状态则发在运站闭锁指令，保护逻辑如图 5-21 所示。

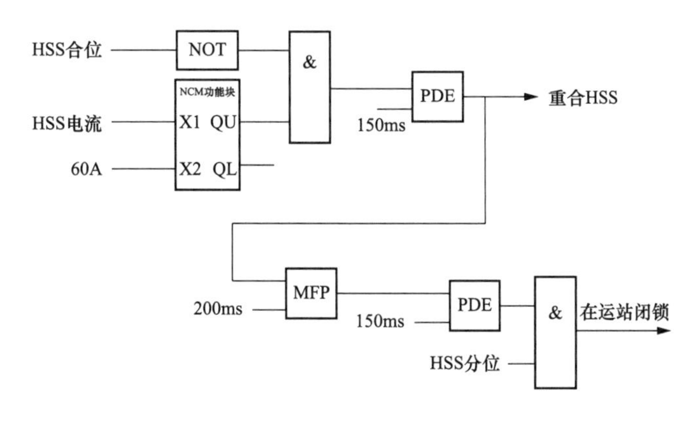

图 5-21　汇流母线高速并列开关保护逻辑框图

二、极性转换母线区域保护策略

极性转换母线保护区域位于站 B，在极保护屏柜中实现，除配置极性转换母线差动保护外，还针对本区域的两个高速并联开关配置开关保护。

站 B 的极性正常时，直流线路电流流经本极的汇流母线区域；站 B 的极性反转时，直流线路电流流经对极的汇流母线区域。因此，本区域的保护在站 B 的极性不同时，极性转换母线差动保护所使用的电流不同，保护配置如图 5-22 所示。

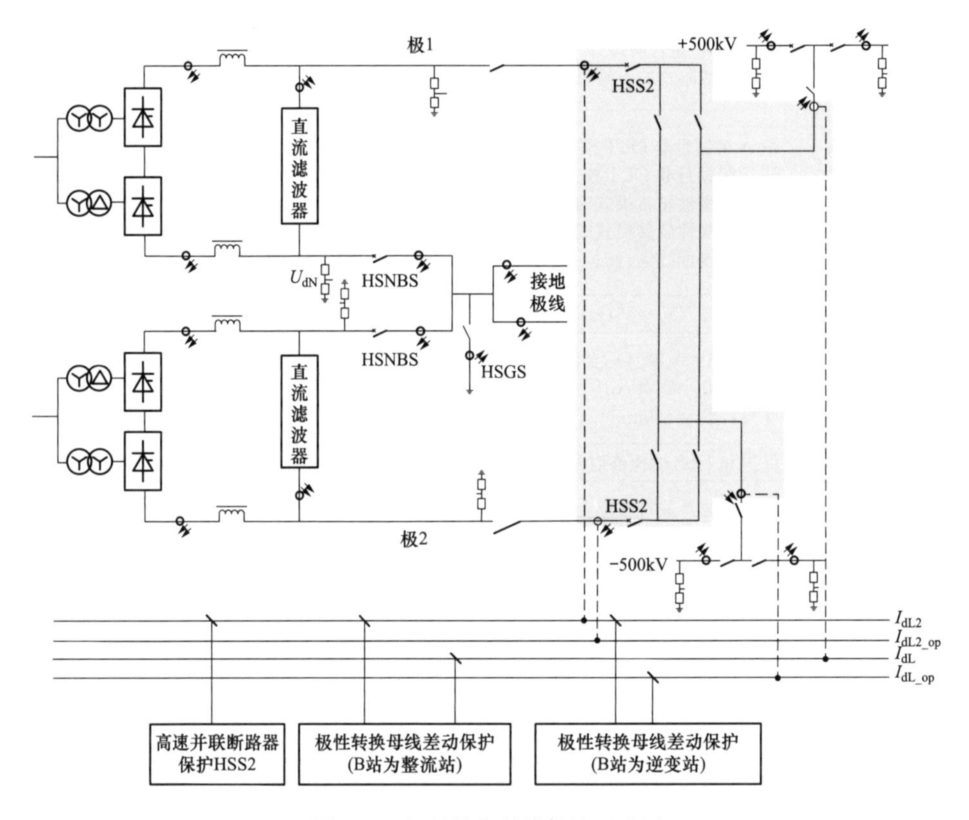

图 5-22　极性转换母线保护区配置

（1）极性转换母线差动保护（见表 5-13）。

表 5-13　　极性转换母线差动保护

保护目的	检测极性转换母线区域接地故障
保护动作后果	一在运站闭锁
保护参数预处理	低通滤波（f_g=11Hz）
保护原理	站 B 在极性正常模式时，$\lvert I_{dL2}-I_{dL}\rvert>\Delta$； 站 B 在极性反转模式时，$\lvert I_{dL2}-I_{dL\_op}\rvert>\Delta$
保护参数预处理	低通滤波（f_g=11Hz）

续表

保护定值	Ⅰ段：$\Delta = \text{Max}[0 \cdot \text{Max}(I_{dL2}、I_{dL}/I_{dL\_op})、0.3(\text{标幺值})]\ T=5\text{ms}$ Ⅱ段：$\Delta = \text{Max}[0 \cdot \text{Max}(I_{dL2}、I_{dL}/I_{dL\_op})、0.15(\text{标幺值})]\ T=20\text{ms}$
保护配合	与各站线路保护相配合 能适应系统运行方式的转换，保证动作正确性
定值设定依据	Ⅰ段：针对极性转换母线区域发生的金属性接地故障，快速闭锁换流站，防止对系统的冲击； Ⅱ段：针对极性转换母线区域发生的高阻接地故障
是否依靠通信	否
后备保护	冗余系统中的极性转换母线差动保护

（2）极性转换母线高速并列开关保护（见表5-14）。

表5-14　　极性转换母线高速并列开关保护

保护目的	极性转换母线区的高速并联HSS2发生偷跳
动作结果	Ⅰ段：重合HSS Ⅱ段：在运站闭锁
保护原理	高速并列开关HSS2合位消失，若$\lvert I_{dL2} \rvert > \Delta$ 延时T_1，重合高速并列开关HSS2； 发出合闸命令后，延时T_2，若未收到开关合位信号，在运站闭锁
保护参数预处理	低通滤波（$f_g=55\text{Hz}$）
保护定值	定值：$\Delta=0.02$（标幺值） Ⅰ段：$T_1=150\text{ms}$ Ⅱ段：$T_2=150\text{ms}$
保护配合	保护和HSS的操作时间相配合
定值设定依据	定值：与开关特性配合 延时：大于HSS的操作时间而小于HSS开关能承受的拉弧时间
是否依靠通信	否
后备保护	冗余系统中的高速并列开关保护

第四节　常　规　保　护

一、极保护

（一）故障点说明

极保护的保护范围包括换流器区域、直流极母线区域、直流中性母线区域、双极中性线及接地极引线区域和极性转换母线区域等区域，其故障点配置如图5-23所示。

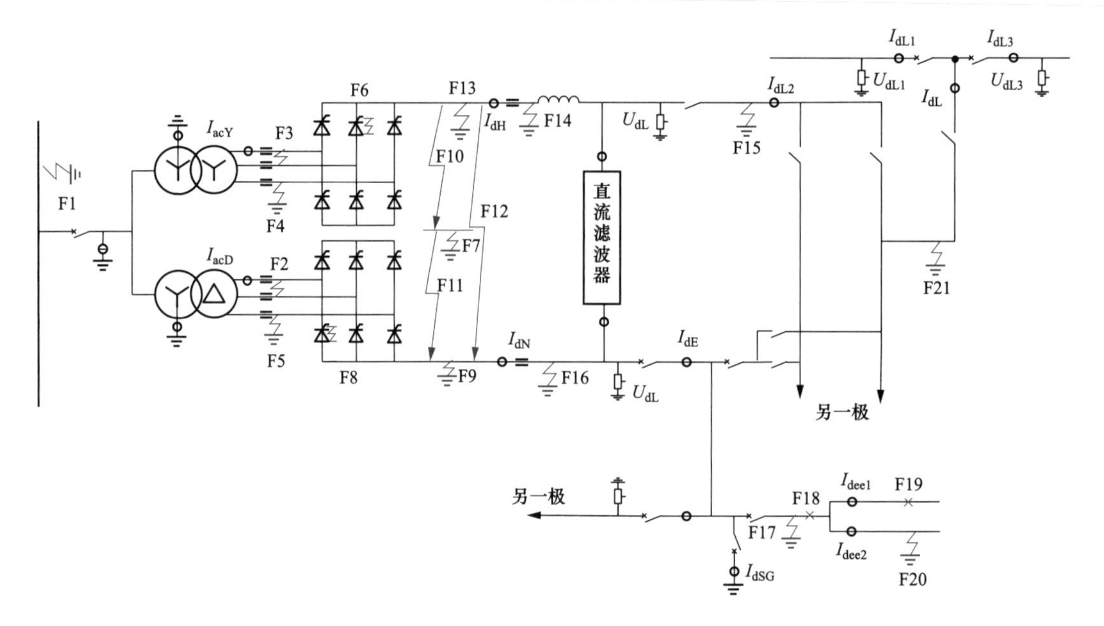

图 5-23　直流极保护故障点配置

图中各故障点对应的故障如表 5-15 所示。

表 5-15　　直流极保护故障点对照表

序号	故障位置	故障编号
1	交流故障	F1
2	换流变压器阀 D 侧两相短路	F2
3	换流变压器阀 Y 侧两相短路	F3
4	换流变压器阀 Y 侧单相接地	F4
5	换流变压器阀 D 侧单相接地	F5
6	换流器 Y 桥阀短路	F6
7	换流器 Y 桥和 D 桥连接点接地	F7
8	换流器 D 桥阀短路	F8
9	换流器低压端出口接地故障	F9
10	换流器 Y 桥阀组短路	F10
11	换流器 D 桥阀组短路	F11
12	换流器 12 脉动阀组短路	F12
13	换流器高压端出口接地故障	F13
14	极母线接地故障（平波电抗器阀侧）	F14
15	极母线接地故障（平波电抗器线路侧）	F15
16	中性线母线接地故障	F16
17	接地极开路故障	F17
18	双极中性区接地故障	F18
19	接地极引线断线故障	F19
20	接地极引线接地故障	F20
21	站 B 极性转换母线接地故障	F21

（二）保护策略

1. 换流器保护

站 A 和站 C 的换流器保护策略如图 5-24 所示。

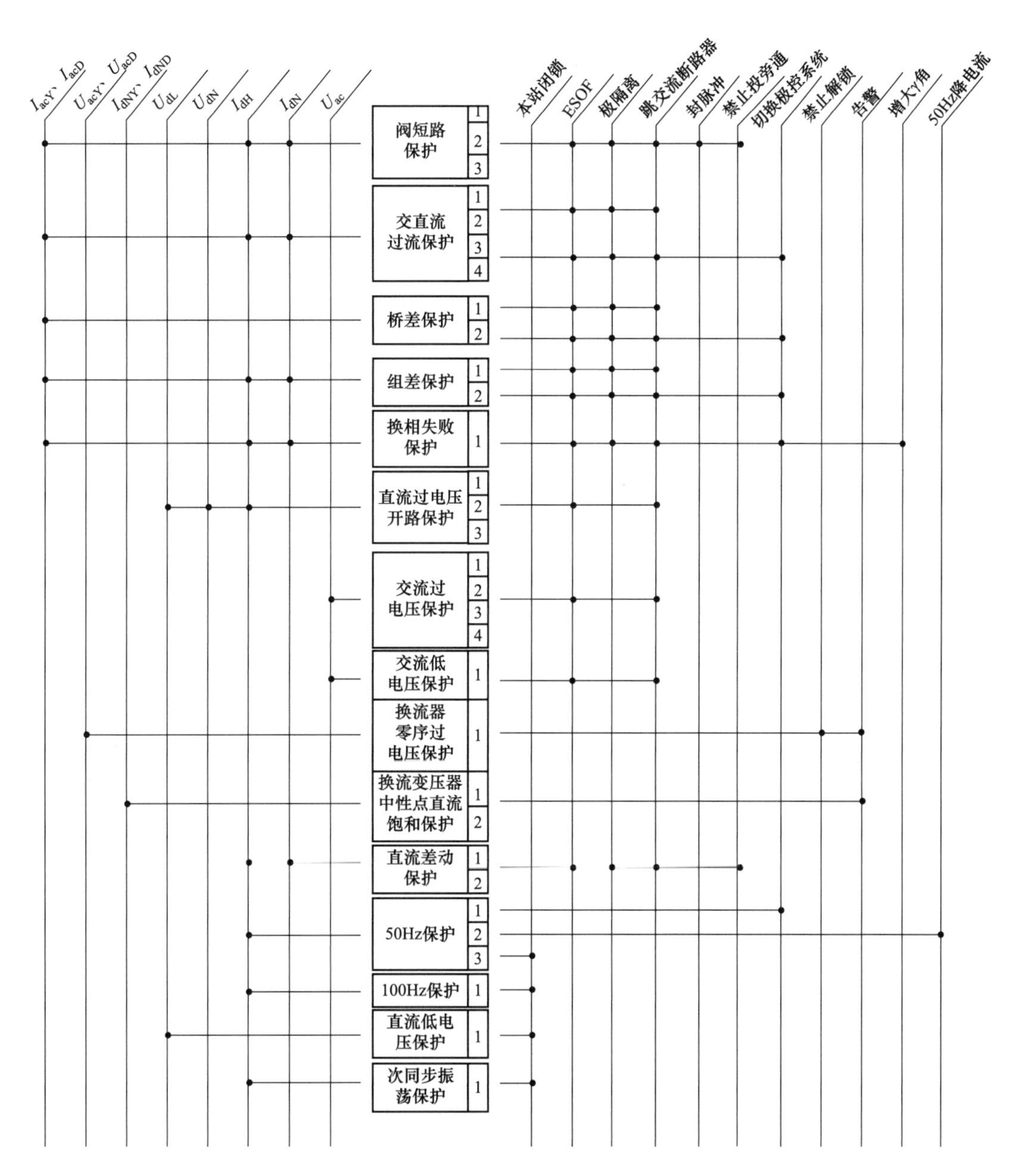

图 5-24　换流器保护策略示意图

2. 极母线和中性母线保护配置

极母线和中性母线区域的保护策略如图 5-25 和图 5-26 所示。

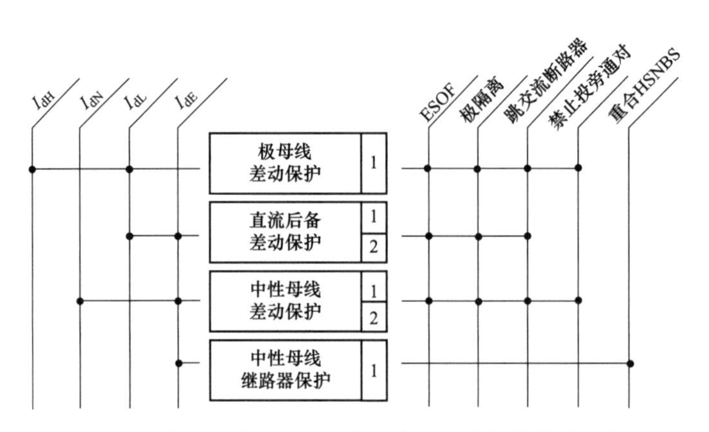

图 5-25　站 A、站 C 的极母线和中性母线保护策略示意图

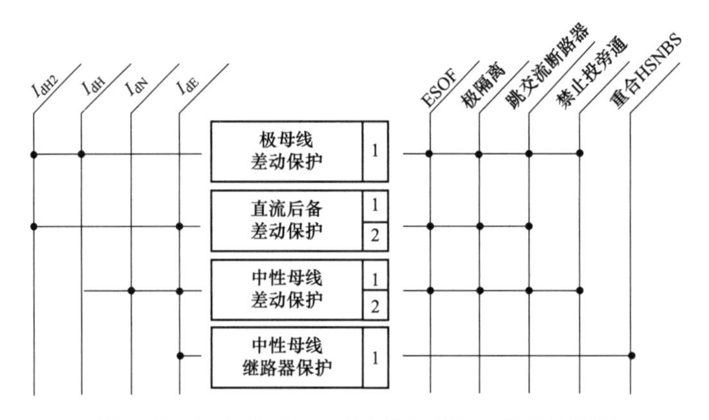

图 5-26　站 B 的极母线和中性母线保护策略示意图

3. 双极中性线和接地极引线保护区

站 A 和站 C 的双极中性线和接地极引线保护功能配置如图 5-27 所示；站 B 的双极中性线和接地极引线保护功能配置如图 5-28 所示。

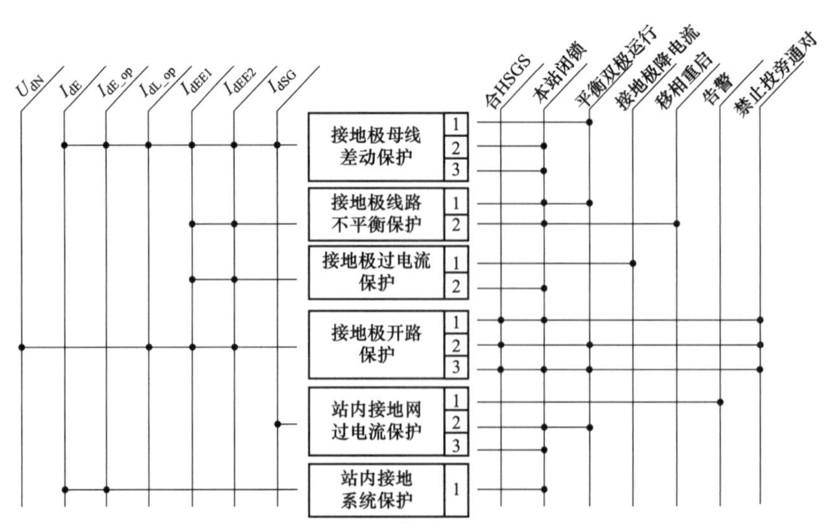

图 5-27　站 A 和站 C 的双极中性线保护策略示意图

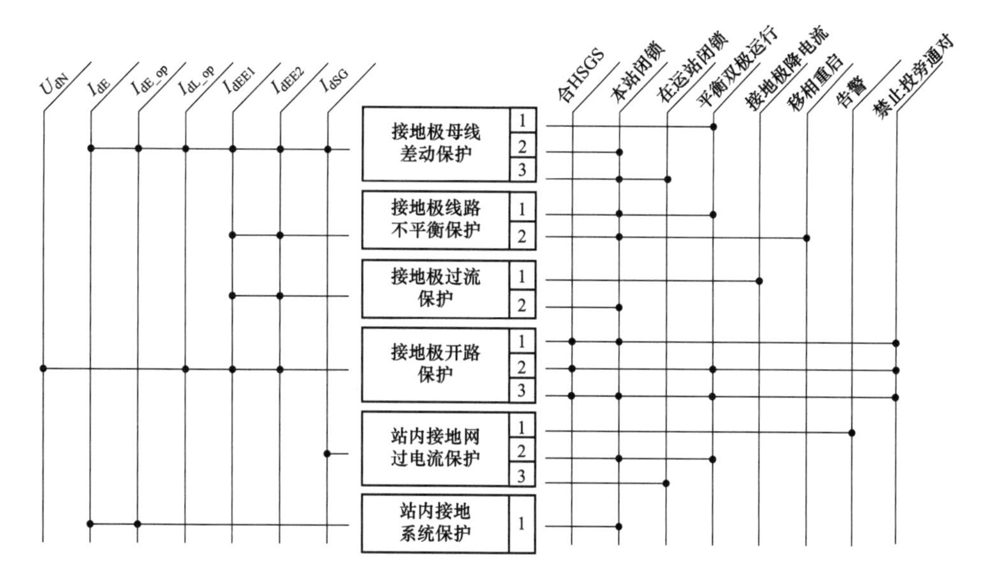

图 5-28　站 B 的双极中性线保护策略示意图

双极中性线区域的断路器保护的如图 5-29 所示。

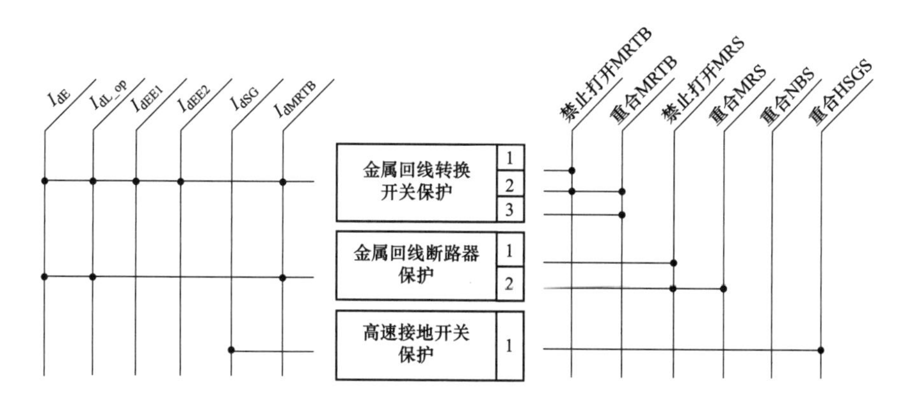

图 5-29　双极中性线区断路器保护策略示意图

4. 极性转换母线保护区

极性转换母线区域保护策略详见本章第三节。

二、直流滤波器保护

直流滤波器保护采用“启动+动作”双重化冗余方式设计。

(一) 故障点说明

直流滤波器保护的保护范围包括直流滤波器高、低压侧之间的所有设备，其故障点配置如图 5-30 所示。

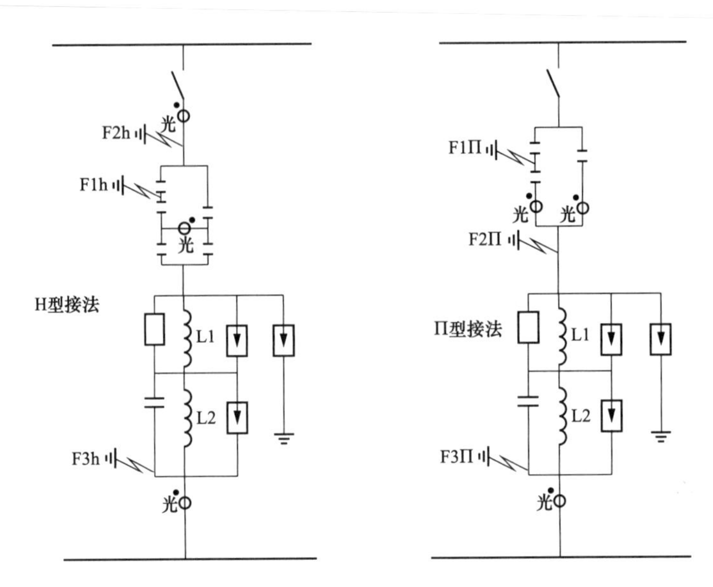

图 5-30　直流滤波器保护故障点配置

图中各故障点对应的故障如表 5-16 所示。

表 5-16　　直流滤波器保护区域故障点对照表

序号	故障位置（电容器 H 型接法）	故障编号
1	直流滤波器电容器短路故障	F1h
2	直流滤波器高压侧接地故障	F2h
3	直流滤波器低压侧接地故障	F3h
序号	故障位置（电容器 Π 型接法）	故障编号
1	直流滤波器电容器短路故障	F1π
2	直流滤波器高压侧接地故障	F2π
3	直流滤波器低压侧接地故障	F3π

（二）保护策略

直流滤波器的电容器分位 H 型接法和 Π 型接法，两种接法的保护配置护配置如图 5-31 所示。

三、交流滤波器保护配置

（一）故障点说明

1. 大组保护故障点说明

交流滤波器大组保护的保护范围：交流滤波器保护区包括引线和交流滤波器小组之间区域。其故障点配置如图 5-32 所示。

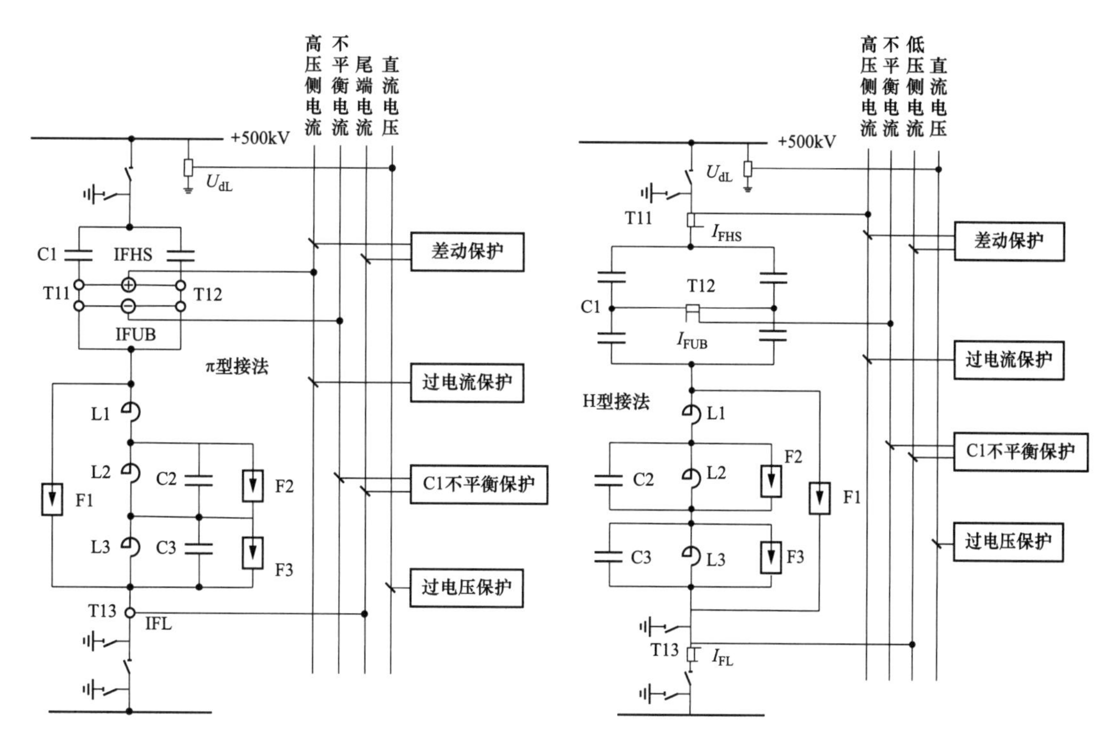

图 5-31　直流滤波器保护功能配置

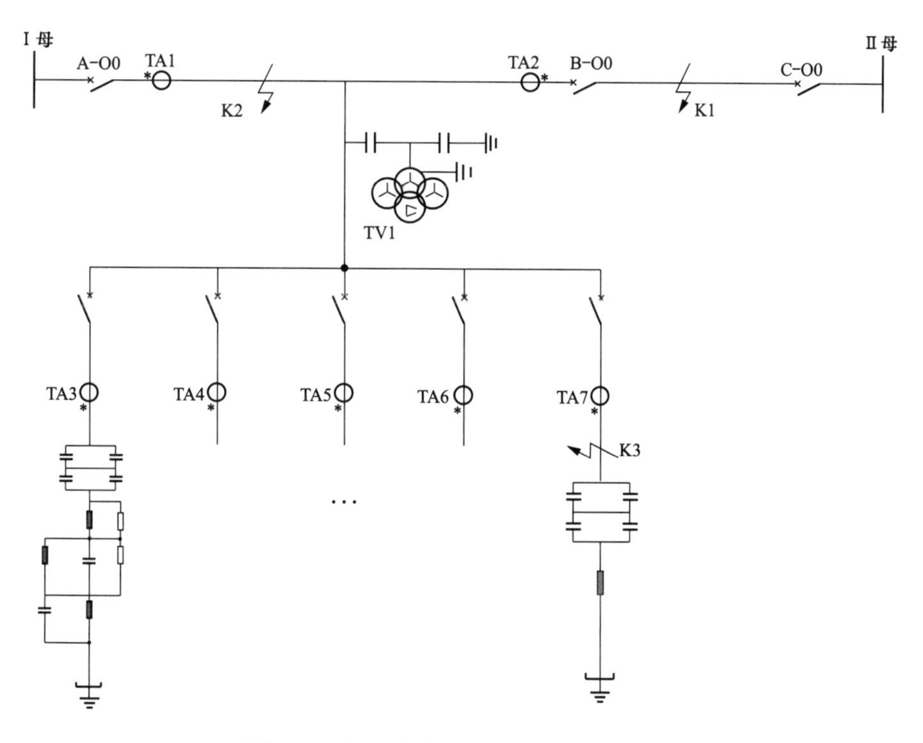

图 5-32　交流滤波器大组保护故障点配置

图中各故障点对应的故障如表 5-17 所示。

表 5-17　　交流滤波器大组保护故障点配置表

序号	故障	故障编号
1	交流滤波器大组区外 K1 短路故障	K1
2	交流滤波器大组区内 K2 短路故障	K2
3	交流滤波器大组区外，小组区内短路故障	K3

2. 小组保护故障点说明

交流滤波器小组保护的保护范围：交流滤波器保护区应包括交流滤波器的所有设备，其故障点配置如图 5-33 所示。

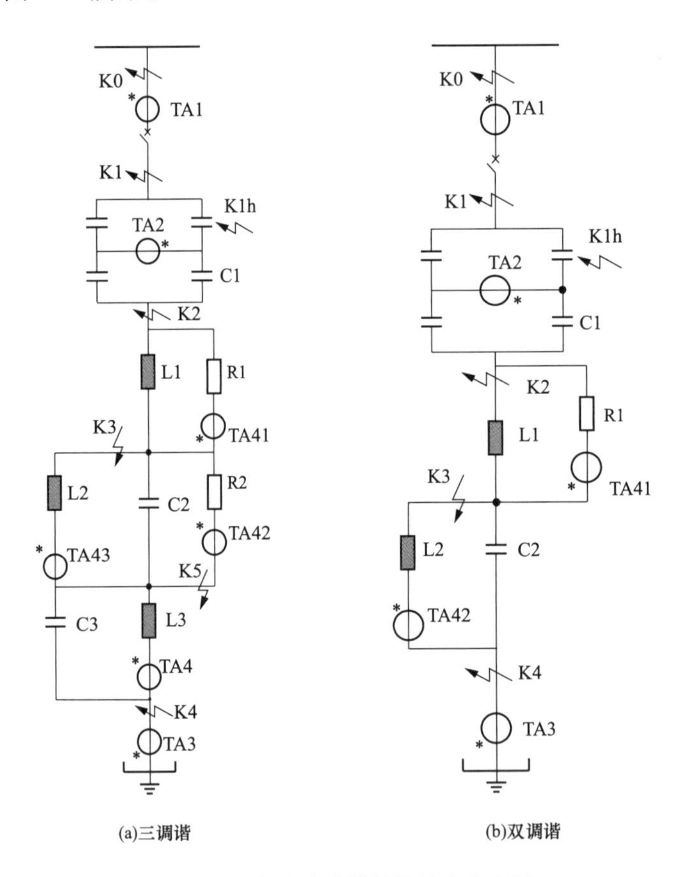

图 5-33　交流滤波器保护故障点配置

图中各故障点对应的故障如表 5-18 所示。

表 5-18　　交流滤波器保护故障点配置表

序号	故障	故障编号
1	交流滤波器区外 K0 短路故障	K0
2	交流滤波器区内 K1 短路故障	K1

续表

序号	故障	故障编号
3	交流滤波器电容器故障	K1h
4	交流滤波器区内 K2 短路故障	K2
5	交流滤波器区内 K3 短路故障	K3
6	交流滤波器区内 K4 短路故障	K4
7	交流滤波器区内 K5 短路故障	K5

（二）保护功能配置

1. 交流滤波器大组保护配置

交流滤波器大组母线保护配置如图 5-34 所示。

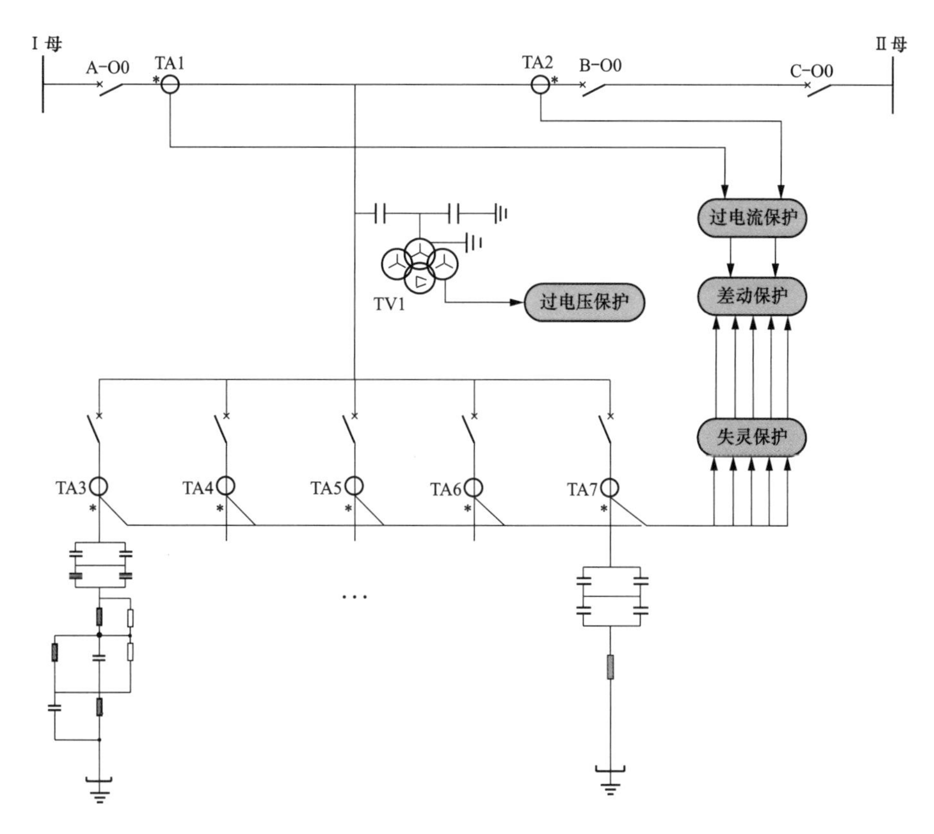

图 5-34　交流滤波器大组保护配置图

2. 交流滤波器小组保护配置

双调谐交流滤波器小组母线保护配置如图 5-35 所示。

三调谐交流滤波器小组母线保护配置如图 5-36 所示。

交流滤波器电容器单元保护配置方案如图 5-37 示。

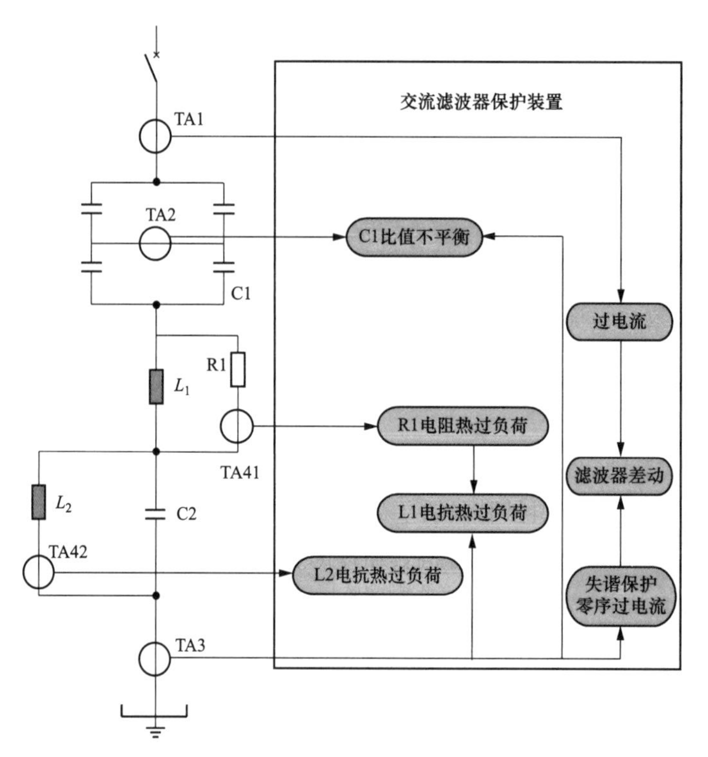

图 5-35　双调谐交流滤波器小组母线保护配置图

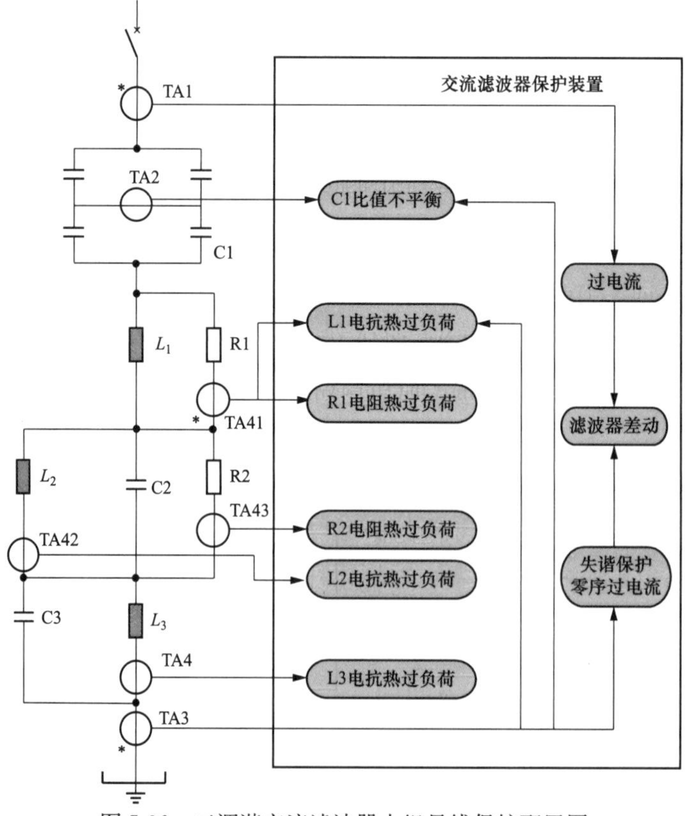

图 5-36　三调谐交流滤波器小组母线保护配置图

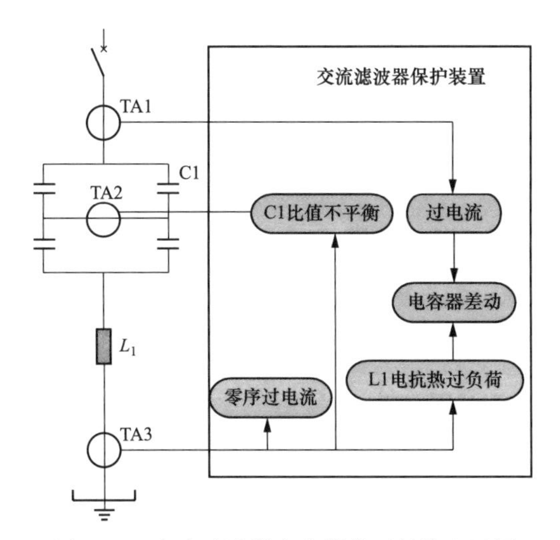

图 5-37　交流滤波器电容器单元保护配置图

四、换流变压器保护配置

（一）故障点说明

换流变压器保护的保护范围：换流变压器保护区包括引线以及换流变压器设备本身，其故障点配置如图 5-38 所示。

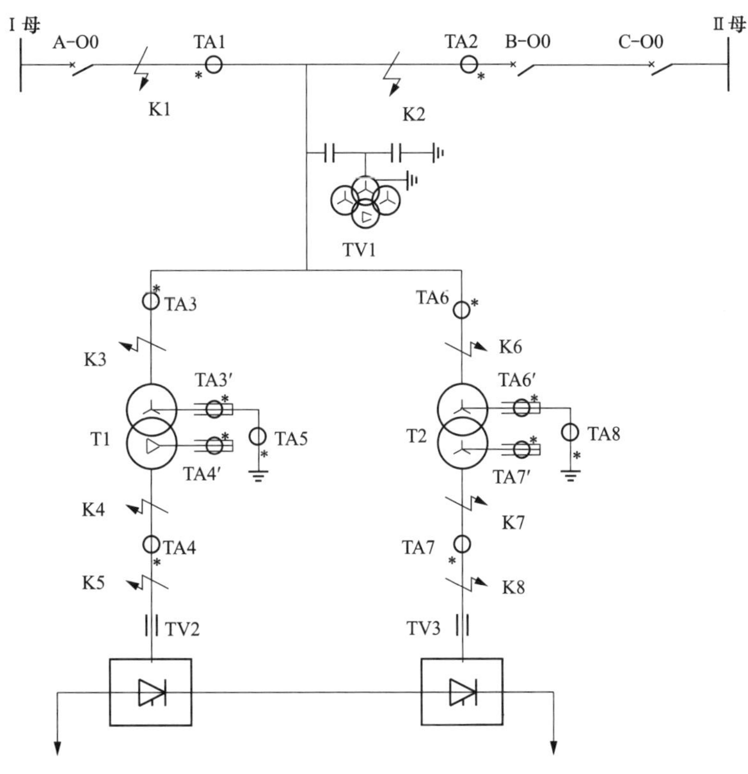

图 5-38　换流变压器保护故障点配置

图中各故障点对应的故障如表 5-19 所示。

表 5-19　　换流变压器保护故障点配置表

序号	故障	故障编号
1	引线区外 K1 短路故障	K1
2	引线区内 K2 短路故障	K2
3	星角换流变压器网侧短路故障	K3
4	星角换流变压器阀侧短路故障	K4
5	星角换流变压器阀侧区外短路故障	K5
6	星星换流变压器网侧短路故障	K6
7	星星换流变压器阀侧短路故障	K7
8	星星换流变压器阀侧区外短路故障	K8

（二）保护功能配置

换流变压器保护功能配置如图 5-39 所示。

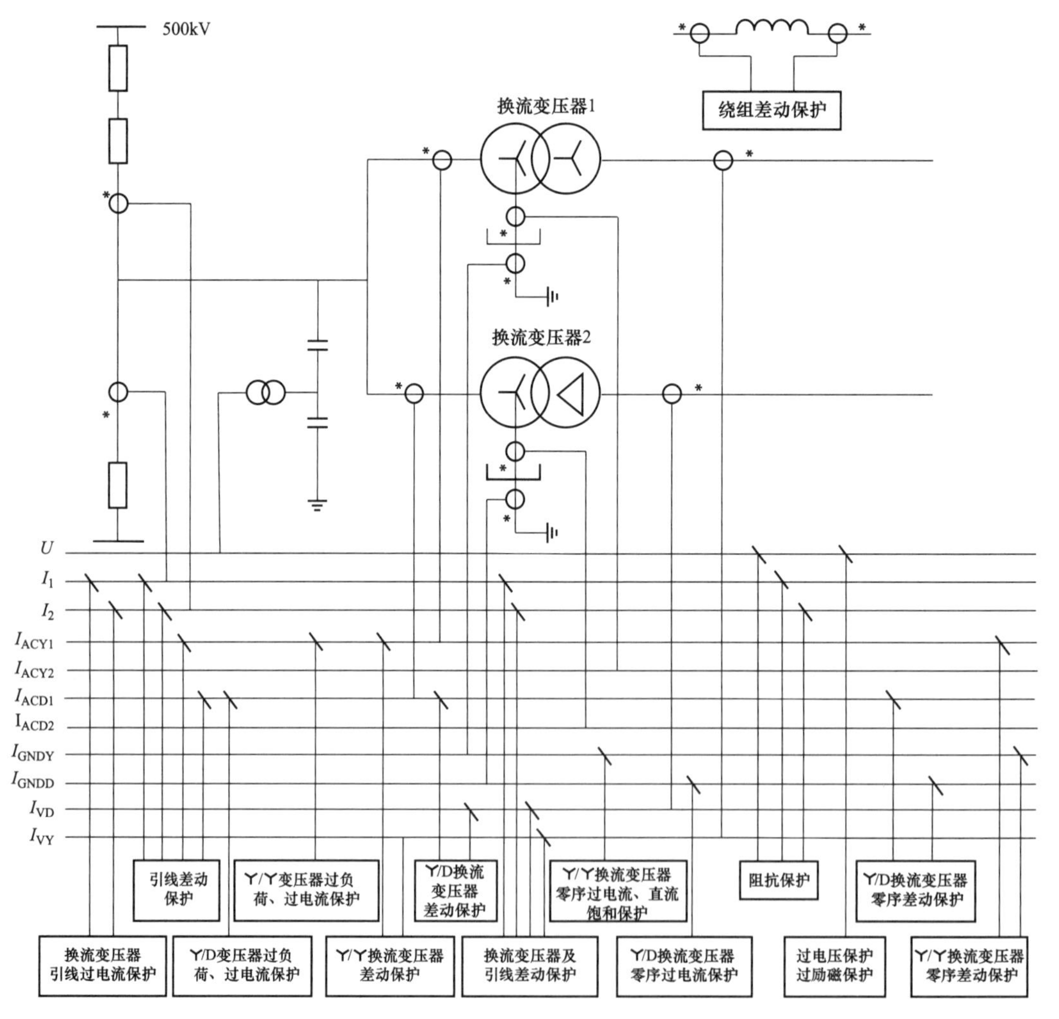

图 5-39　换流变压器保护功能配置

第六章　三端直流输电控制保护功能及动态性能试验

第一节　试　验　概　述

一、FPT/DPT 概述

在三端直流输电工程建设过程中，为了对工程设计进行验证，需要对控制保护系统软、硬件进行多项试验。通过试验来检验控制保护系统是否达到功能规范书和设计规范书的要求，发现设计、制造以及与一次系统接口是否存在问题，最大限度减少将直流输电控制保护系统缺陷带到现场的可能性，把发生故障的风险降到最低限度，保证直流输电系统的高可靠性和可用率。这些控制保护系统的试验主要分为功能试验（functional performance tests，FPT）和动态性能试验（dynamic performance tests，DPT）两部分内容。

直流输电控制保护系统从工程设计到系统试运行的工作过程如图 6-1 所示。

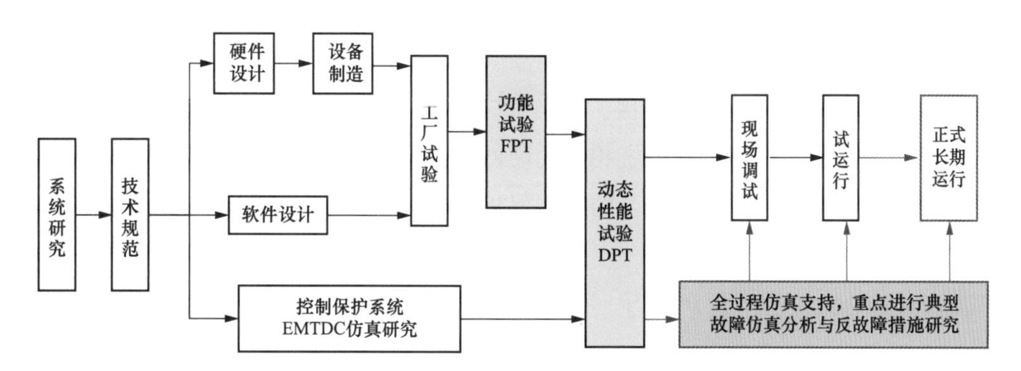

图 6-1　直流输电控制保护系统设计和试验过程示意图

由图 6-1 可见，控制保护系统的 FPT/DPT 试验是设计、制造与工程现场调试和运行衔接的关键环节，在直流输电工程中具有十分重要的作用。随着实时全数字仿真系统的不断发展和完善，对直流输电控制保护系统进行完整的功能试验和动态性能试验已经可以完全利用全数字式实时仿真系统来进行。

二、试验的目的和作用

通过仿真试验的方法来检验控制保护系统是否达到功能规范书和设计规范书的要求、是否满足系统研究结论对控制保护系统的要求、控制保护各层级系统、各软件模块之间配合是否得当、控制保护程序在所设计的试验项目中是否运行无误，以及直流保护逻辑和定值是否满足保护定值研究报告的要求。同时，通过试验掌握三端常规直流控制保护系统试验的核心技术，为今后的三端工程调试及直流系统运行积累经验和提供技术准备。

第二节　试　验　系　统

三端直流工程控制保护系统功能试验系统主要包括被测试的直流工程控制保护系统、实时数字仿真系统及其相关接口设备。其中，实时数字仿真系统用于模拟交流等效系统、禄劝、高坡和肇庆换流站的交流滤波器、换流变压器、直流滤波器、换流器、平波电抗器、直流线路和接地极线路以及直流场主要断路器、隔离开关等。试验系统结构示意图如图 6-2 所示。

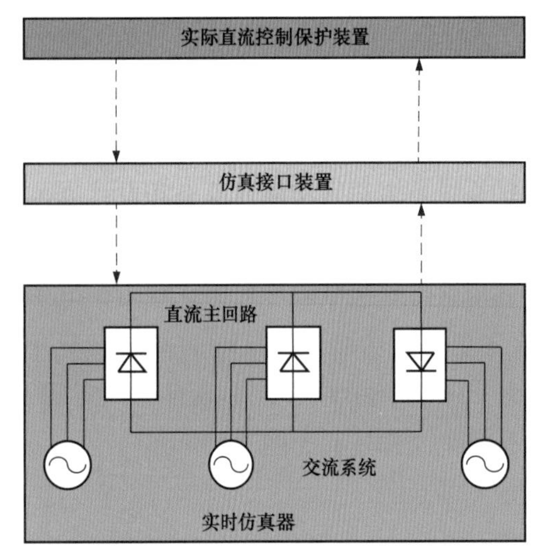

图 6-2　功能试验系统结构示意图

由图 6-2 可见，实时仿真器与控制保护系统通过若干仿真接口设备进行交互，将保护控制装置接入实时仿真器形成闭环的仿真测试环境。另外，根据实际需要提供功放设备参与试验。

三端直流工程控制保护系统动态性能试验系统的基本结构与功能试验系统相同，其中控制保护设备采用与功能试验系统相同的硬件平台，其基本结构、功能（含软件）与功能试验系统一致，但可以不包含冗余的控制保护设备。

第三节　功　能　试　验

一、功能试验（FPT）概述

FPT 是在屏柜和分系统试验完成后，将所有的控制保护系统设备通过仿真接口装置及功放设备等接入实时仿真系统，连接成一个闭环的实时仿真测试平台，进行实时的硬件在环仿真试验。FPT 主要用于验证实际控制保护系统的功能与配置是否达到规范书要求。

二、试验范围

FPT 的测试范围覆盖了核心控制保护功能，涉及所有可能的直流接线方式和运行工况。FPT 中各个控制系统之间复杂的相互作用的检验是在正常运行条件下以及故障（例如开关场、阀、测量系统设备故障）条件下进行的。所检验的是典型的操作程序，包括启动/停运顺序、运行人员的操作、功率设定值的确定、功率变化率以及运行方式的转换等。

FPT 的范围包括依照规范书，检验控制保护系统在不同的运行条件下的功能；检验直流输电系统实际控制保护装置间相互作用的正确性；检验控制柜与所有其他装置之间接口的正确性；检验所有冗余控制的转换能够平稳实现且不影响其他在线设备的运行；检验冗余的供电设备中某一元件故障不影响控制保护系统的正常运行；检验控制保护系统通信通道和两站间的信息传送；对启停顺序进行试验并优化。

三、试验启动条件

FPT 启动前，需满足以下要求：

（1）控制保护规范书经评审、冻结后并完成签署。

（2）工厂试验已完成并经过业主同意。

（3）控制保护厂家的技术交底已完成。

（4）试验系统已经搭建完毕，并经过校核。

（5）FPT/DPT 方案经过评审，方案中有明确试验系统搭建方案、试验项目内容。

（6）试验工作组的人员架构和分工、试验工作计划、试验质量控制要求等。

四、试验项目设计

项目设计的第一个原则，基于已有的试验系统，控制保护系统的逻辑功能实现正向测试全覆盖（个别涉及交流场或者与换流阀等一次设备密切相关功能除外），即控制保护规范书明确写明的控制、保护功能都能在试验项目中得到正向检验。此类试验即为正向试验。

项目设计的第二个原则，结合设备或系统预想故障、不同在运直流发生的同类设备故障（或异常）、同类系统故障，有针对性设计预防性试验项目，测试此类故障工况直流控制保护响应是否合理、可控，是否给人身、设备、系统带来重大安全风险。如针对多个工程出现的直流电压测量异常、直流电流测量异常等问题，增加测量异常试验大类。此类试验即为预防性试验。

项目设计的第三个原则，结合在运直流发生的典型故障及反事故措施等，在后续工程设计相应典型项目进行测试。如在云广直流调试期间发现了无功策略存在较大问题，在普侨、牛从直流工程试验开始专门增加了无功策略测试的大项；针对普侨、牛从直流工程出现的大组母线电压异常导致限功率等问题，在金中、永富和鲁西工程中专门增加了交流滤波器大组母线电压测量异常专门试验。这里专题试验可以是功能正向试验，也可以是预防性试验。

项目设计的第四个原则，结合三端常规直流工程的新特点，项目设计还需考虑典型方式（电压等级、投入端数、极性转换、在线投退、接线方式）全覆盖；对所有控制保护规范书描述的功能均能进行有效性测试，尤其是三端常规直流工程的特有功能需要重点测试；直流保护试验中，除各个保护功能都必须测试到以外，需要考虑保护对不同运行方式的适应性。

依照功能试验目的和范围，制订功能试验计划的相关内容。根据工程功能规范书对动态性能的要求，结合交直流并联运行的特点，控制保护系统动态性能试验的实时仿真试验包括解闭锁、稳态性能、功率阶跃等。动态性能试验除了包括等效电源模型试验项目之外，还需要进行交直流混合等效电网的仿真试验。功能试验和动态性能试验项目统计如表 6-1 所示。

表 6-1　　　　功能试验和动态性能试验项目统计

序号	试验大组	功能试验	动态性能试验	正向试验	预防性试验
一	直流控制试验	370	141	325	186
1	顺序控制	14	0	14	0
2	交流滤波器充电	6	0	6	0
3	换流器充电	6	0	6	0
4	空载加压试验	10	0	10	0
5	解锁/闭锁试验	45	2	33	14
6	控制模式切换	10	0	10	0
7	无功控制	55	0	45	10
8	稳态性能	18	2	20	0
9	功率升降	21	0	21	0
10	功率阶跃响应	2	15	17	0
11	直流电压阶跃响应	0	9	9	0
12	直流电流阶跃响应	2	14	16	0
13	熄弧角阶跃响应	0	6	6	0
14	交流系统故障	34	87	69	52
15	站间通信故障	11	0	0	11
16	稳定控制功能	13	3	13	3
17	过负荷	5	0	5	0
18	金属大地转换	8	0	6	2
19	降压运行	6	3	9	0
20	开关故障	36	0	0	36
21	外特性	10	0	10	0
22	零功率	0	0	0	0
23	测量故障	40	0	0	40
24	直流场信号异常	18	0	0	18

续表

序号	试验大组	功能试验	动态性能试验	正向试验	预防性试验
二	直流保护试验	62	395	433	24
1	跳闸试验	9	0	9	0
2	直流保护	17	357	372	2
3	换流阀故障	12	3	0	15
4	直流线路故障重启	24	25	42	7
5	直流滤波器保护	0	10	10	0
三	综合试验	27	0	27	0
1	冗余系统故障	3	0	3	0
2	系统监视与切换	24	0	24	0

五、试验内容

FPT 测试内容主要包括：直流控制功能、直流保护功能和装置冗余及切换功能等。测试范围覆盖了核心控制保护功能，涉及所有可能的直流接线方式和运行工况。

1. 直流控制功能

（1）各种接线方式和运行工况下极状态操作、接线方式转换操作正常，相关设备的操作顺序与设计规范一致。

（2）空载加压试验、换流变压器充电，与交流滤波器充电试验正常。

（3）各种接线方式和运行工况下的解锁、闭锁功能正常，移相过程与滤波器投切配合等正常，满足规范书要求。

（4）各种稳态运行工况下，直流电压、直流电流、触发角、分接头挡位等参数都维持在稳定值，且与主回路参数研究表中相应的参数一致，符合系统稳态运行的要求。

（5）站间通信正常和故障情况下，功率升降过程正常；功率升降过程可以暂停、改变速率以及进行极控系统、阀控系统切换，极控/阀控系统切换对功率的平稳升降无影响。

（6）各种控制模式切换正常，如运行人员工作站/就地工作站切换、系统级/站级切换、主控/从控切换、单极电流控制/双极功率控制切换、双极功率控制手动/自动模式切换、联网/孤岛切换、分接头角度控制/U_{di0}控制切换、分接头自动控制/手动控制切换、交流滤波器 Q 控制/U 控制切换、交流滤波器自动控制/手动控制切换等。

（7）正常运行期间，金属回线/大地回线转换正常，转换过程出现直流开关故障时直流可以保持运行；全压方式与降压方式、低负荷无功优化激活运行方式等相互转换正常。

（8）各种接线方式和运行工况下的交流滤波器投切是否与策略表一致；滤波器大组或者小组检修不影响滤波器投切的正确性；两站无功 Q 控制、U 控制功能正常；交流滤波器全切逻辑、过压切的逻辑和定值等与规范书要求一致。

（9）零功能试验功能正常。

（10）极间功率转移和过负荷功能正常；站间通信故障期间的解锁闭锁、功率升降和接线方式转换等功能正常。

(11) 发生交流故障期间，相关控制功能正确动作（如 VDCL），直流恢复控制过程正常，满足相关特性满足规范书要求。

(12) 站间通信正常和故障的情况下模拟丢脉冲试验，换流器控制正确响应。

(13) 功率提升/回降、功率限制、频率限制控制功能、功率摇摆阻尼控制能在正常情况下投入运行，在本直流孤岛运行时将依据外部提供的孤岛状态信号自动退出运行。直流整流站的运行人员在操作界面上进行该功能的手动投退操作。极控的站间通信故障时，直流处于应急电流控制，功率摇摆阻尼控制功能将无效。

(14) 电流阶跃试验、电压阶跃试验、功率阶跃试验和熄弧角阶跃试验等响应特性满足规范书要求。

2. 直流保护功能

(1) 发生交流故障时相关交直流保护配合关系正确，与直流保护定值研究报告一致。

(2) 各控制保护装置触发的保护性闭锁、紧急停运等动作行为正确（如投旁通对、极隔离、跳交流断路器等）。

(3) 在不同系统方式、不同接线方式、不同功率水平、不同的站间通信情况下，不同区域不同故障类型，保护均正确动作，动作结果满足设计规范要求。

(4) 在站间通信正常和故障的情况下模拟丢脉冲试验，相关保护正确动作。

(5) 在站间通信正常和故障的情况下模拟各种直流线路故障，相关保护正确动作，相关重启动功能正常，满足规范书要求。

3. 装置冗余与切换功能

(1) 装置冗余测试：直流系统稳态运行时，直流站控、极控系统、交流站控、交流测控单元、交流滤波器测控单元、直流测量单元、换流变压器测量单元和阀控单位等冗余功能正常；直流保护、直流滤波器保护等多重保护功能正常。

一套值班系统主机或合并单元掉电，值班系统均能切换至另一套备用系统运行，直流系统正常运行。对任一套备用系统主机或合并单元掉电，备用系统退出备用，值班系统正常运行，直流系统正常运行。

(2) 系统监视与切换：现场总线、极层控制 LAN、站层控制 LAN、SCADA LAN 的站网结构和功能实现了双重化配置，单一设备故障或单网络故障时，相应主机进行值班系统自动切换并且上送 SER，不会影响直流系统的正常运行。

第四节　动 态 性 能 试 验

一、动态性能试验（DPT）概述

DPT 试验室是在 FPT 完成之后，将所有控制保护系统设备（不包含冗余设备）连接成一个完整的系统进行试验，试验中所需的现场模拟量和开关量信号由实时仿真系统提供。主要验证实际控制保护系统的动态性能是否达到规范书要求。

二、试验范围

DPT 通常在 FPT 完成后开展，由和现场控制保护系统一致的单重化系统构成，主要检验在暂态工况下控制保护的响应。DPT 测试范围包括：直流控制、直流保护在故障或阶跃等暂态环境动态响应情况，覆盖了核心控制保护功能的测试，涉及所有可能的直流接线方式和功率水平。

三、试验启动条件

DPT 启动前，需满足以下要求：

（1）FPT 已完成并经过业主同意。

（2）控制保护厂家的技术交底已完成。

（3）试验系统已经搭建完毕，并经过校核。

（4）FPT/DPT 方案经过评审，方案中有明确试验系统搭建方案、试验项目内容。

（5）试验工作组的人员架构和分工、试验工作计划、试验质量控制要求等。

四、试验项目设计

DPT 项目设计原则与 FPT 相同，重点偏向于直流保护试验及交流大系统接入下的动态性能试验。

五、试验内容

DPT 测试内容主要包括：直流控制、直流保护在故障或阶跃等暂态环境动态响应情况，覆盖了核心控制保护功能的测试，涉及所有可能的直流接线方式和功率水平。

1. 暂态阶跃响应特性

不同电网模型、接线方式、功率水平控制模式下的功率阶跃响应、电流阶跃响应和电压阶跃响应，观察上下阶跃响应时间和超调量等。

2. 直流控制功能

（1）在不同的工况下，分别在整流、逆变站进行不同类型的交流滤波器充电试验。在不同合闸角和不同系统方式的电网模型下观察合闸冲击情况。

（2）整流、逆变站分别进行换流变压器充电试验，在不同合闸角和不同系统方式的电网模型下观察合闸冲击情况。

（3）不同方式电网模型（包括孤岛电网模型）下进行解锁、闭锁试验，观察解锁过程是否正常。

（4）不同方式电网模型（包括孤岛电网模型），进行功率调整试验，观察功率调整过程是否正常。

（5）等效电源和电网模型下，不同工况运行整流、逆变侧发生交流故障，直流控制保护响应特性。交流故障类型包括单相接地、相间短路和三相短路，故障时间包括瞬时性故障和永久故障，接地阻抗包括金属性和高阻。

（6）站间通信故障情况下，整流站功率限制、功率提升、功率回降、频率限制功能不受影响，直流系统能够准确的根据设定的变化值及速率进行功率调制。而逆变站功率限制、功率提升、功率回降、频率限制功能无效。

3. 直流保护动作特性

（1）换流器区、极母线区、直流场区保护。

1）在不同的接线方式以及功率水平下，极保护系统均能正确识别直流系统发生的故障并正确动作。

2）对于换流器阀区故障，两站极保护系统的保护动作行为基本相同，但对于阀组短路等阀区故障，因两站的故障特征不一致，保护动作行为仍存在着差异——对于6脉动、12脉动阀组短路以及高压直流母线接地（阀侧），整流站均依靠阀短路保护（87SCY/87SCD）动作闭锁极，而逆变站则依靠桥差动保护（87CBY/87CBD）或阀组差动保护（87CG）动作闭锁极。

3）在不同的接线方式以及运行方式下，阀区故障的保护动作行为并无太大的差别，但对于极区和双极区故障，保护动作行为存在较大的差别——在双极平衡运行的工况下，对于中性母线以及接地极母线接地故障，因故障点对直流电流未造成明显的分流，极保护系统无保护动作，直流系统正常运行，而在单极或双极不平衡运行的工况下，极保护系统均能正确动作，闭锁极。

4）站间通信正常与站间通信故障，并不影响极保护系统对直流系统故障的识别，仅影响对站的闭锁时序（除保护功能对站间通信有要求外）；另外，站间通信故障下，对于逆变站直流系统发生的故障，因整流站闭锁极的时间延长，逆变站投旁通对的停运时序会导致阀组差动保护（87CG）切换段或跳闸段动作。

5）在阀区主保护（87SCY/87SCD、87DCM）退出的情况下，两站的极保护系统均能通过直流后备差动保护（87DCB）、桥差动保护（87CBY/87CBD）或交/直流过流保护（50/51C-76）动作，闭锁极。

6）因极区和线路保护区域在高压母线上存在交叉，故在极母线差动保护（87HV）退出的情况下，高压直流母线发生接地故障（直流线路侧），极保护系统仍可通过线路保护动作以及线路再启动逻辑来隔离故障点。

7）在中性母线差动保护（87LV）退出的情况下，若中性母线发生接地故障，极保护系统仍可通过直流后备差动保护（87DCB）动作，闭锁极。

（2）触发故障/丢脉冲。

1）逆变侧发生连续多个阀丢失脉冲故障或单阀连续丢失脉冲故障，控制保护系统均能检测到换相失败，并增大 γ 角，触发脉冲恢复正常后，直流系统仍可正常运行；若脉冲丢失故障持续时间过长，桥差保护（87CBY/87CBD）Ⅱ段可能动作，闭锁故障极。

2）当逆变侧单桥因脉冲丢失发生换相失败，直流电压在一定时间内下降为 0 且直流电流短时增大，使得串联的另一个桥因关断角 γ 减小，也会发生换相失败。

3）换相失败期间因交流网侧基波分量进入直流系统，如果脉冲丢失故障时间较长（达到保护动作时间），会引起整流侧直流谐波 50Hz 保护（81～50Hz）切换段动作，切换控制系统（DPT 系统中切换系统命令不执行）。

（3）直流滤波器保护。

1）直流滤波器 C1 电容器与 L1 电抗器间引线或 L2 电抗器与 L3 电抗器间引线发生接地故障，直流滤波器差动保护与中性母线差动保护（87LV）动作，隔离故障点。

2）双极平衡运行，直流滤波器 L3 电抗器与尾端 TA T13 间引线发生接地故障，因故障点未造成直流电流分流（即无明显故障特征），直流极保护系统与直流滤波器保护均不动作。

3）整流站与逆变站直流滤波器发生上述接地故障后，极保护系统与直流滤波器保护动作时序基本相同，二者之间的差别在于：站间通信故障下因整流站停运极的时间延长，逆变站投旁通对的停运时序会导致阀组差动保护（87CG）切换段或跳闸段动作。

（4）直流线路故障。

1）直流线路再启动逻辑仅在整流侧有效，并执行整流站所设的重启定值（不同技术路线有一定差异）。

2）直流线路发生金属性或过渡电阻较小的接地故障，两站行波保护、线路突变量保护动作，激活线路故障重启顺序；当过渡电阻较大时，仅线路低电压保护（27DCL）动作，激活线路故障重启顺序；若过渡电阻更大，仅线路纵差保护（87DCLL）动作，激活线路故障重启顺序。

3）直流线路重启过程中，由整流站线路低电压保护（27DCL）的重启加速段或线路纵差保护（87DCLL）动作，激活线路故障重启或跳闸顺序。

4）直流线路发生不同时长、不同故障类型的接地故障，直流线路再重启逻辑均能按照设定的再启动定值（重启动次数、重启电压以及去游离时间）执行线路重启功能。

5）双极直流线路相继发生接地故障，双极的直流线路再启动逻辑均能正常执行。

6）孤岛模式下执行线路再启动逻辑，因直流功率下降为 0，整流站频率升高，整流站频率限制功能动作。

第五节　典型试验验证

本节针对三端直流的控制保护新特性，从解闭锁、大地/金属转换、三端的协调控制与故障恢复特性，以禄高肇直流工程为例介绍典型试验结果。

一、解闭锁和功率升降

解闭锁是直流工程的基本功能，控制着直流系统的启动和停运。对于禄高肇直流工程，解闭锁功能可分为：两端解闭锁、三端解闭锁以及第三站投退。禄高肇直流工程的两端解闭锁功能与之前的两端直流工程相同，三端解闭锁以及第三站投退为三端直流特有的功能。为了确保在各种运行工况下，直流系统解闭锁以及第三站投退功能的正确性，需要在各种工况下设计相关试验，对禄高肇直流工程的解闭锁、含第三站投退功能进行验证。

在系统级/站级、双极功率控制/单极电流控制、全压/降压方式、大地/金属回线、分接头电压控制/角度控制等组合模式下，系统均能够正常解闭锁，且解闭锁时序与设计规范一致。

禄高肇直流工程极解闭锁的时序为（以三站运行为例）：

（1）正常解锁时序为“二送一”模式下，若系统运行在系统层，主导站的运行人员发出三站解锁指令，肇庆换流站收到解锁命令后直接解锁，禄劝换流站收到解锁命令和肇庆换流站的脉冲使能信号后，直接解锁，肇庆和禄劝解锁过程与两端换流器解锁过程保持一致。高坡换流站收到解锁命令和肇庆换流站的脉冲使能信号后延时 1s 后解锁。“一送二”模式下，主导站发出解锁命令后，高坡换流站和肇庆换流站先解锁，禄劝换流站在收到高坡换流站和肇庆换流站的脉冲使能信号后解锁。若系统运行在站控层，系统由闭锁到解锁运行，三站的运行人员必须协调进行。

（2）正常闭锁时序为“二送一”模式闭锁时，三站先按速率降低至最小功率后，先闭锁功率侧的换流器，再闭锁电压侧的换流器，与两端闭锁过程一致，具体哪个整流站先闭锁取决于哪站的功率先降到最小功率，肇庆换流站执行的逻辑与两端闭锁时逆变站执行的逻辑一致。

“一送二”模式闭锁时，系统功率降到最小功率时，禄劝换流站为 0.2（标幺值），高坡换流站为 0.1（标幺值），肇庆换流站为 0.1（标幺值），整流站会直接强制移相，高坡换流站和肇庆换流站待直流电流小于 0.03（标幺值）后延时 500ms 封脉冲。站层闭锁时，过程与系统层闭锁类似，只是需三站均下发闭锁命令。

图 6-3 为解锁波形，“一送二”模式下，极 2 大地回线解锁，高坡换流站、肇庆换流站先解锁，禄劝换流站收到两站的脉冲使能后解锁，三站解锁成功。

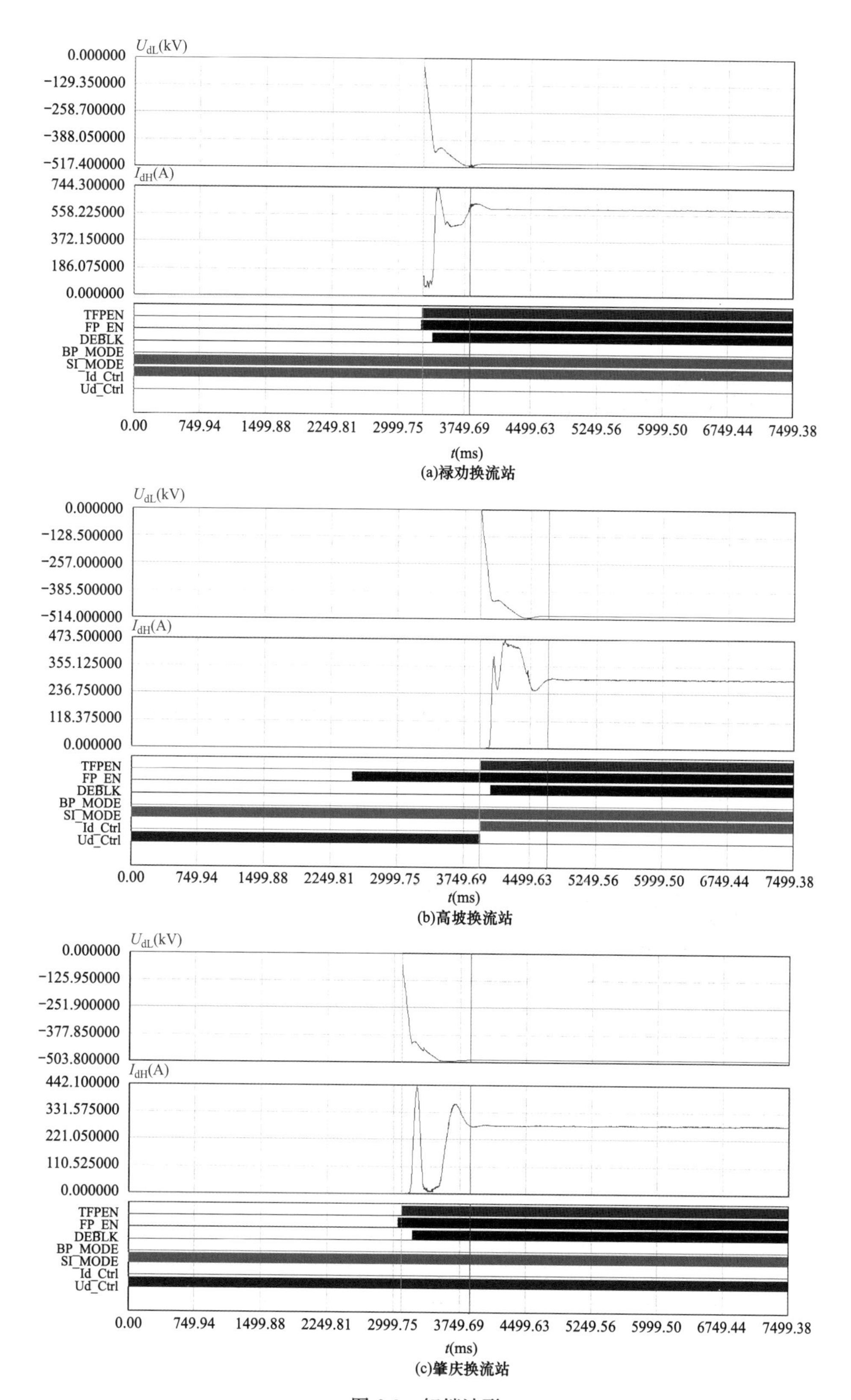

U_{dL}(kV)
0.000000
-129.350000
-258.700000
-388.050000
-517.400000
I_{dH}(A)
744.300000
558.225000
372.150000
186.075000
0.000000
TFPEN
FP_EN
DEBLK
BP_MODE
SI_MODE
Id_Ctrl
Ud_Ctrl
0.00
749.94
1499.88
2249.81
2999.75
3749.69
4499.63
5249.56
5999.50
6749.44
7499.38
t(ms)
(a)禄劝换流站
U_{dL}(kV)
0.000000
-128.500000
-257.000000
-385.500000
-514.000000
I_{dH}(A)
473.500000
355.125000
236.750000
118.375000
0.000000
TFPEN
FP_EN
DEBLK
BP_MODE
SI_MODE
Id_Ctrl
Ud_Ctrl
0.00
749.94
1499.88
2249.81
2999.75
3749.69
4499.63
5249.56
5999.50
6749.44
7499.38
t(ms)
(b)高坡换流站
U_{dL}(kV)
0.000000
-125.950000
-251.900000
-377.850000
-503.800000
I_{dH}(A)
442.100000
331.575000
221.050000
110.525000
0.000000
TFPEN
FP_EN
DEBLK
BP_MODE
SI_MODE
Id_Ctrl
Ud_Ctrl
0.00
749.94
1499.88
2249.81
2999.75
3749.69
4499.63
5249.56
5999.50
6749.44
7499.38
t(ms)
(c)肇庆换流站

图 6-3　解锁波形

图 6-4 为闭锁波形，禄劝换流站按速率 600A/min 降低至最小功率后，最先闭锁，高坡换流站按速率 100A/min 降低至最小功率后闭锁，高坡换流站闭锁后 500ms，肇庆换流站闭锁。

二、在线投退

1. 第三站在线投入

换流站在线投入有两种工况：一种“二送一”模式下，禄劝换流站或高坡换流站在线投入另一种“一送二”模式下，高坡换流站或肇庆换流站在线投入。

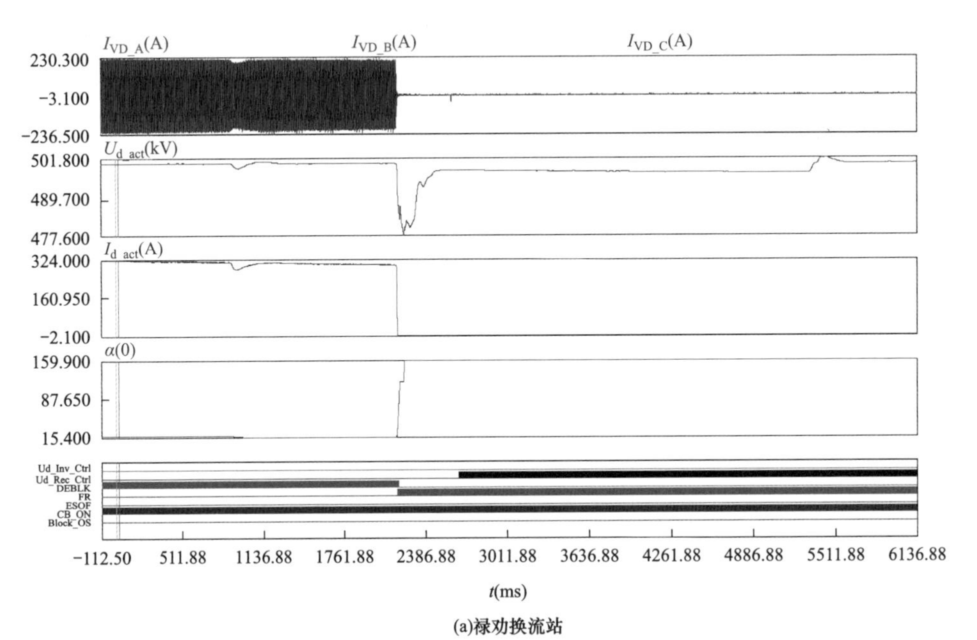

(a)禄劝换流站

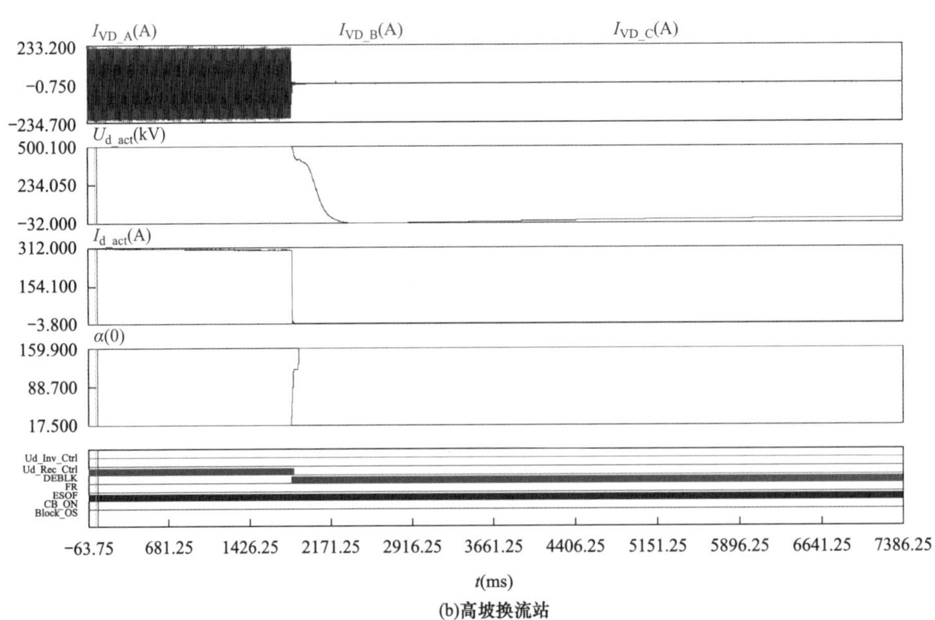

(b)高坡换流站

图 6-4　闭锁波形（一）

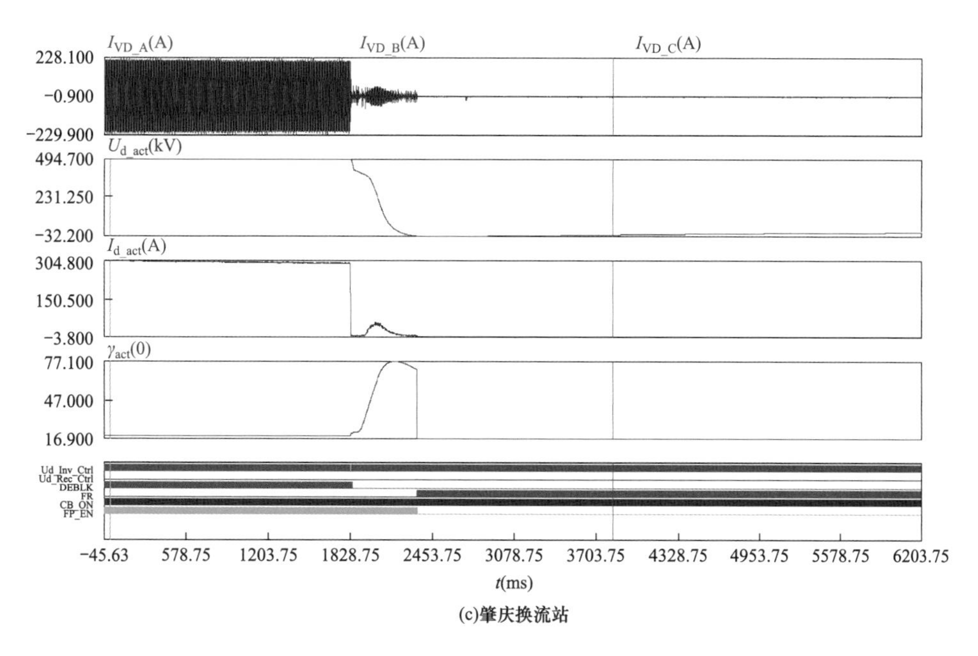

(c)肇庆换流站

图 6-4　闭锁波形（二）

（1）“二送一”模式时，禄劝换流器和高坡换流器都是整流模式且都控电流，故两站的在线投入逻辑完全一致。第三站在线投入的条件为：

待投入换流站顺控至闭锁状态；

待投入站与汇流母线的连接状态为冷备用状态，即 HSS 分闸、两侧隔离开关分闸。

运行人员在待投入换流站 HMI 界面下发极在线投入命令，先将对应的 HSS 两侧的隔离开关合上后，运行的两端换流站移相，待直流电压降低到定值（300kV）后，合上对应的 HSS，移相换流站重启，待投入换流站延时 300ms 解锁。若投入过程中，隔离开关合闸失败，则应退回至初始状态，两侧隔离开关分开。若 HSS 合位未收到，则执行第三站退出逻辑。若待投入站解锁失败，执行第三站退出逻辑。

（2）“一送二”模式时，高坡换流站和肇庆换流站都是逆变模式，但高坡换流站控电流，肇庆换流站控电压。整个投入过程基本一致，区别在于待投入站的解锁过程。高坡换流站作为逆变站，在收到 HSS 合位后，以控电流模式解锁。肇庆换流站作为逆变站，在收到 HSS 合位后，在禄劝和高坡移相重启前，以控电压模式解锁。

第三站投入过程的功率分配原则：“二送一”模式下，新投入的送端以最小功率解锁，另外一个送端功率保持不变，控电压的受端功率增加。“一送二”模式下，新投入的受端以最小电流解锁，送端的最小电流限制自动提升至 0.2（标幺值），另外一个受端电流减小 0.1（标幺值），但其电流不会小于 0.1（标幺值）。

不考虑单极金属回线方式下的第三站在线投入。

图 6-5 为禄肇两端运行，高坡换流站（整流模式）在线投入波形。

2. 第三站在线退出

第三站在线退出有两种工况：一种“二送一”模式下，渌劝换流站或高坡换流站在线退出。另一种“一送二”模式下，高坡换流站或肇庆换流站在线退出。

（1）“二送一”模式时，渌劝换流站和高坡换流站都为整流模式且都控电流，故两站的在线退出逻辑完全一致，相当于正常的整流站闭锁过程。首先，若处于双极功率模式，切换三站成单极电流模式并降低退出站电流至最小功率，三端系统送端移相，待汇流母线

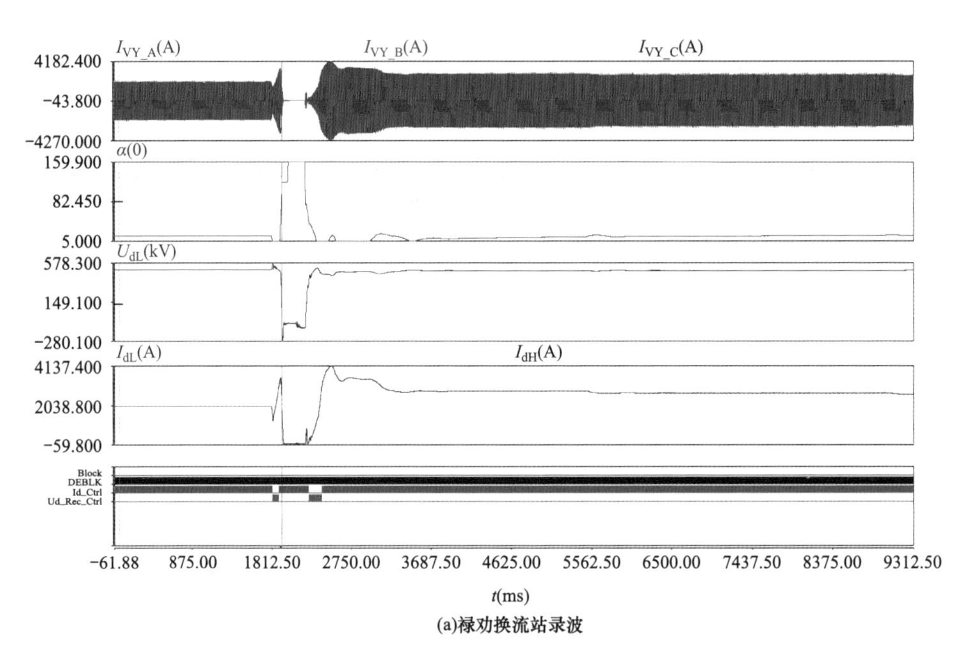

(a)渌劝换流站录波

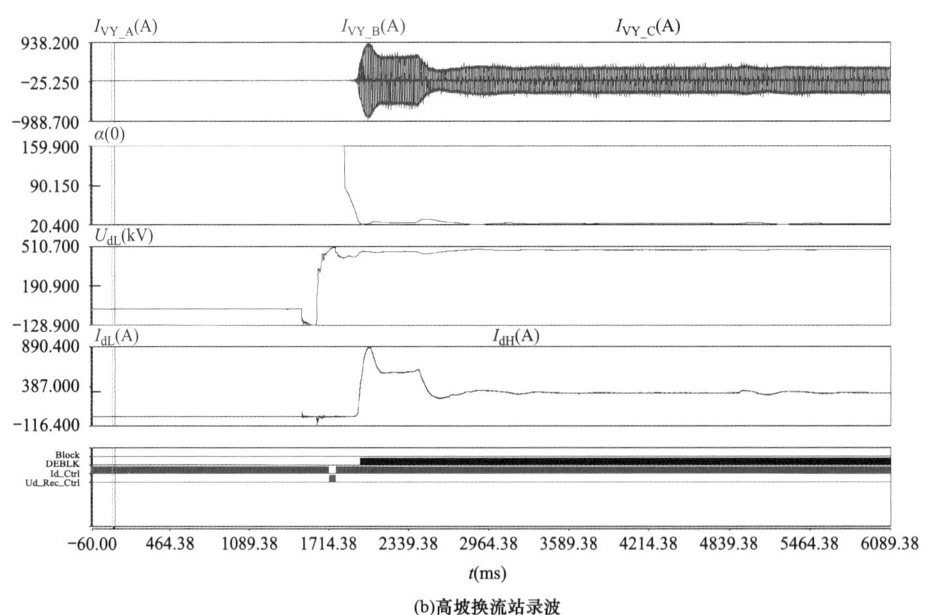

(b)高坡换流站录波

图 6-5　高坡换流站在线投入仿真结果（一）

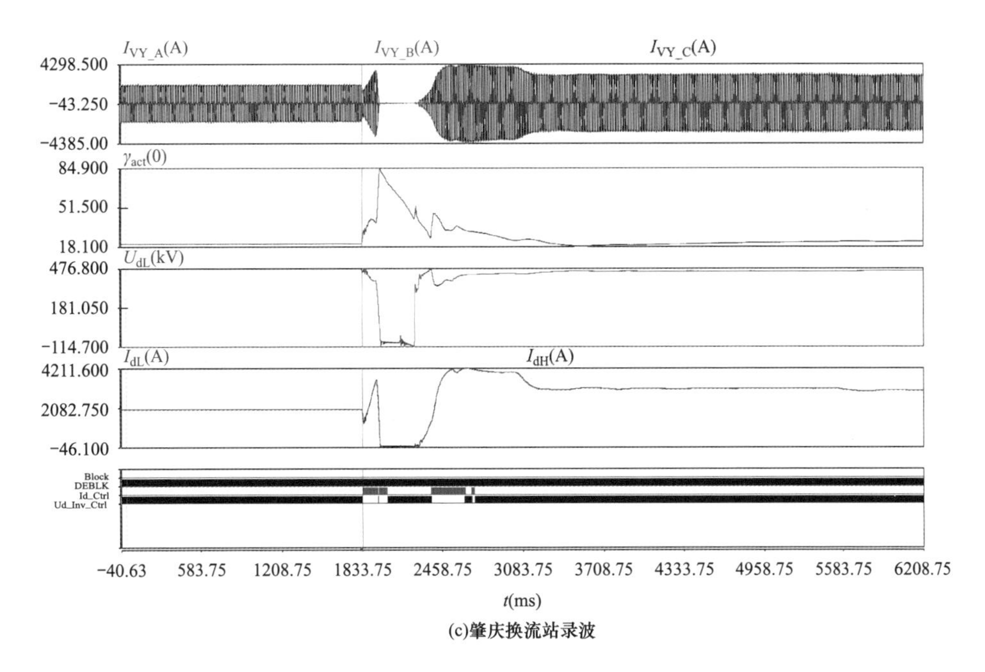

(c)肇庆换流站录波

图 6-5　高坡换流站在线投入仿真结果（二）

处相应的 HSS 满足分闸条件（判断电流持续小于定值）后，自动将 HSS 及两侧隔离开关断开，第三站闭锁，运行的两端重启，第三站在线退出完成。若退出过程中，若 HSS 分位未收到，则三站闭锁。

（2）“一送二”模式时，高坡换流站和肇庆换流站都为逆变模式，但高坡换流站控电流，肇庆换流站控电压，退出过程存在差异。

1）退出高坡换流站。高坡换流站收到后台下发的退出命令后，若处于双极功率模式，三站切换成单极电流模式，高坡换流站开始降功率，同时禄劝换流站电流也开始受限，以保证肇庆换流站电流不变。待高坡换流站电流降到 0.1（标幺值）后，三端系统送端移相，待汇流母线处相应的 HSS 满足分闸条件（判断电流持续小于定值）后，自动将 HSS 及两侧隔离开关断开，第三站闭锁，运行的送端重启，第三站在线退出完成。

2）退出肇庆换流站。肇庆换流站收到后台下发的退出命令后，若处于双极功率模式，三站切换成单极电流模式，禄劝换流站开始降功率，高坡换流站功率不变，待肇庆换流站电流降到 0.1（标幺值）后，三端系统送端移相，待汇流母线处相应的 HSS 满足分闸条件（判断电流持续小于定值）后，自动将 HSS 及两侧隔离开关断开，第三站闭锁，高坡换流站由控电流转为控电压，运行的送端重启，第三站在线退出完成。

第三站退出过程的功率分配原则：“二送一”模式下，待退出的送端以最小功率闭锁，另外一个送端功率保持不变，控电压的受端功率减小。“一送二”模式下，待退出的受端以最小功率闭锁，送端功率减小，另外一个受端功率保持不变。

图 6-6 为禄高肇三端“二送一”运行，高坡换流站在线退出波形。

三、三端跳闸试验

跳闸试验主要是为三种情况：

（1）验证闭锁情况下，直流保护装置和及控制装置的跳闸出口逻辑和回路是否正确。

（2）验证解锁运行且通信正常情况下，单极/双极跳闸回路、紧急停运时序以及部分保护动作时序是否正确。

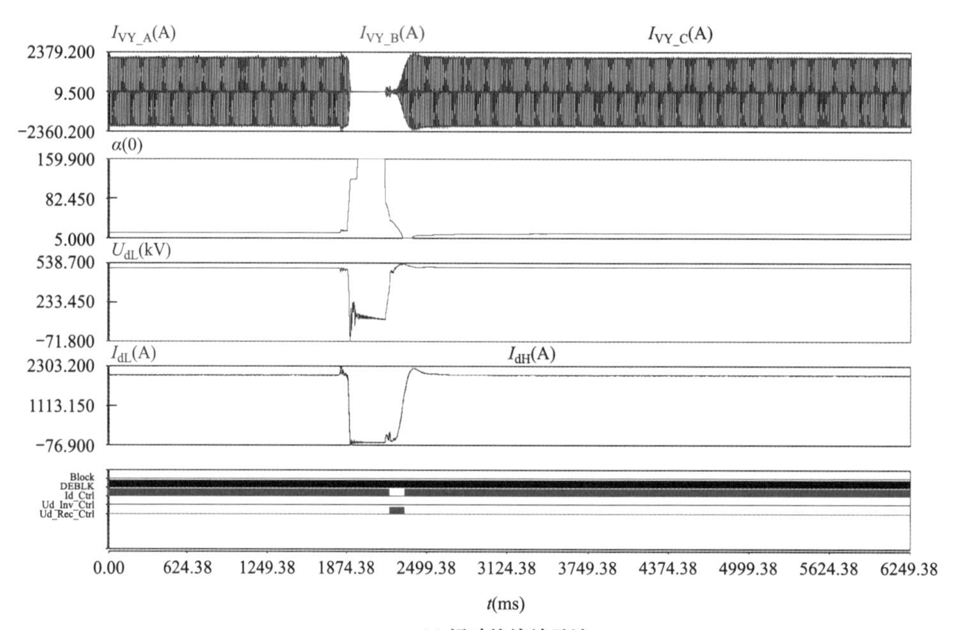

(a) 禄劝换流站录波

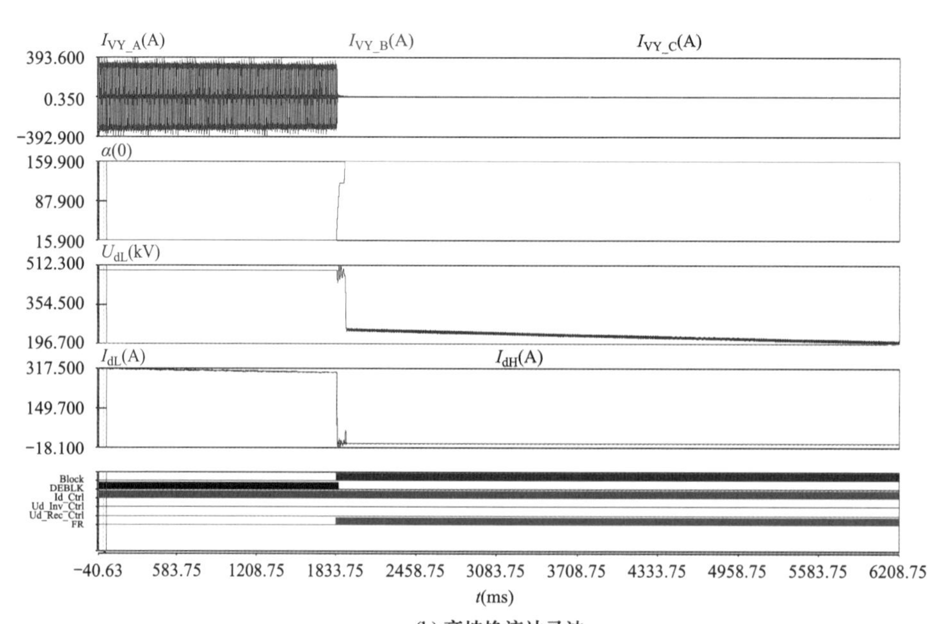

(b) 高坡换流站录波

图 6-6　高坡换流站在线退出仿真结果（一）

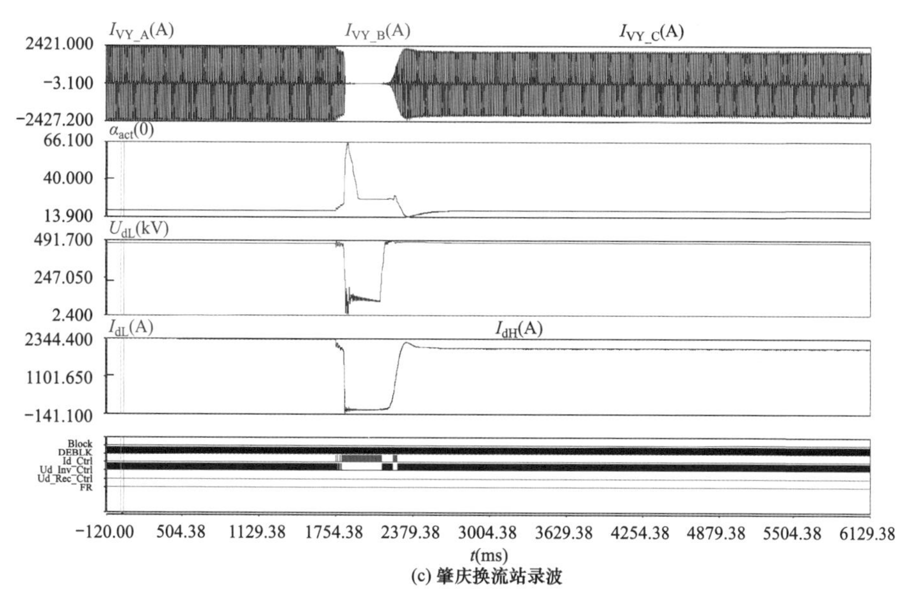

(c) 肇庆换流站录波

图 6-6　高坡换流站在线退出仿真结果（二）

（3）两端运行，第三站直流保护装置和及控制装置的跳闸出口是否会影响其余两站正常运行。

双极运行，极保护、极控、VBE、ESOF 按钮分别触发跳闸，应能够按照跳闸指令的要求，跳对应的交流进线断路器，且需要保证跳闸时序正确。若该极为唯一受端或唯一送端，三站对应极闭锁，否则执行极退出逻辑。

如图 6-7 所示，三站双极运行，2700/300/3000MW，禄劝换流站极 1 极保护触发跳闸，能够按照跳闸指令的要求，跳对应的交流进线断路器，执行禄劝换流站极 1 极退出逻辑，且跳闸时序正确。

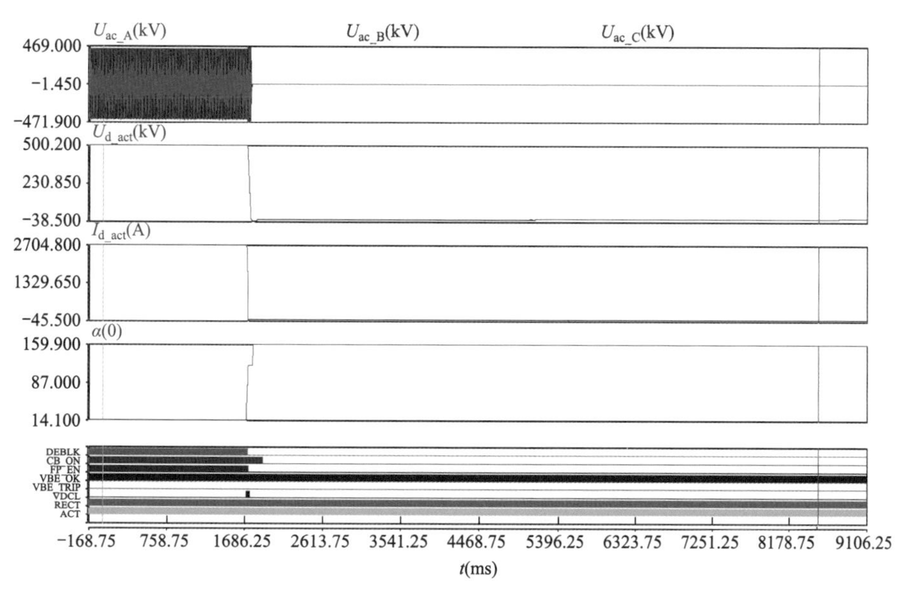

图 6-7　三站双极运行，2700/300/3000MW，禄劝换流站极 1 极保护触发跳闸

双极运行，三站分别模拟最后断路器跳闸，故障极应立即执行极控闭锁请求，本站ESOF、外部跳闸等，并在SER中报最后断路器跳闸。若该极为唯一受端或唯一送端，三站对应极闭锁，否则执行极退出逻辑，跳闸时序应确保正确。

如图6-8所示，三站双极运行，2700/300/3000MW，禄劝换流站极1模拟最后断路器跳闸，禄劝换流站极1执行极退出逻辑，能够按照跳闸指令的要求，跳开对应的交流进线断路器，跳闸时序正确。

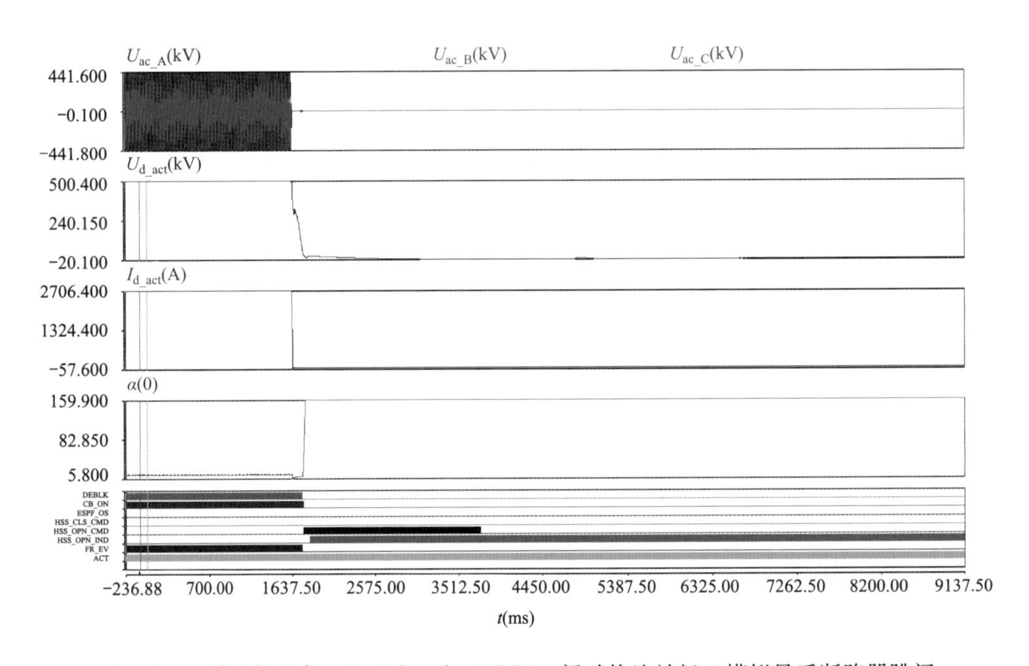

图6-8　三站双极运行，2700/300/3000MW，禄劝换流站极1模拟最后断路器跳闸

四、HVDC保护试验

HVDC保护试验的目的是为了验证不同系统方式、不同接线方式、不同功率水平下，不同区域不同故障类型下的直流保护动作行为。通常，试验按照保护区域的设计来切分。

换流器区域故障：针对不同的类型的故障，换流阀器保护87CSY、87CSD、87DCM、87CG、50/51C、87CBY、87CBD等保护应能正确，保护动作结果和时序需符合设计规范。

如图6-9所示，三站极1大地回线运行，禄劝换流站极1换流器Y桥阀短路，故障位置（F6），87CSY1段、50/51C1段正确动作，执行ESOF，极隔离，跳交流进线开关等出口方式，保护动作结果和时序需符合设计规范。

极母线、中性母线和极性转换母线区域故障：极母线、中性母线和极性转换母线区域相应保护87HV、87LV、87DCPC、87DCB等保护能正确动作，执行禁止投旁通对、ES-OF、极隔离、跳交流断路器等出口方式。

如图 6-10 所示，三站极 1 大地回线运行，高坡换流站中性线母线接地故障，故障位置（F15），87LV2 段正确动作，执行 ESOF，极隔离，跳交流进线开关等出口方式，保护动作结果和时序需符合设计规范。

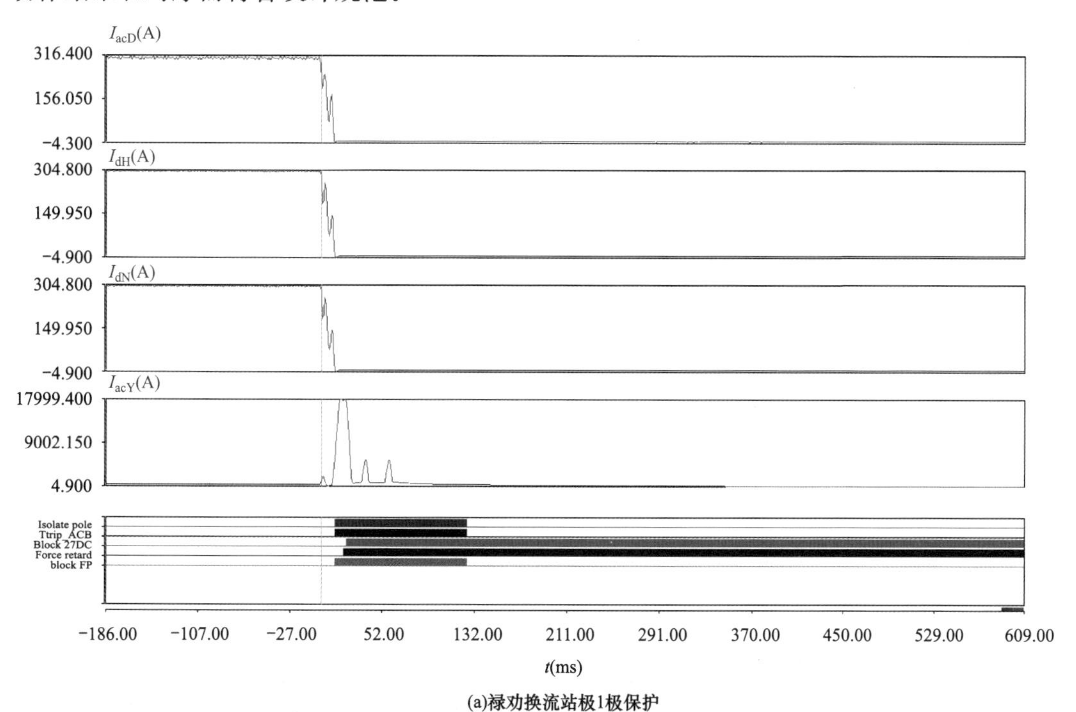

(a)禄劝换流站极1极保护

(b)禄劝换流站极1极控

图 6-9　三站极 1 大地回线运行，禄劝换流站极 1 换流器 Y 桥阀短路（F6）（一）

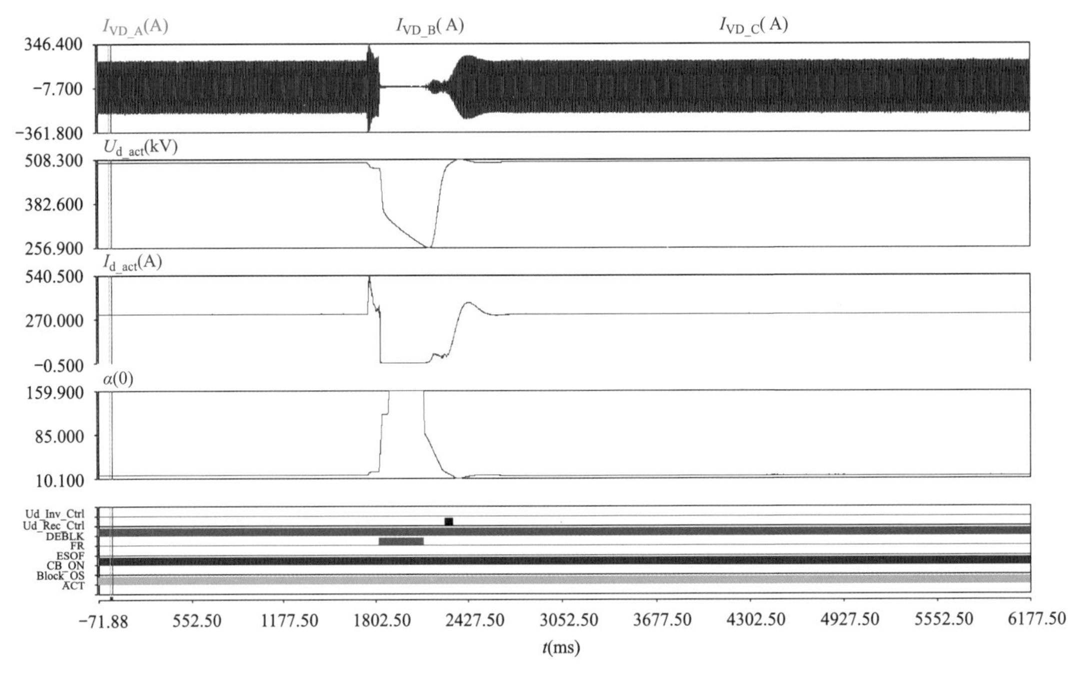

(c)高坡换流站极1极控

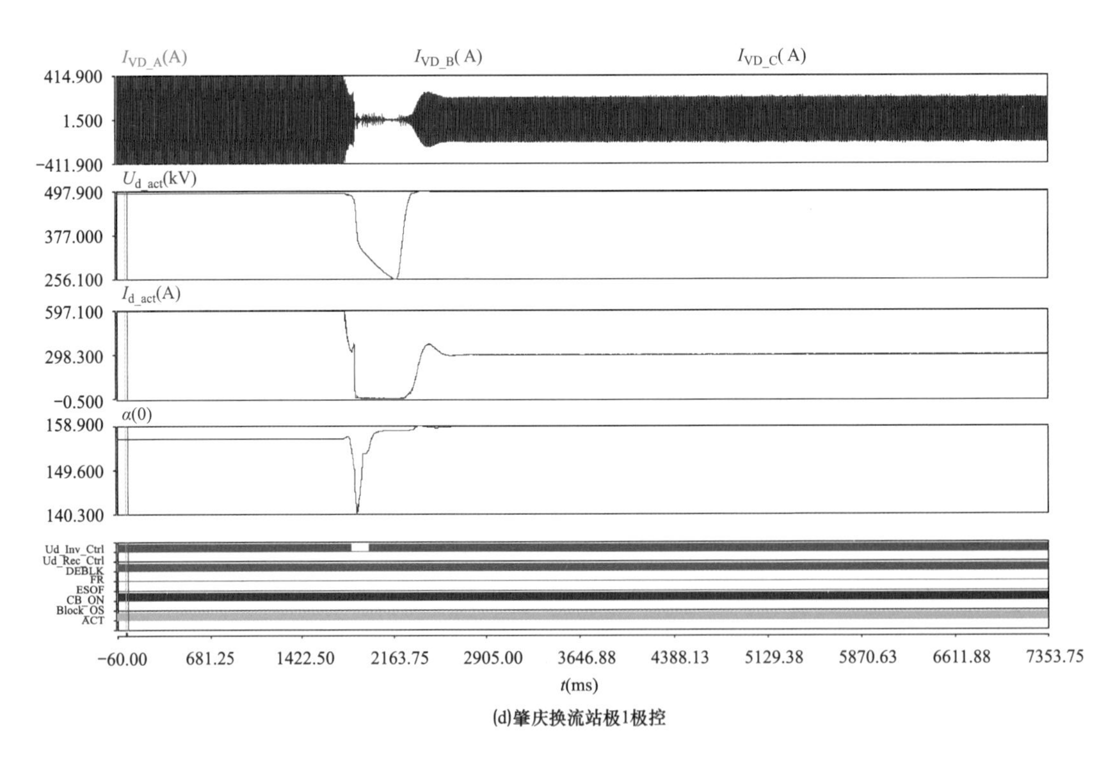

(d)肇庆换流站极1极控

图 6-9　三站极 1 大地回线运行，禄劝换流站极 1 换流器 Y 桥阀短路（F6）（二）

双极中性线和接地极区域故障：双极中性线和接地极区域相应保护动作，执行告警、平衡双极运行、本站闭锁、在运站闭锁、接地极降电流等出口方式。

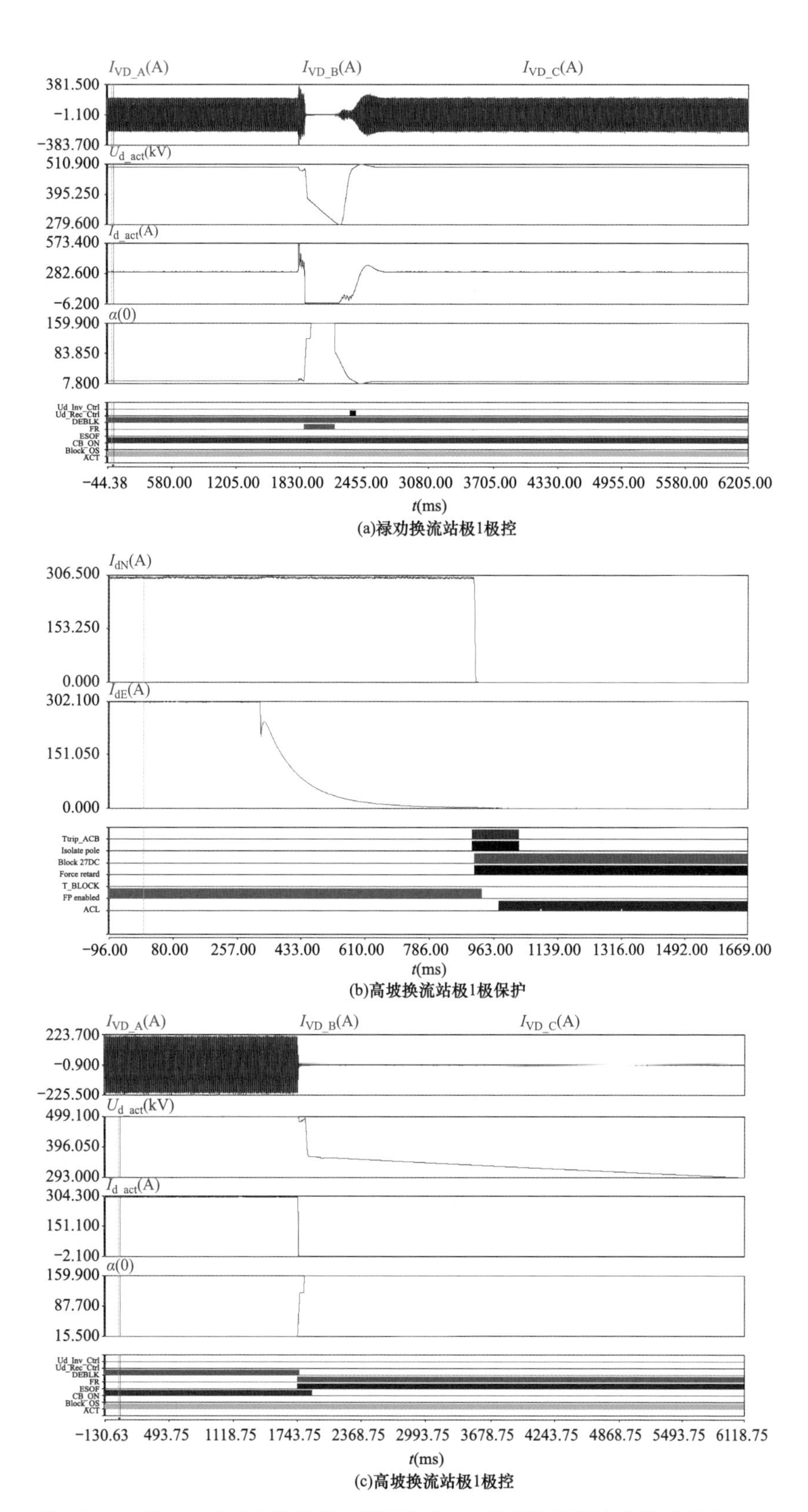

(a)禄劝换流站极1极控

(b)高坡换流站极1极保护

(c)高坡换流站极1极控

图 6-10　三站极 1 大地回线运行，高坡换流站中性线母线接地故障（F15）（一）

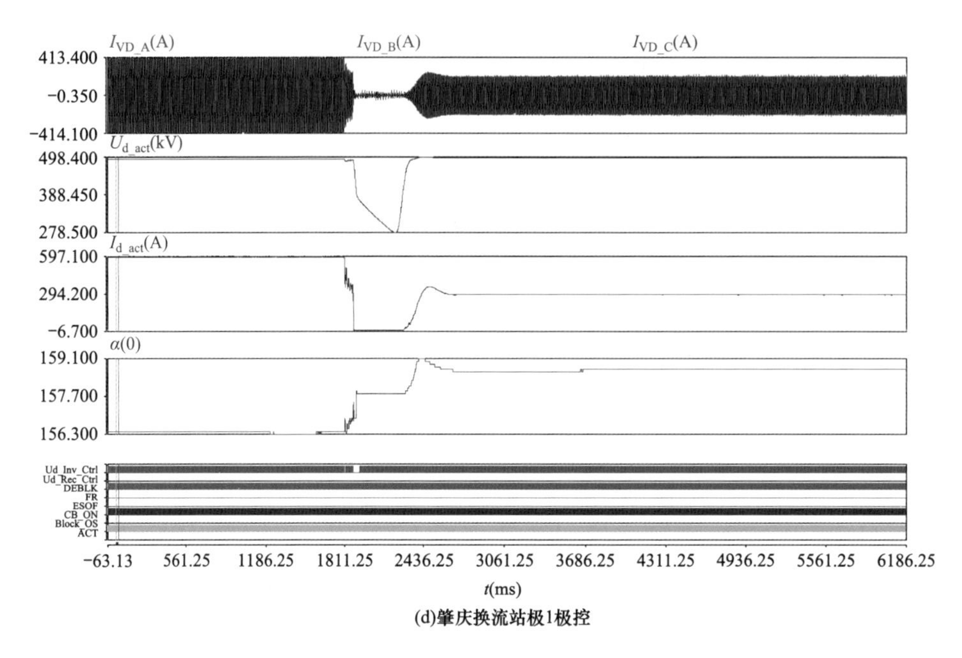

(d)肇庆换流站极1极控

图 6-10　三站极 1 大地回线运行，高坡换流站中性线母线接地故障（F15）（二）

如图 6-11 所示，三站极 1 大地回线运行，禄劝换流站双极中性区接地故障，故障位置（F17），87EB3 段正确动作，禄劝换流站执行极 1 极退出逻辑，保护动作结果和时序需符合设计规范。

汇流母线故障：汇流母线差动保护 87DCBUS 动作，故障极在运站闭锁。

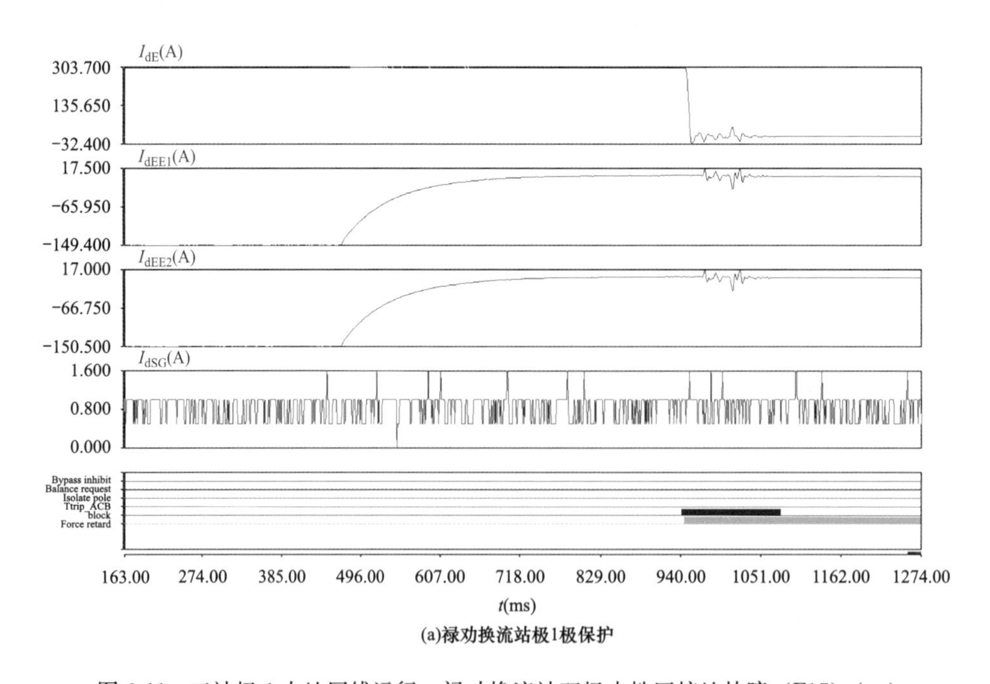

(a)禄劝换流站极1极保护

图 6-11　三站极 1 大地回线运行，禄劝换流站双极中性区接地故障（F17）（一）

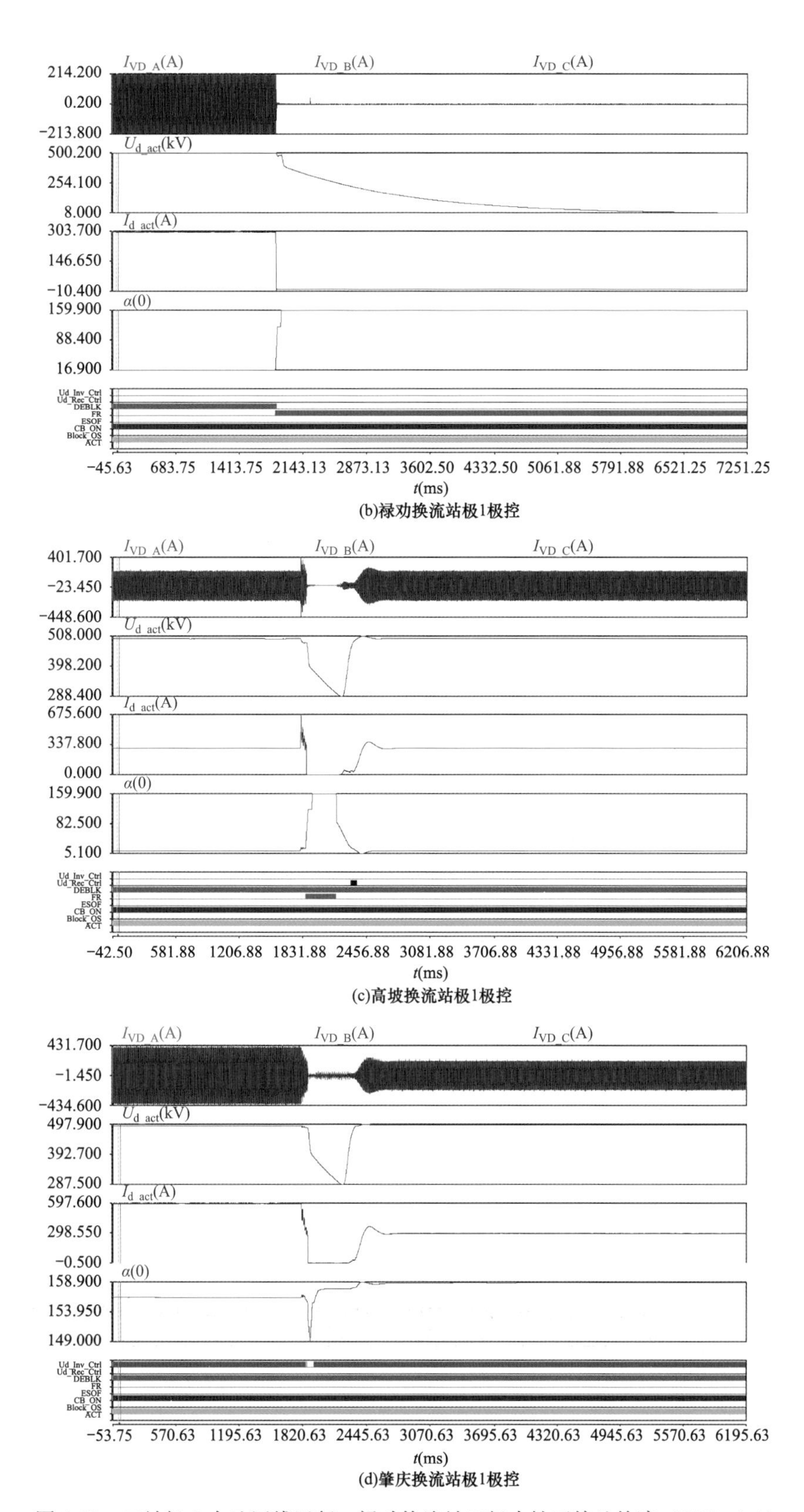

(b)禄劝换流站极1极控

(c)高坡换流站极1极控

(d)肇庆换流站极1极控

图 6-11　三站极 1 大地回线运行，禄劝换流站双极中性区接地故障（F17）（二）

如图 6-12 所示，三站极 1 大地回线运行，高坡换流站汇流母线短路，故障位置（F22），87DCBUS1 和 2 段正确动作，执行极 1 在运站闭锁逻辑，保护动作结果和时序需符合设计规范。

五、直流线路故障

直流线路保护分为线路保护、金属回线保护以及汇流母线区保护三类。试验主要检测直流线路发生不同时长、不同故障类型的接地故障及双极直流线路相继/同时故障时，直流线路保护能否正确动作，直流线路再启动逻辑是否与设定参数一致。

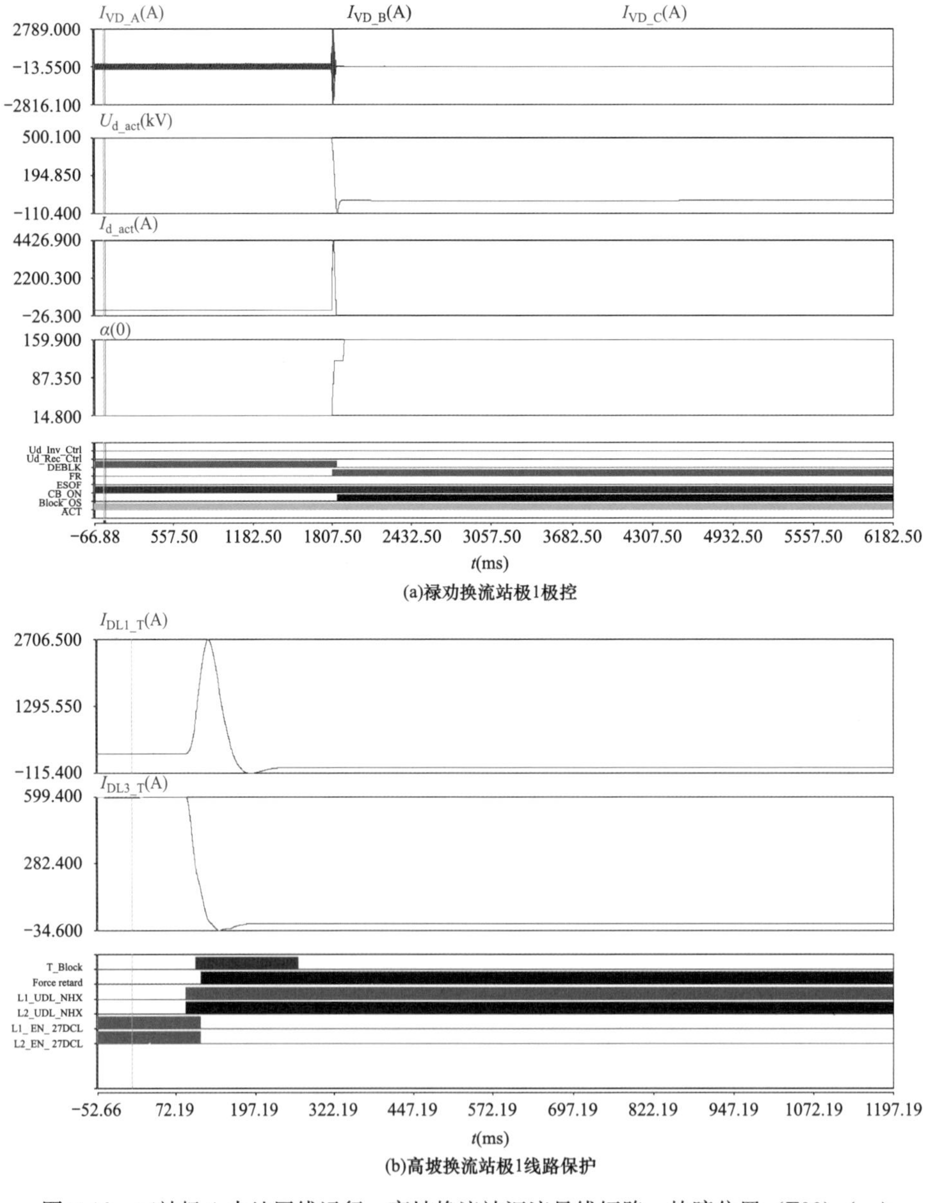

图 6-12　三站极 1 大地回线运行，高坡换流站汇流母线短路，故障位置（F22）（一）

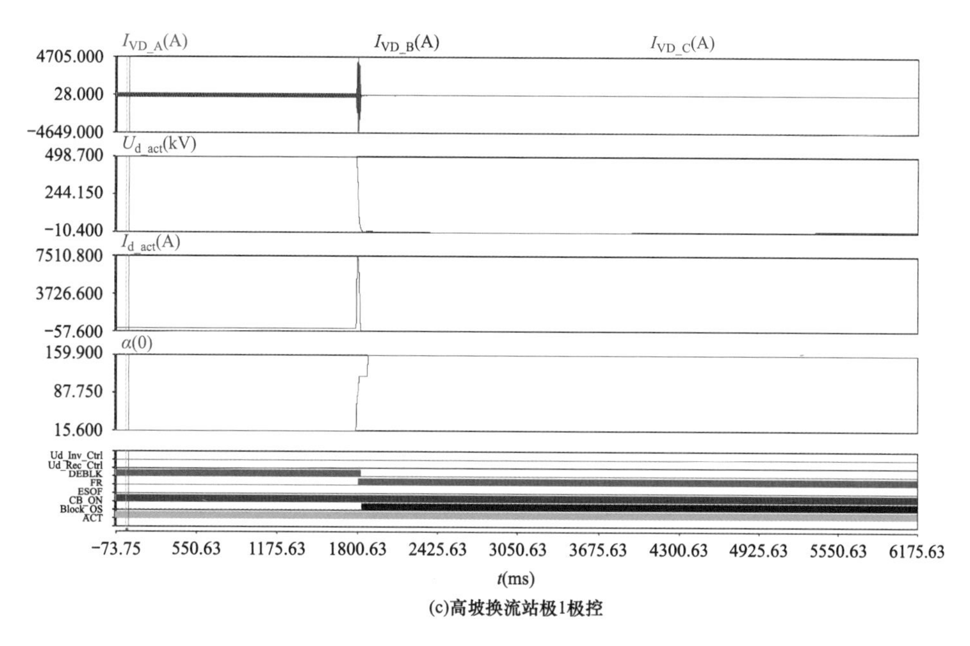

(c)高坡换流站极1极控

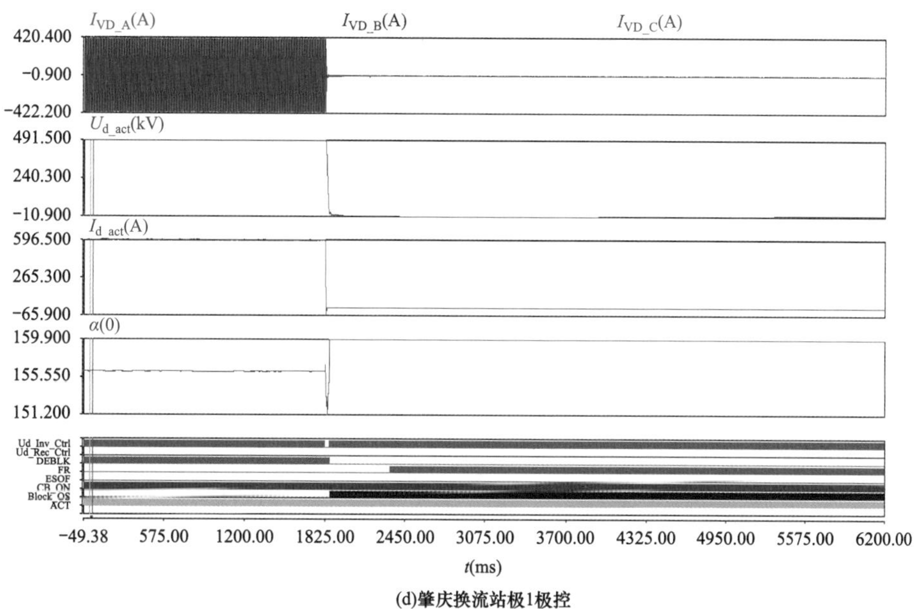

(d)肇庆换流站极1极控

图 6-12　三站极 1 大地回线运行，高坡换流站汇流母线短路，故障位置（F22）（二）

单极直流线路瞬时性故障典型结果如图 6-13 所示：三站双极运行，2700/300/3000MW，极 1 禄劝—高坡直流线路故障（首端 F1s），0%，100ms，行波保护 WFPDL 动作，重启 1 次成功。

双极同时故障的典型试验结果如图 6-14 所示。三站双极运行，2700/300/3000MW，禄劝—高坡直流线路双极同时故障（中点 F1m），电压降低至 0%，持续 100ms，联网下允许双极同时重启功能投入，电压突变量保护 27du/dt 动作，重启 1 次成功。

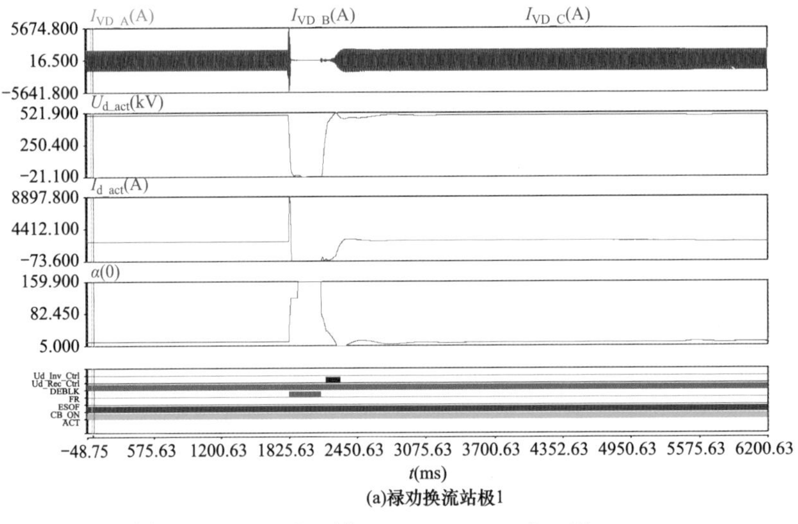

(a)禄劝换流站极1

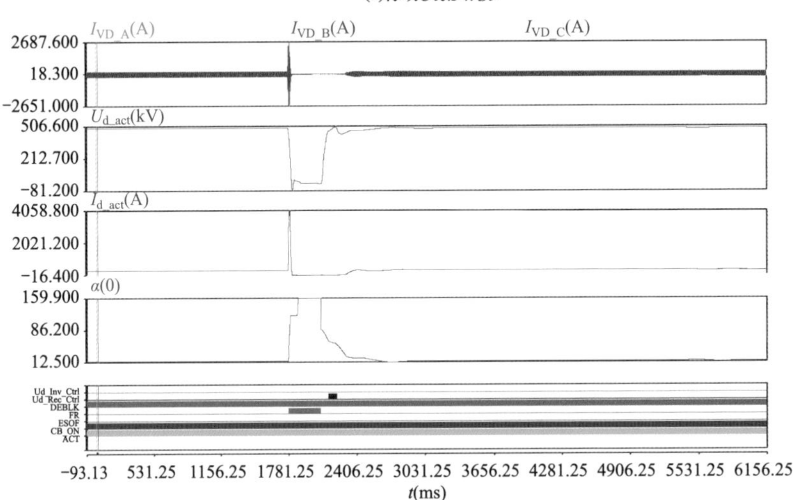

(b)高坡换流站极1

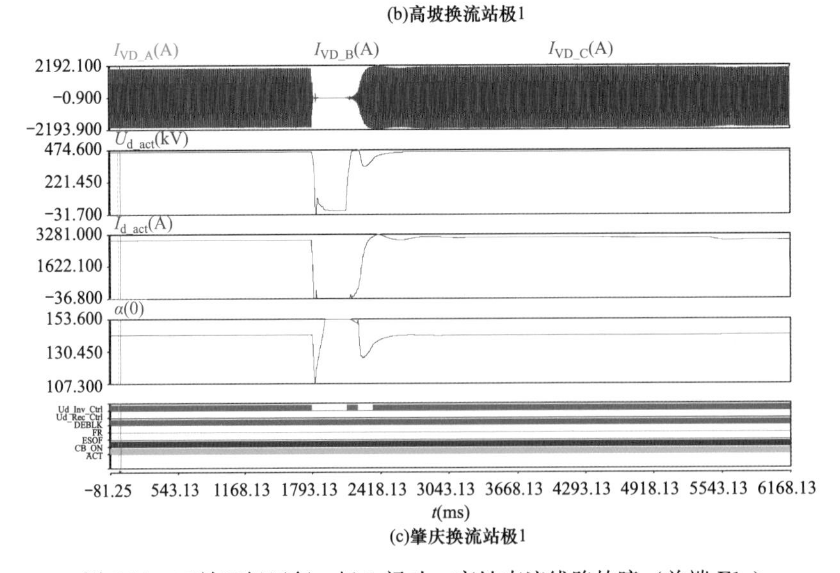

(c)肇庆换流站极1

图 6-13 三站双极运行，极 1 禄劝—高坡直流线路故障（首端 F1s）

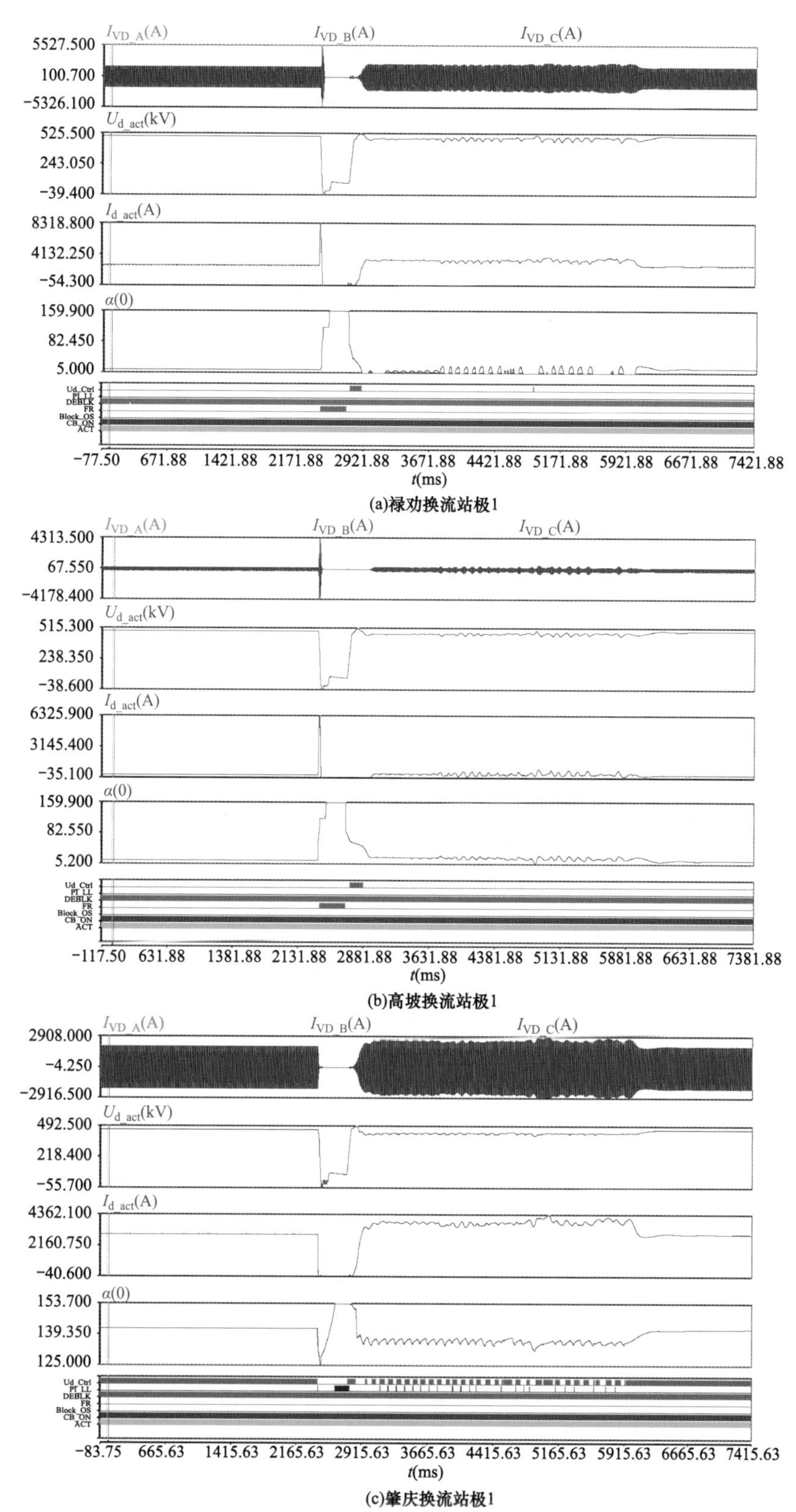

(a)禄劝换流站极1

(b)高坡换流站极1

(c)肇庆换流站极1

图 6-14　三站双极运行，极 1 禄劝—高坡直流线路故障（首端 F1s）

六、交流故障

交流故障试验的目的是核实交流系统发生故障后直流系统能否在规定的时间内恢复输电功率，考察故障期间及故障后控制系统的响应。

（1）整流站交流故障响应。如图 6-15 所示，禄劝换流站交流系统单相金属接地故障，电压降低至 0%，持续 100ms，极控、极保护均检测到低交流电压，保护不动作，在故障期间整流站由于交流电压降低，整流站进入定最小触发角限制控制控制，逆变站接管直流电流控制，系统响应正确。

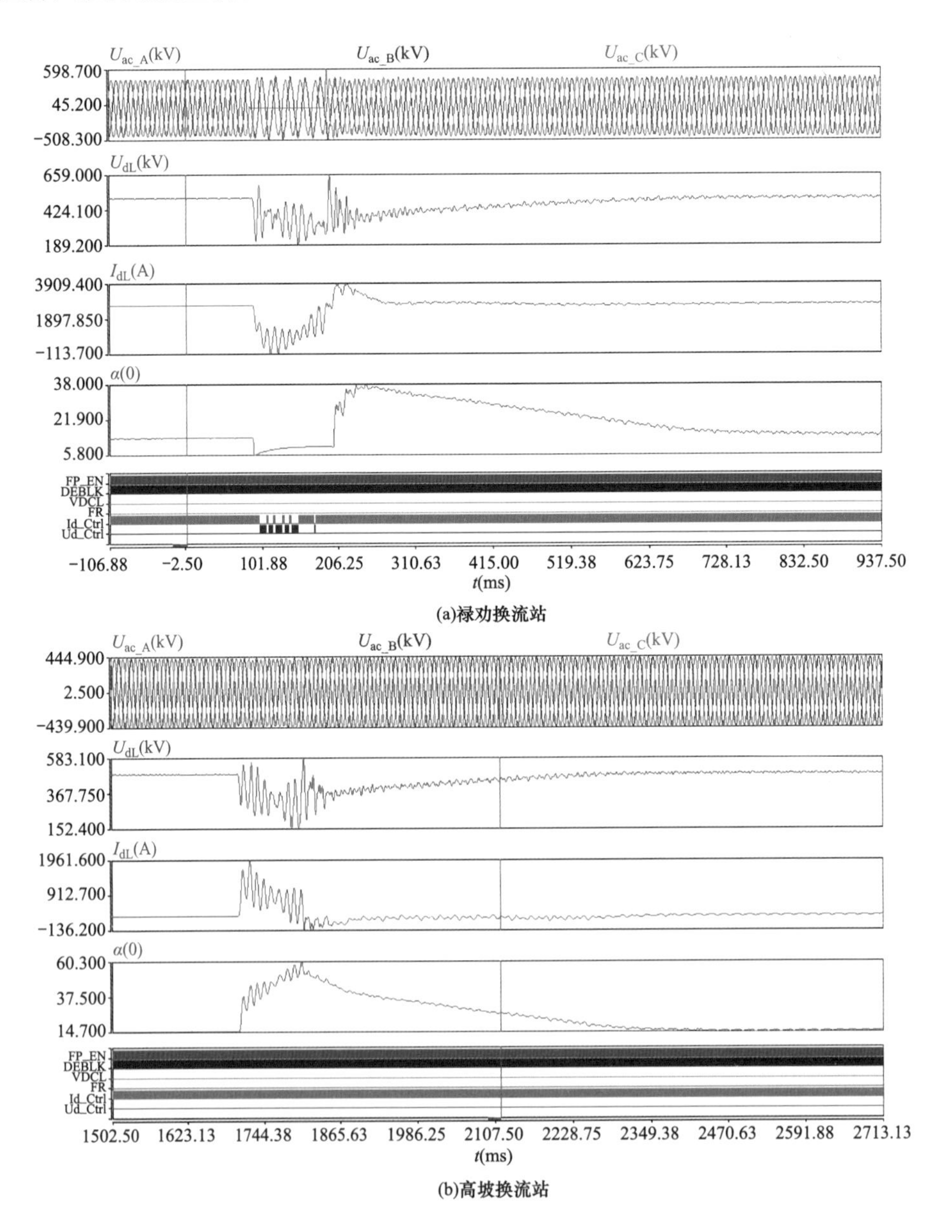

(a)禄劝换流站

(b)高坡换流站

图 6-15　禄劝换流站交流系统单相金属性接地故障（一）

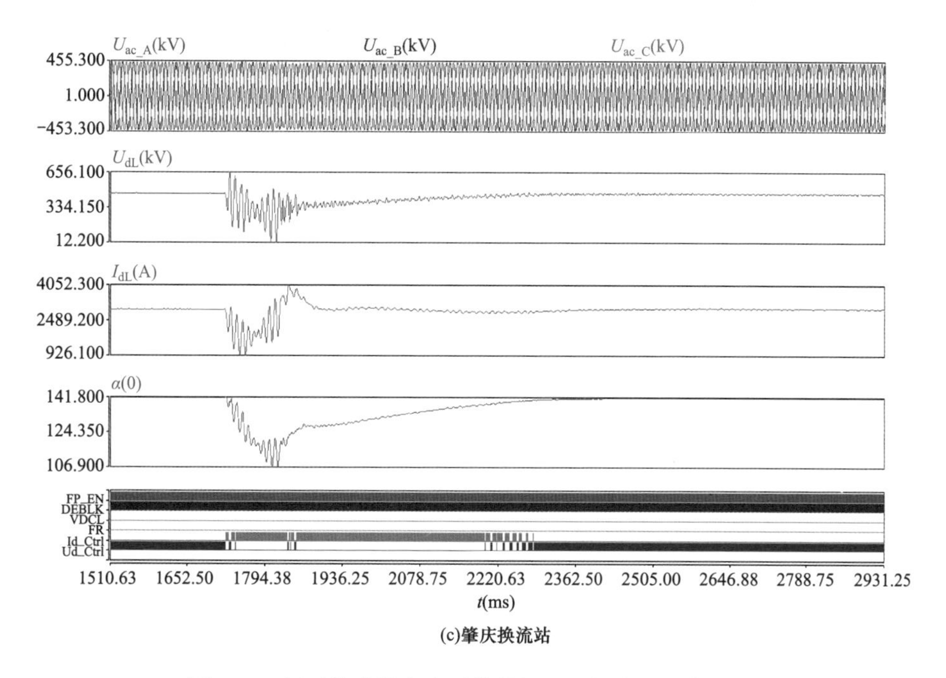

(c)肇庆换流站

图 6-15　禄劝换流站交流系统单相金属性接地故障（二）

（2）逆变站交流故障响应。如图 6-16 所示，肇庆换流站交流系统发生相间短路故障，持续 100ms，肇庆换流站检测到换相失败和低交流电压，无保护动作，系统响应正确。

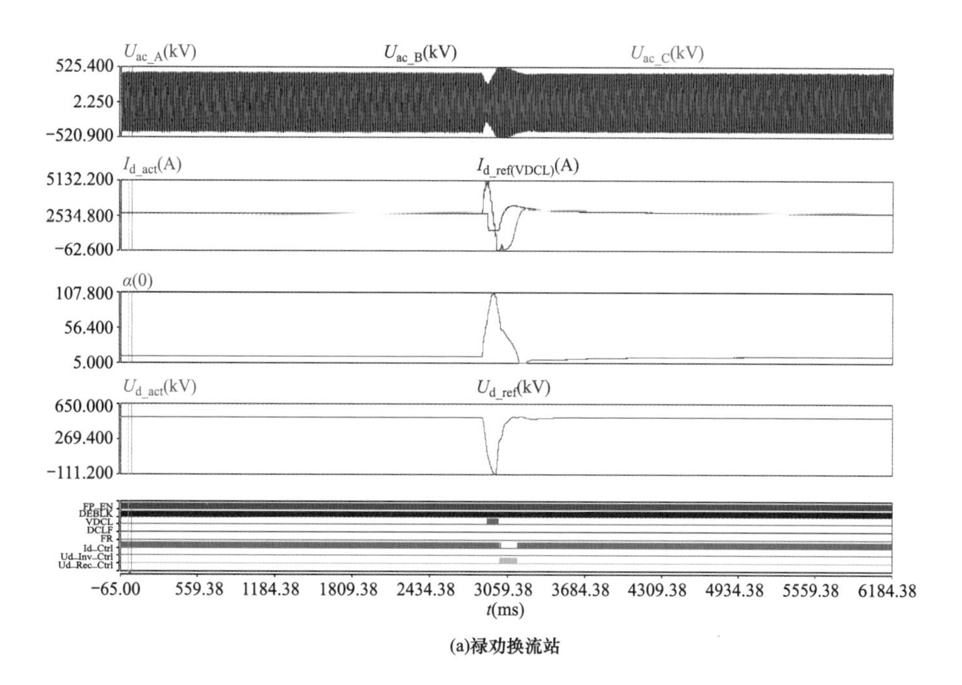

(a)禄劝换流站

图 6-16　肇庆换流站交流系统相间短路故障（一）

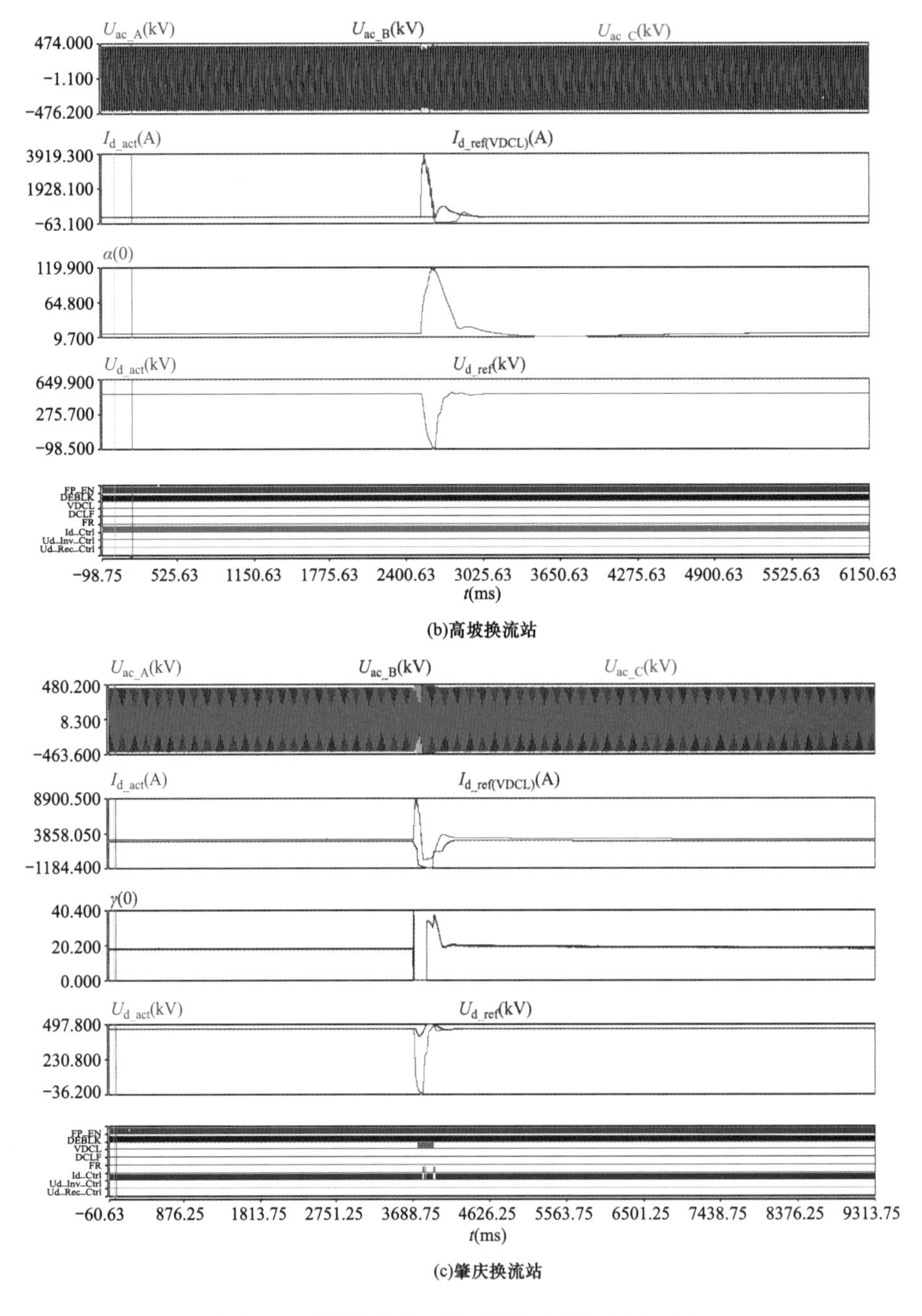

图 6-16　肇庆换流站交流系统相间短路故障（二）

第七章　三端直流输电现场调试

第一节　三端直流输电站系统及系统调试方案

一、概述

站调试和系统调试是整个工程建设的一个必要环节，也是工程投入商业运行前的重要检验流程。在这个阶段，所有设备将实现加压通流，特别是系统调试，首次将整个系统连成一个整体，开始输送功率。调试过程中，会对三端控制保护系统的设计进行充分验证，所有设计、制造和安装中遗漏的缺陷将力求通过调试发现，并将得到妥善解决。

三端直流的站系统调试项目分别在三个换流站单独进行，系统试验通常是先完成相关的两端系统调试，再开展“二送一”和“一送二”运行方式下的系统调试。在实际工程建设过程中，也可根据建设进度，安排两端和三端系统调试项目穿插进行，以节省各种运行方式之间的初始状态准备时间，提高调试效率。

二、站系统调试项目分类

直流输电站系统调试开展前需完成的工作包括：分系统调试完成并验收合格；换流站内相关的一次设备和二次设备全部投入运行。

站系统调试的主要工作内容是带电验证交流设备的性能和相关保护的极性，换流设备通过换流变压器由交流系统供电，在无功率交换的工况下，验证站内直流设备的相关功能及其直流场开路试验。其目的是按照合同和技术规范书的要求，检查换流站在带电条件下，一次设备和二次设备的功能，同时为系统调试做好准备。

三端直流工程的站系统调试与以往常规直流工程一致，调试项目包括以下八大类：

（1）交流滤波器带电试验。

（2）直流操作顺序试验。

（3）不带电跳闸试验。

（4）换流器充电试验。

（5）带电跳闸试验。

（6）抗干扰试验。

（7）不带线路空载加压试验。

（8）带线路空载加压试验。

通过站系统调试，可验证交流滤波器、换流变压器、换流阀及套管等设备的绝缘耐压是否正常，满足技术规范要求。可验证各换流站直流系统顺序控制逻辑是否正确，二次回路接线是否正常，是否具备开展系统调试的条件。

三、系统调试项目分类

（1）系统调试项目主要包括：验证整个直流输电系统的总体功能、性能或指标，验证交、直流联合运行的性能以及电磁环境影响等试验，包含三端直流输电系统中的各类两端系统调试以及三端系统调试。

（2）系统调试的目的分为：全面考核直流输电工程的所有设备及其功能；验证直流输电系统各项性能指标是否达到合同和技术规范书规定的要求，确保工程投入运行后，设备和系统的安全可靠性；了解和掌握多端直流工程的运行性能。

（3）三端直流的系统调试项目包括以下二十三大类：

1）大地回线解闭锁试验。

2）有通信紧急停运试验。

3）无通信紧急停运试验。

4）功率升降、稳态性能试验。

5）金属回线解闭锁试验。

6）金属/大地回线转换试验。

7）单站在线投退试验。

8）直流滤波器带电投/切试验。

9）控制模式切换试验。

10）阶跃响应试验。

11）丢失脉冲试验。

12）单站故障退出试验。

13）降压运行试验。

14）失去通信试验。

15）冗余功能试验。

16）最后断路器跳闸试验。

17）热运行、过负荷、温升试验。

18）丢失辅助电源试验。

19）直流线路故障试验。

20）交流线路故障试验。

21）接地极限流试验。

22）站用电切换试验。

23）环境测试试验。

三端系统调试与两端方式的基础试验大项基本一致，增加了第三站在线投退、第三站故障退出、“3＋2”和“2＋2”运行方式下稳态运行等试验。

在系统调试过程中，对三端控制保护系统的性能以及一次设备进行全面的检验，对于现场发现的问题，调试组应及时组织技术分析，加强与制造厂家的沟通，使问题快速得到处理，并完善和优化了系统功能。

四、站系统与系统调试工作内容

（一）系统调试的计算分析

为了保证试验期间的系统安全，科学完整的验证整个系统的各项性能，合理设置试验项目，应在试验前完成系统调试的计算分析工作。其主要的工作内容有：

（1）计算分析站系统调试阶段无功小组投切引起的系统电压波动以及对系统稳态电压的影响，据此提出换流站无功小组投切前的运行方式安排和电压控制建议。

（2）计算分析系统调试阶段直流送受端换流母线短路电流、有效短路比是否符合要求。

（3）分析系统调试过程中直流功率升降对系统的影响，提出调试过程中应对主通道沿线电压和主要联络线功率、系统频率加强监视和控制的建议。

（4）其他计算工作。

（二）调试方案的制定

在完成上述系统计算工作后，结合其他工程的调试实践，制订系统调试的详细方案。其主要的工作有：

（1）系统调试方案的技术论证和编写，对于形成的试验方案将提交校核和评审，并进行修改完善。

（2）根据计算的结果，结合现场的具体条件，制订系统调试方案。

（三）调试实施阶段的工作

系统调试具体工作内容有：

（1）编制三日工作计划和每日的试验项目操作步骤，进行现场工况的跟踪计算分析。

（2）负责每项试验具体实施的现场指挥，与总调的沟通协调，和供货商现场服务人员的协调，现场记录，配合现场运行维护人员完成所有试验的实际操作。

（3）根据试验结果进行直流系统的测试、分析和评价，汇总和分析试验中出现的问题，现场协调解决试验中出现的问题。

（4）进行过电压、谐波、电磁环境、设备温升等的测试、分析和评价。

（5）完成试验的记录，编写调试日报，汇总每日的试验工作。

（6）研究分析、跟踪解决在调试中所发现的关键技术问题。

（四）系统调试的组织实施

系统调试期间，各岗位的责任人员按时到位，各单位工作人员积极配合，精心工作。对于试验中发现的问题，调试指挥组每天进行小结，及时与相关参建单位进行沟通，并督促作出解释或进行处理，这些都是保证系统调试工作顺利开展的必要条件。

调试组不仅根据试验方案设计详细的试验操作步骤，而且借鉴已投运直流工程系统调试的经验，考虑到本工程的实际情况，特别是为解决工期紧迫的问题，在考虑到直流工程各个环节均能得到有效验证的前提下，可对系统调试项目进行了科学优化，并在调试过程中对一些试验项目进行科学组合，从而保证了工程按期投运。比如调试过程中，某一站的站系统调试与已具备条件的两端系统调试工作，可以在做好隔离措施的情况下同步开展；两端系统调试与三端系统调试交叉开展，提前开展三端调试，便于提前发现并解决问题。调试步骤中，每一天试验末态为第二天试验的初态，减少试验准备初始状态时间等。

第二节　三端直流输电主要调试项目

一、三端单极系统试验

（一）试验项目

三端单极系统试验通常在两端系统试验完成后进行，对于有多种三端运行方式，如："二送一"模式、"一送二"模式以及三端功率反送的工程，应分别在不同的三端运行方式下开展相应试验。

工程采用双极接线形式时，解锁/闭锁性能试验、紧急停运试验、功率升降与稳态性能试验应分别在单极大地回线和单极金属回线运行方式下进行，其他试验项目可根据现场条件选择单极大地回线或单极金属回线运行方式进行。三端单极系统试验项目如表 7-1 所示。

表 7-1　　三端单极系统试验项目

序号	试验项目名称	必做	选做	备注
1	解锁/闭锁性能试验	√		
2	有功功率升降试验	√		
3	稳态性能试验	√		
4	单站计划投入/退出试验	√		
5	单站故障退出试验	√		
6	阶跃响应试验	√		
7	金属/大地回线转换试验	√		
8	交流线路故障试验		√	
9	直流线路故障试验		√	

（二）解锁/闭锁性能试验

直流系统选择三端功率传输运行方式，最小功率定值下解锁/闭锁换流器。

解锁/闭锁过程中各端之间解锁/闭锁指令时序应配合正确。

解锁过程中，系统应平稳建立直流电压，直流输送功率应按照预设速率升至设定值。

解锁/闭锁过程中，系统不应有交流保护和直流保护误动作。

（三）有功功率升降试验

有功功率升降试验分为手动功率升降试验和自动功率升降试验：

（1）手动功率升降试验。直流系统解锁状态下，手动修改有功功率目标值和升降速率，系统应按照预先设定的速率达到新的目标值，过程中启动“有功功率暂停”功能后，升降过程应中止，并在停止“有功功率暂停”功能后恢复升降过程。

（2）自动功率升降试验。直流系统解锁状态下，启动“自动功率曲线”功能后系统应按照预先设定的功率曲线实现自动升降，退出“自动功率曲线”功能后系统应保持当前有功功率值。

（四）稳态性能试验

选取最小功率点和最大功率点以及之间的若干功率点作为有功功率/无功功率目标值，使三端直流系统进入稳态。

在每个功率点，三端系统应保持稳定运行，电压、电流波形满足控制要求，换流变压器分接开关挡位正确。

（五）单站计划投入/退出试验

（1）单站计划投入试验。两端直流以某一功率稳态运行，手动操作另一受端或另一送端换流站投入，直流系统应能平稳进入三端稳态运行。

（2）单站计划退出试验。三端直流单极某一功率稳态运行，“二送一”运行方式下，手动操作任一送端换流站停运，直流系统应能平稳进入两端稳态运行；“一送二”运行方式下，手动操作任一受端换流站停运，直流系统应能平稳进入两端稳态运行。

（六）单站故障退出试验

三端直流单极稳态运行，“二送一”运行方式下，模拟任一送端换流站保护动作跳闸，直流系统应能平稳进入两端稳态运行；“一送二”运行方式下，模拟任一受端换流站保护动作跳闸，直流系统应能平稳进入两端稳态运行。

（七）交流线路故障试验

三端单极系统稳态运行后，分别在三个换流站侧的交流线路上人工模拟单相对地瞬时故障，交流侧保护应正确动作。

系统应具备设计要求的故障穿越能力。故障消失后，系统应在设计要求的时间内恢复到故障前的稳态值。恢复期间不应出现直流电流、直流电压和交流电压的持续振荡。

（八）直流线路故障试验

三端单极系统稳态运行后，在运行极的直流线路上人工模拟对地瞬时故障。故障点宜为整流侧换流站和两逆变侧换流站附近。

对于具备直流线路故障清除能力的端对端系统，直流系统应在设计要求的时间内完成故障清除并恢复稳态运行。

（九）金属/大地回线转换试验

验证单极直流电流从接地极转换到线路上以及从线路上返回接地极，满足设计要求；检查金属回线转换断路器（MRTB）、大地回线转换开关（GRTS）动作正确。

由运行人员执行金属回线转大地回线或者大地回线转金属回线的相关操作，大地回线与金属回线之间转换顺序正确，高压线路和接地极线路电流转换平滑。在金属/大地转换顺控期间，直流功率不应中断或下降，没有意外的保护动作。

（十）阶跃响应试验

验证在控制保护动态性能试验中优化的控制器性能，检验直流系统动态性能能够满足技术规范书的要求。

高压直流系统的所有控制器，如功率控制器、电流控制器、熄弧角控制器及直流电压控制器应在实时仿真器上完成了优化修正，以便在不同的系统条件下都能达到最好的阶跃性能，并可以快速恢复稳定运行。

阶跃响应根据各站控制模式激活情况，分别有针对性地开展，试验结果应满足设计要求的响应时间和超调量。

二、三端双极系统试验

（一）试验项目

三端双极系统试验一般在三端单极系统试验完成后进行，试验项目如表 7-2 所示。如无特别说明，各试验项目应在不同的三端运行方式下分别进行。

表 7-2　　三端双极系统试验项目

序号	试验项目名称	必做	选做	备注
1	双极解锁/闭锁试验	√		
2	有功功率升降试验	√		
3	单站计划投入/退出试验	√		
4	单站故障退出试验	√		
5	有功功率阶跃响应试验	√		
6	交流线路故障试验		√	
7	直流线路故障试验		√	
8	稳定控制功能试验	√		
9	三端热运行试验	√		

（二）双极解锁/闭锁试验

（1）双极先后解锁/闭锁试验。

1）一极定单极电流控制运行，另一极定单极电流控制解锁/闭锁。一极在定单极电流控制模式下稳态运行，另一极在定单极电流控制模式下进行换流器充电、极解锁/闭锁操作，观察两极的相互影响。

2）一极定单极电流控制运行，另一极定双极功率控制解锁/闭锁。一极在定单极电流控制模式下稳态运行，另一极在定双极功率控制模式下进行换流器充电、极解锁/闭锁操作，观察两极的相互影响。

3）一极定双极功率控制运行，另一极定单极电流控制解锁/闭锁。一极在定双极功率控制模式下稳态运行，另一极在定单极电流控制模式下进行换流器充电、极解锁/闭锁操作，观察两极的相互影响。

4）一极定双极功率控制运行，另一极定双极功率控制解锁/闭锁。一极在定双极功率控制模式下稳态运行，另一极在定双极功率控制模式下进行换流器充电、极解锁/闭锁操作，观察两极的相互影响。

试验过程中，后解锁极的解锁/闭锁应平稳，双极功率分配应满足设计要求。

（2）双极同时解锁/闭锁试验。双极均在双极功率控制模式下进行解锁/闭锁操作。

解锁时，两极应能同时解锁。

闭锁时，两极应能同时闭锁。若一极先闭锁，直流功率应转移到另外一极，待其功率下降至最小值后再闭锁。

（三）有功功率升降试验

（1）手动双极功率升降试验。手动双极功率升降试验时，三站两极均在双极功率控制模式下稳态运行，“一送二”模式下，手动启动双极直流功率升降指令，有功功率应按照指定的分配原则分配至两受端站，双极功率应同步升降。“二送一”模式下，两个送端换流站可以分别设置双极功率参考值和功率升降速率，每个送端站按照设定值独立调节至目标值。

在功率升降过程中，分别在三站对各极进行控制系统切换操作，控制系统切换对双极功率升降应无扰动。

（2）自动双极功率升降试验。自动双极功率升降试验时，三站两极均在双极功率控制模式下稳态运行，整定自动功率曲线，将功率控制模式由手动改为自动，双极功率应跟随功率曲线平稳变化。

（四）单站计划投入/退出试验

（1）单站双极计划退出试验。三端直流双极某一功率稳态运行，“二送一”运行方式下，手动操作任一送端换流站双极停运，直流系统应能平稳进入两端双极稳态运行；“一送二”运行方式下，手动操作任一受端换流站双极停运，直流系统应能平稳进入两端双极稳态运行。

（2）单站双极计划投入试验。两端直流双极某一功率稳态运行，手动操作另一送端或受端换流站双极投入，直流系统应能平稳进入三端双极稳态运行。

（3）单站单极计划退出试验。三端直流双极某一功率稳态运行，“二送一”运行方式下，手动操作任一送端换流站单极停运，直流系统应能平稳进入三端“3＋2”方式稳态运行；“一送二”运行方式下，手动操作任一受端换流站单极停运，直流系统应能平稳进入三端“3＋2”方式稳态运行。

（4）单站单极计划投入试验。三端直流“3＋2”方式在某一功率稳态运行，手动操作另一送端或受端换流站单极投入，直流系统应能平稳进入三端双极稳态运行。

（五）单站故障退出试验

（1）单站双极故障退出试验。三端直流双极以某一功率稳态运行，“二送一”运行方式下，模拟任一送端换流站双极保护动作跳闸，直流系统应能平稳进入两端稳态运行；“一送二”运行方式下，模拟任一受端换流站双极保护动作跳闸，直流系统应能平稳进入两端稳态运行。

(2) 单站单极双阀组故障退出试验。三端直流双极以某一功率稳态运行，“二送一”运行方式下，模拟任一送端换流站极 1 或极 2 保护动作对应极跳闸，直流系统应能平稳进入三端“3+2”方式稳态运行；“一送二”运行方式下，模拟任一受端换流站极 1 或极 2 保护动作对应极跳闸，直流系统应能平稳进入三端“3+2”方式稳态运行。

（六）有功功率阶跃响应试验

三端直流系统稳态运行后，在定直流功率控制换流站施加功率指令值的方式使系统产生直流功率的阶跃。

直流功率阶跃量宜选择 0.1（标幺值）和 0.5（标幺值）。

直流功率阶跃响应的响应时间和超调量应满足设计要求。

（七）交流线路故障试验

三端双极系统稳态运行后，分别在三个换流站的交流线路上人工模拟单相对地瞬时故障，交流侧保护应正确动作。

故障消失后，系统应在设计要求的时间内恢复到故障前的稳态值。恢复期间不应出现直流电流、直流电压和交流电压的持续振荡。

（八）直流线路故障试验

三端双极系统稳态运行后，分别在两极的直流线路上人工模拟对地瞬时故障。故障点宜为整流站、逆变站以及线路中点附近。

故障极直流保护应正确动作，健全极应尽可能保持双极稳态功率不变。直流系统应在设计要求的时间内完成故障清除并恢复稳态运行。

直流线路故障定位装置检测到的故障距离应在设计要求的精度范围之内。

（九）三端热运行试验

在三端热运行试验前后，应对换流变压器中的油样进行色谱分析，监测乙炔等气体含量的变化。

三端系统达到额定功率后，退出三端换流阀、换流变压器、平波电抗器（油浸式）的冗余冷却系统，保持长时间稳态运行，通常为 6～8h，直至换流变压器绕组温度、油温和换流阀冷却水温达到稳定值。

试验过程中，以下数据应满足设计要求：

（1）系统运行参数，如换流变压器分接开关位置、交流母线电压、直流电压、直流电流和有功功率等。

（2）换流阀冷却系统进出口水温度。

（3）换流变压器本体外壳温度、油温、绕组温度。

（4）电抗器本体温度。

（5）交流场、直流场和阀厅的母线本体温度、接头线夹温度。

（6）隔离开关主触头温度等。

试验过程中，还应同时测量以下数据：

（1）交流谐波。测量三端换流站交流母线电压中的2～50次谐波，计算各次谐波畸变率、总谐波畸变率、电话谐波波形系数。计算出的各次谐波畸变率、总谐波畸变率、电话谐波波形系数不应大于设计值。

（2）无线电干扰。对三端换流站的无线电干扰强度进行测量，测得的无线电干扰数值不应大于设计值。

（3）电磁场强。对三端换流站内、外的电磁场强进行测量，测得的电磁场强数值应不大于设计值。

（4）可听噪声。对三端换流站可听噪声进行测量，测得的可听噪声数值应不大于设计值。

（5）站辅助系统功率损耗。测量各端换流站站用电负载功率。各换流站站用电负载功率不应大于设计值。

第三节　三端直流调试典型项目

本节以禄高肇直流工程为例，介绍三端直流的典型调试项目。

一、三端解闭锁试验

三端解闭锁试验用于检验三端运行方式下是否能够平稳地解锁和闭锁，相关电气量是否平稳，包括三端“二送一”模式解闭锁及三端“一送二”模式解闭锁试验。

（一）“二送一”模式解闭锁

下面以禄高肇三端极2大地回线解闭锁为例分析“二送一”模式解闭锁过程。

1. 三端解锁

禄高肇三端极2大地回线运行方式，禄劝换流站为系统级主控站，禄劝换流站下发三站解锁命令。波形如图7-1～图7-3所示。禄劝换流站和肇庆换流站先解锁，高坡换流站延时1s解锁，解锁过程中电压电流量平稳。

2. 三端闭锁

禄高肇三端极 2 大地回线运行方式，150/150/300MW，禄劝换流站为系统级主控站，禄劝换流站下发三站闭锁命令，波形如图 7-4～图 7-6 所示。禄劝换流站和高坡换流站收到闭锁命令后，待功率为最小功率时移相闭锁，没有先后顺序，闭锁过程中电压电流量平稳。

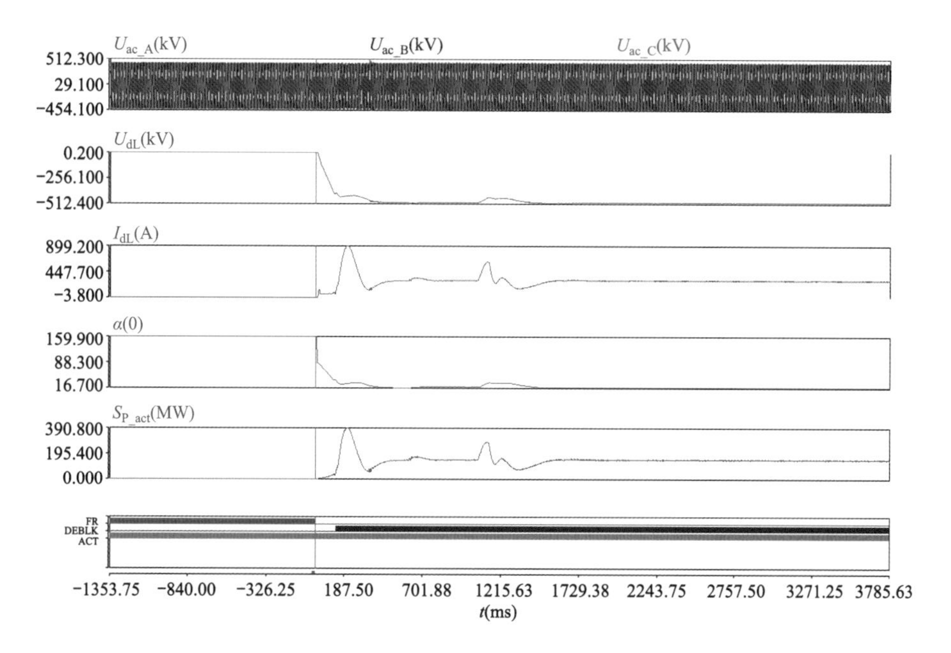

图 7-1　三端解锁禄劝换流站波形

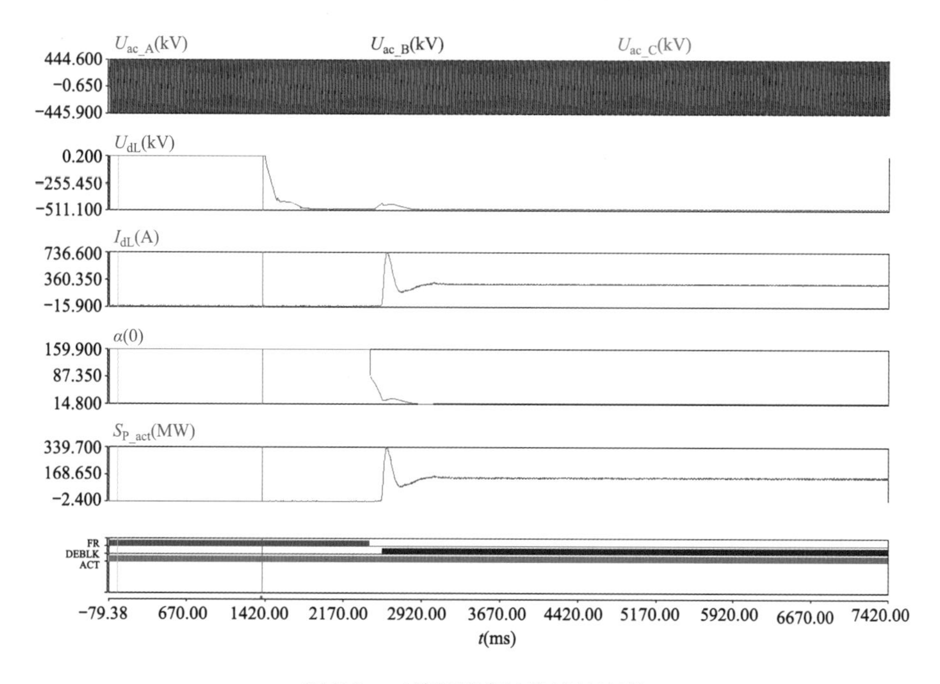

图 7-2　三端解锁高坡换流站波形

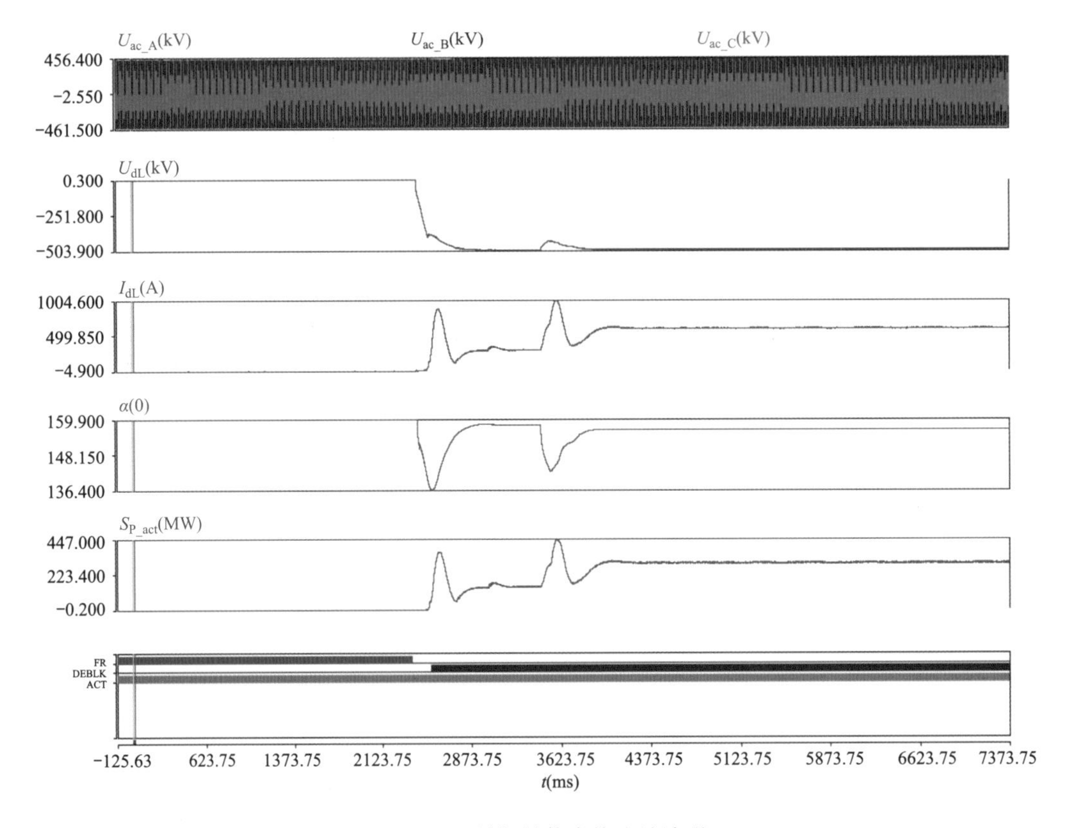

图 7-3 三端解锁肇庆换流站波形

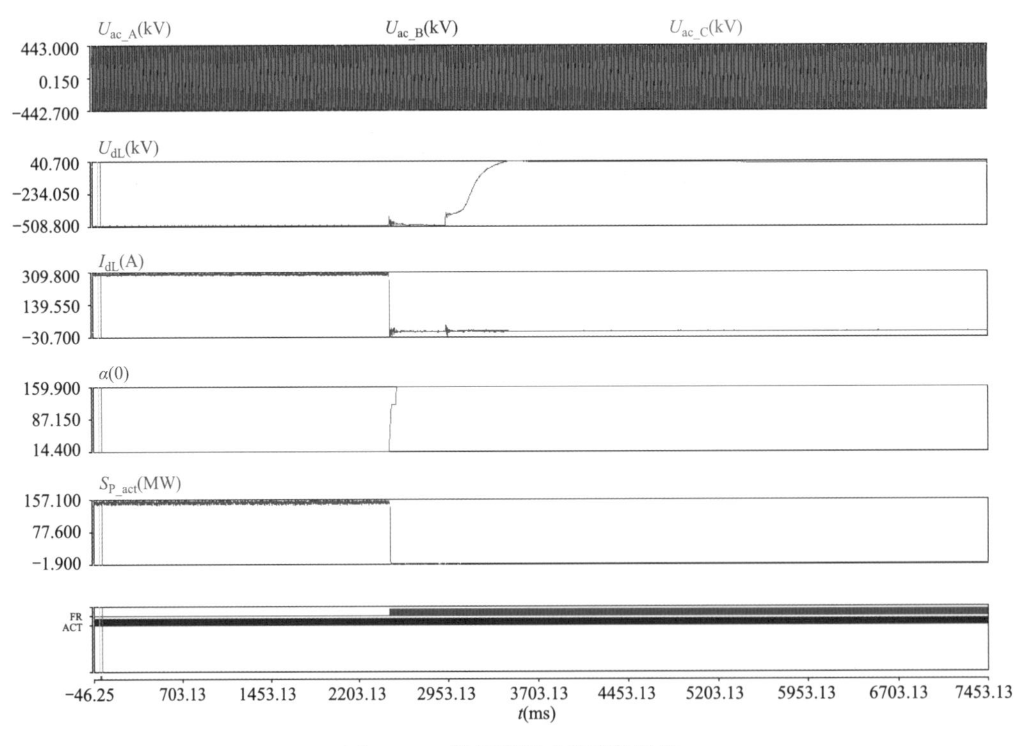

图 7-4 三端闭锁禄劝换流站波形

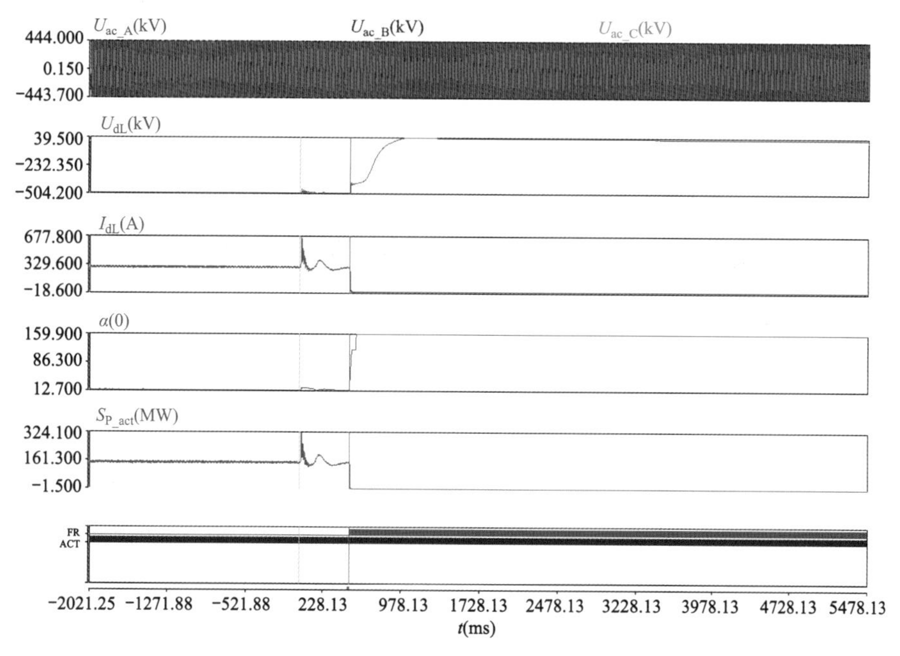

图 7-5　三端闭锁高坡换流站波形

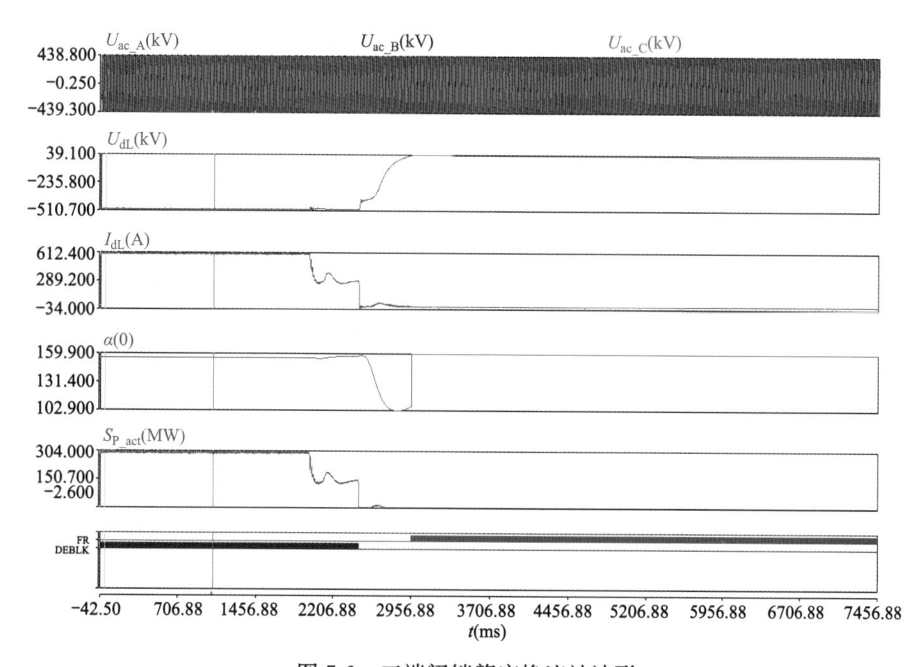

图 7-6　三端闭锁肇庆换流站波形

（二）“一送二”模式解闭锁

下面以禄高肇三端极 2 金属回线解闭锁为例分析“一送二”模式解闭锁过程。

1. 三端解锁

禄高肇三端极 2 金属回线运行方式，肇庆换流站为系统级主控站，肇庆换流站下发三站解锁命令。波形如图 7-7～图 7-9 所示。高坡换流站和肇庆换流站收到解锁命令后直接解锁，禄劝换流站收到高坡换流站及肇庆换流站脉冲使能后解锁，解锁过程中电压电流量平稳。

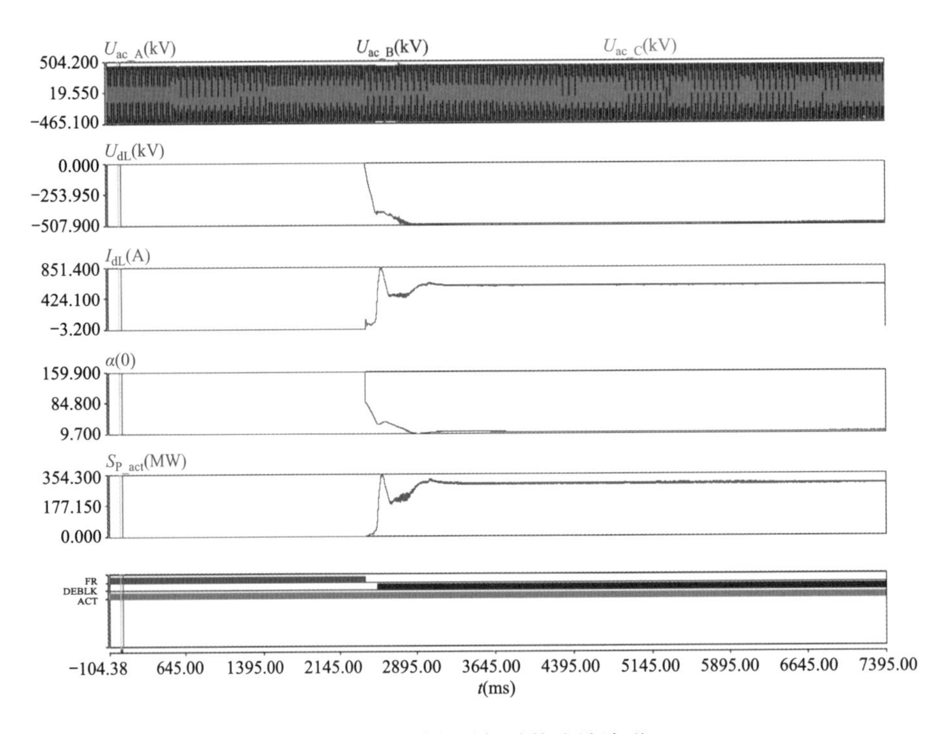

图 7-7　三端解锁禄劝换流站波形

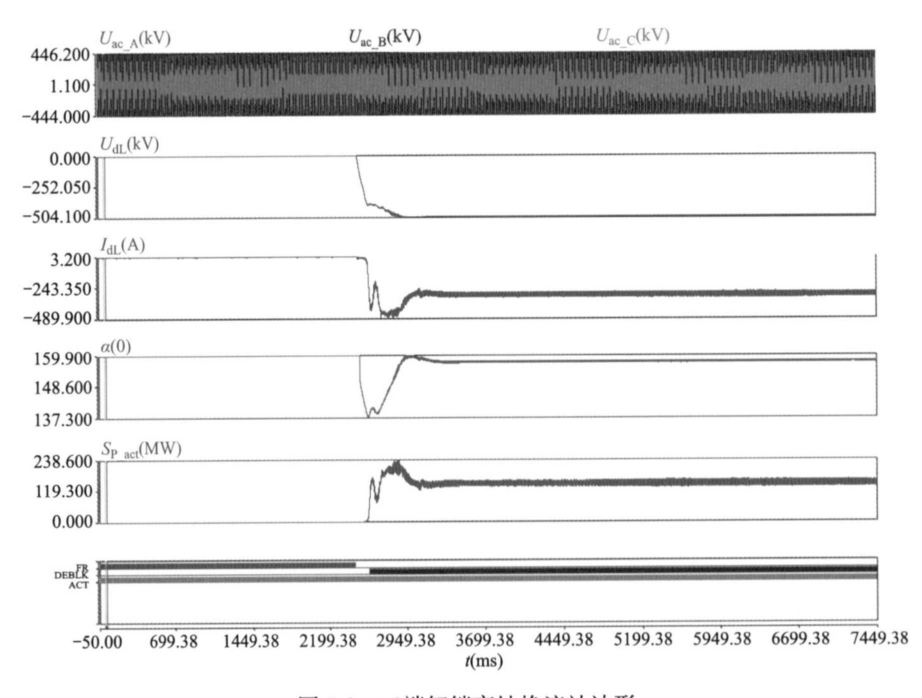

图 7-8　三端解锁高坡换流站波形

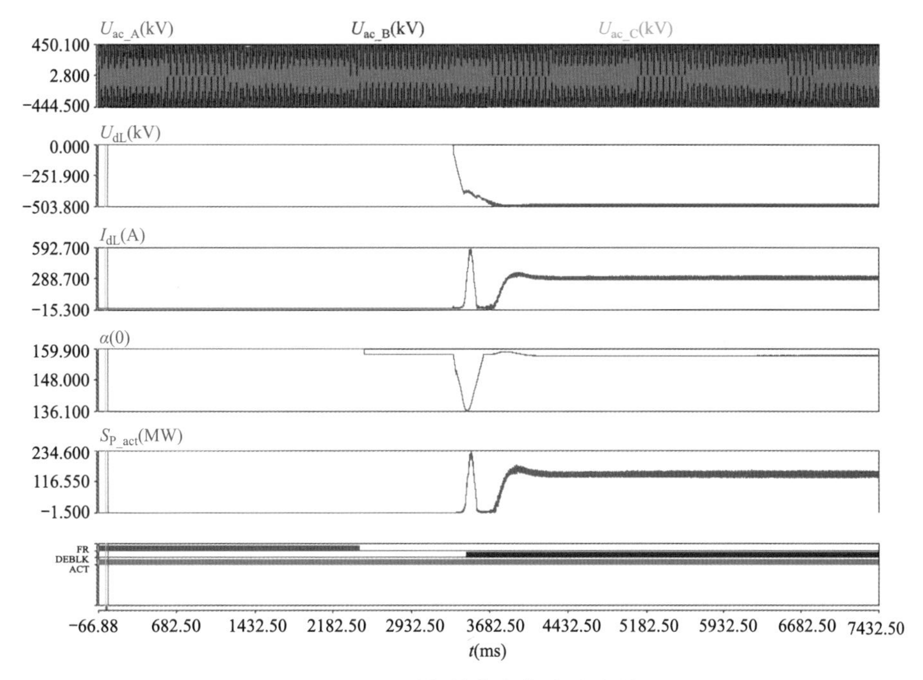

图 7-9　三端解锁肇庆换流站波形

2. 三端闭锁

禄高肇三端极 2 金属回线运行方式，300/150/150MW，高坡换流站为系统级主控站，高坡换流站下发三站闭锁命令，波形如图 7-10～图 7-12 所示。禄劝换流站和高坡换流站收到闭锁命令后，待功率为最小功率时移相闭锁，闭锁过程中电压电流量平稳。

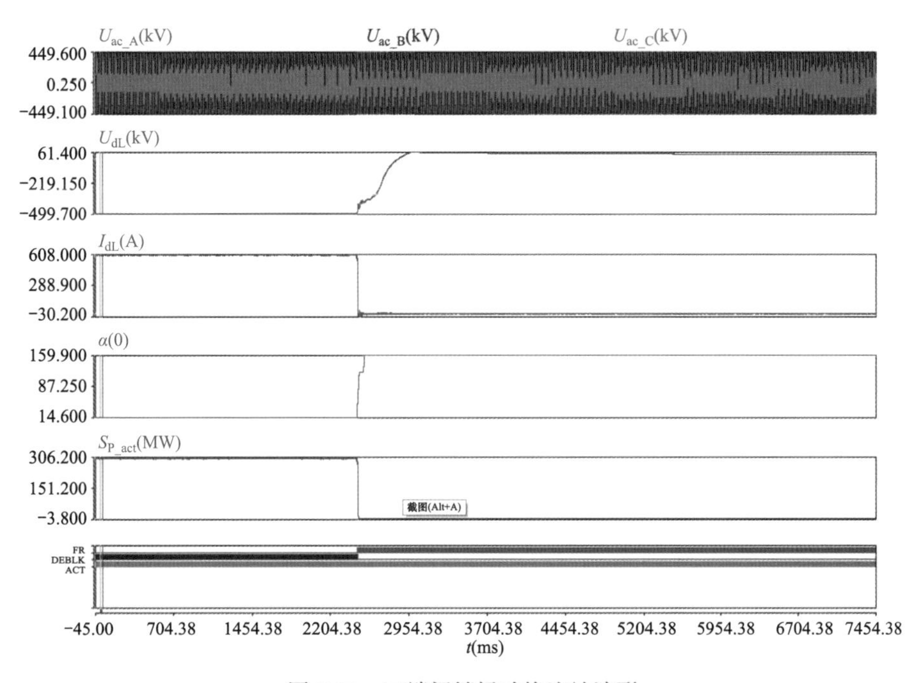

图 7-10　三端闭锁禄劝换流站波形

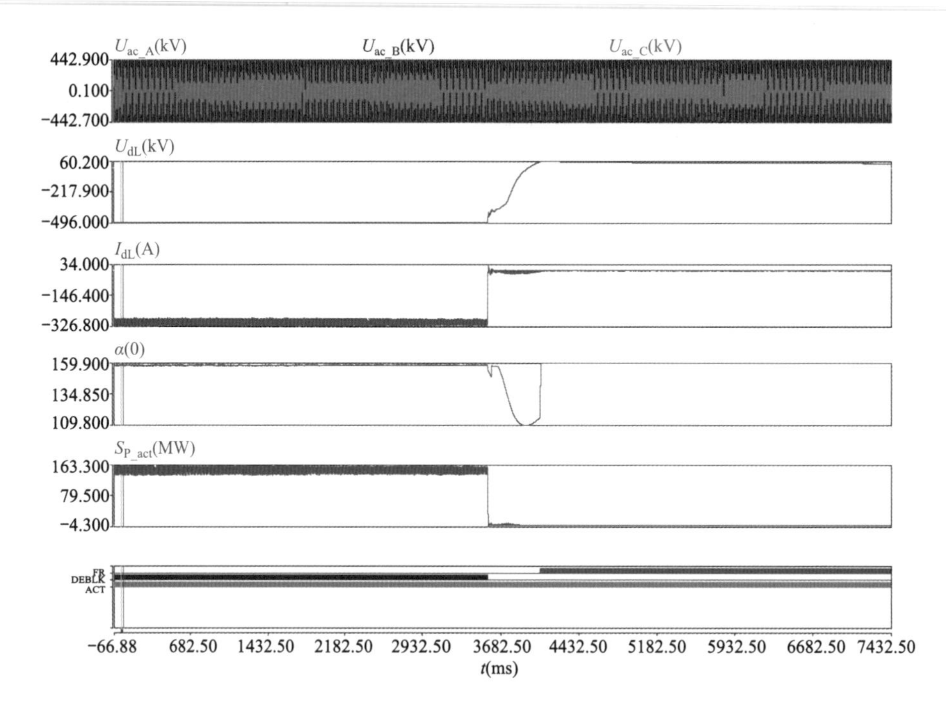

图 7-11　三端闭锁高坡换流站波形

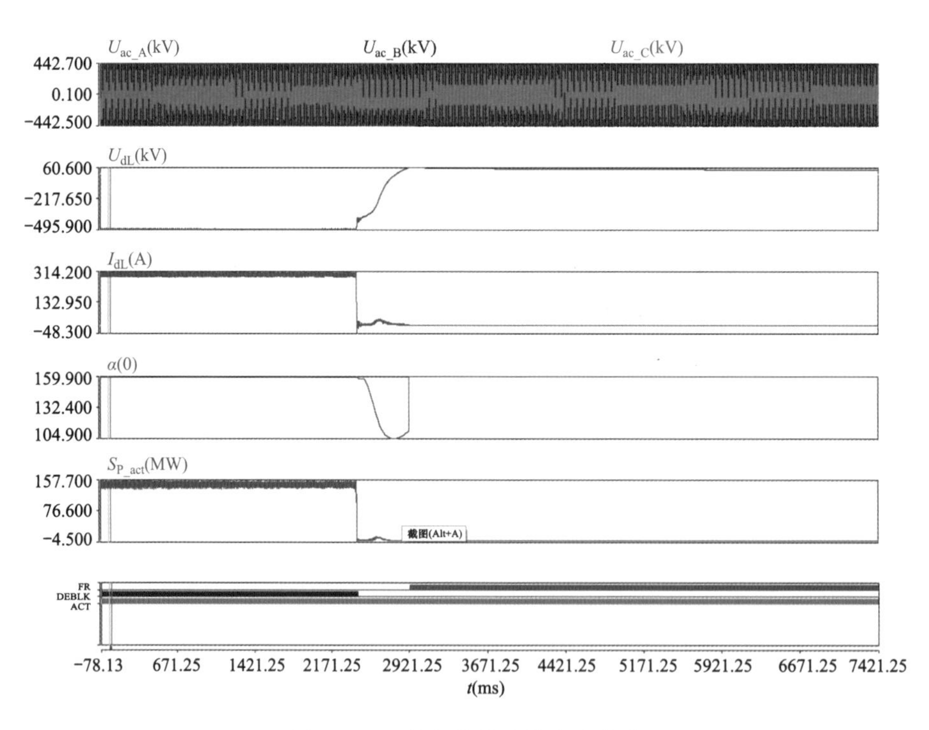

图 7-12　三端闭锁肇庆换流站波形

二、换流站手动投退试验

换流站手动投退试验属于三端运行方式特有试验，充分体现了多端直流工程运行灵活的特点。试验主要用于检验第三站手动投退时序是否正确以及 HSS 的性能是否满足要求，包括“二送一”模式换流站手动投退和“一送二”模式手动投退试验。

（一）“二送一”模式换流站手动投退

下面以禄劝换流站极 1 手动投退为例分析“二送一”模式换流站手动投退过程。

1. 换流站手动投入

高肇两端极 1 大地回线运行，300MW，禄劝换流站极 1 手动投入。投入过程中极 1 汇流母线禄劝侧的两个隔离开关和 HSS 合上。波形如图 7-13～图 7-15 所示。禄劝换流站投入过程中，高坡换流站先移相，待电压降低后合 HSS，从移相到 HSS 的合闸时间为 193ms。HSS 合上后，高坡换流站和肇庆换流站重启，从 HSS 合位信号产生到功率恢复至移相前 90%的时间为 151ms。禄劝换流站待 HSS 合闸后，延时解锁建立电流。

2. 换流站手动退出

禄高肇三端极 1 大地回线运行，300/300/600MW，禄劝换流站极 1 手动退出，退出过程中极 1 汇流母线禄劝侧的 HSS 和两个隔离开关断开。波形如图 7-16 和图 7-17 所示，禄劝换流站手动退出时，先降功率至最小功率，然后移相闭锁。高坡换流站移相，待流过 HSS 电流减小后分 HSS，从移相到 HSS 的分闸时间为 156ms。HSS 分开后，高坡换流站和肇庆换流站重启，从 HSS 分位信号产生到功率恢复至移相前 90%的时间为 193ms。

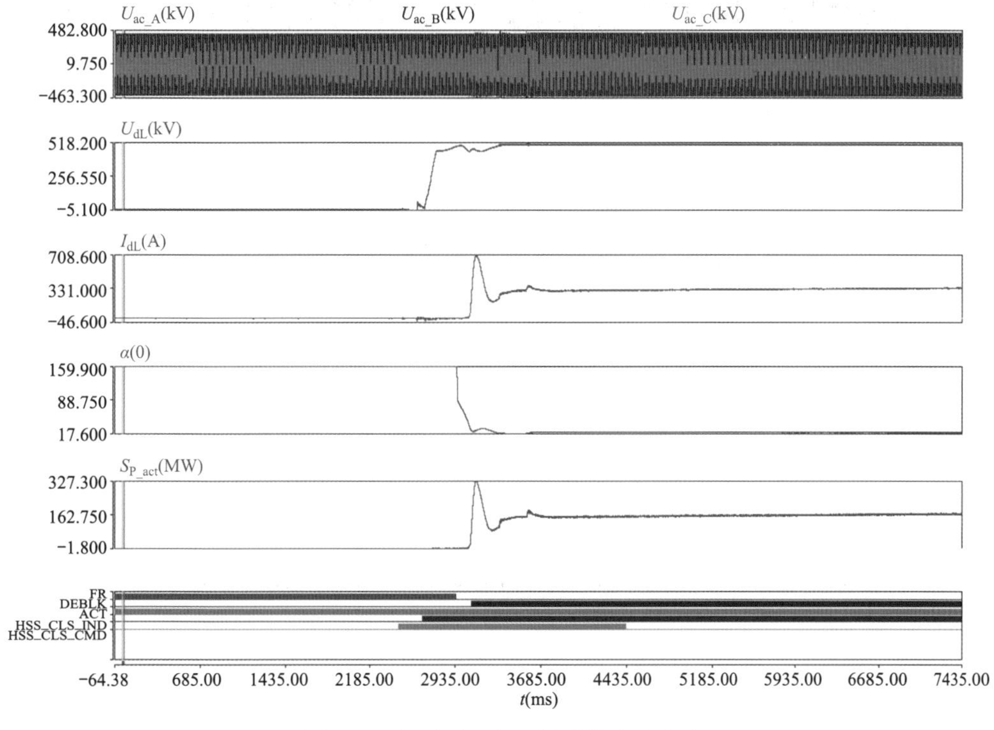

图 7-13　禄劝手动投入禄劝换流站波形

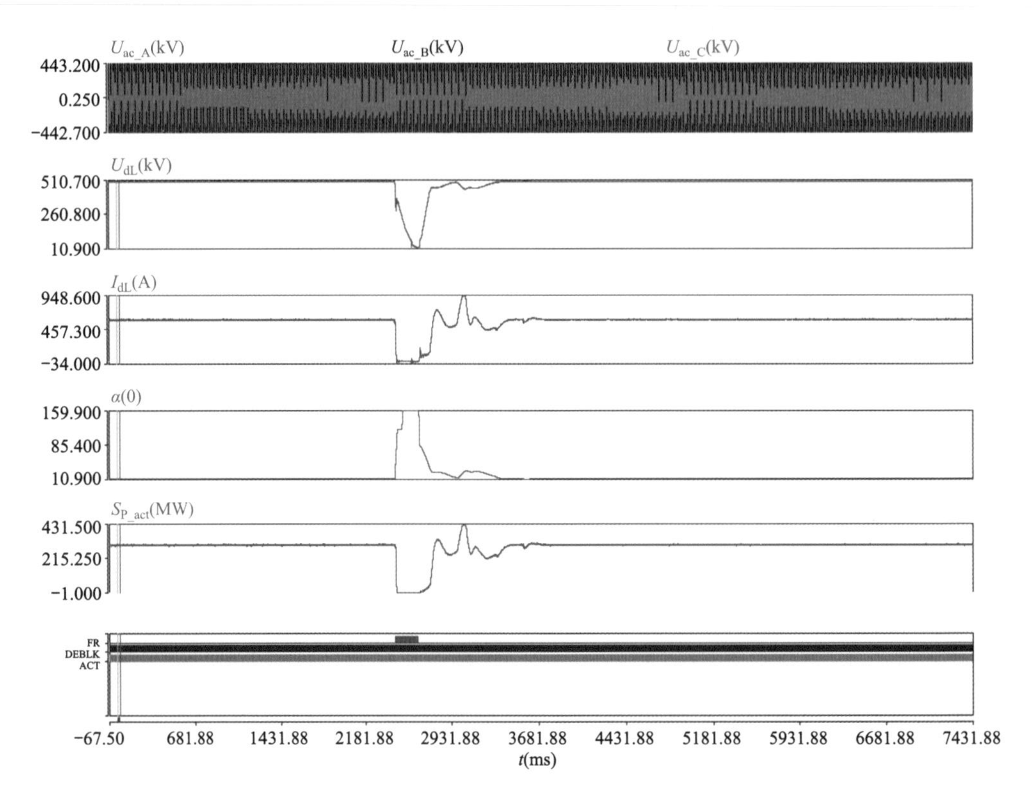

图 7-14　禄劝手动投入高坡换流站波形

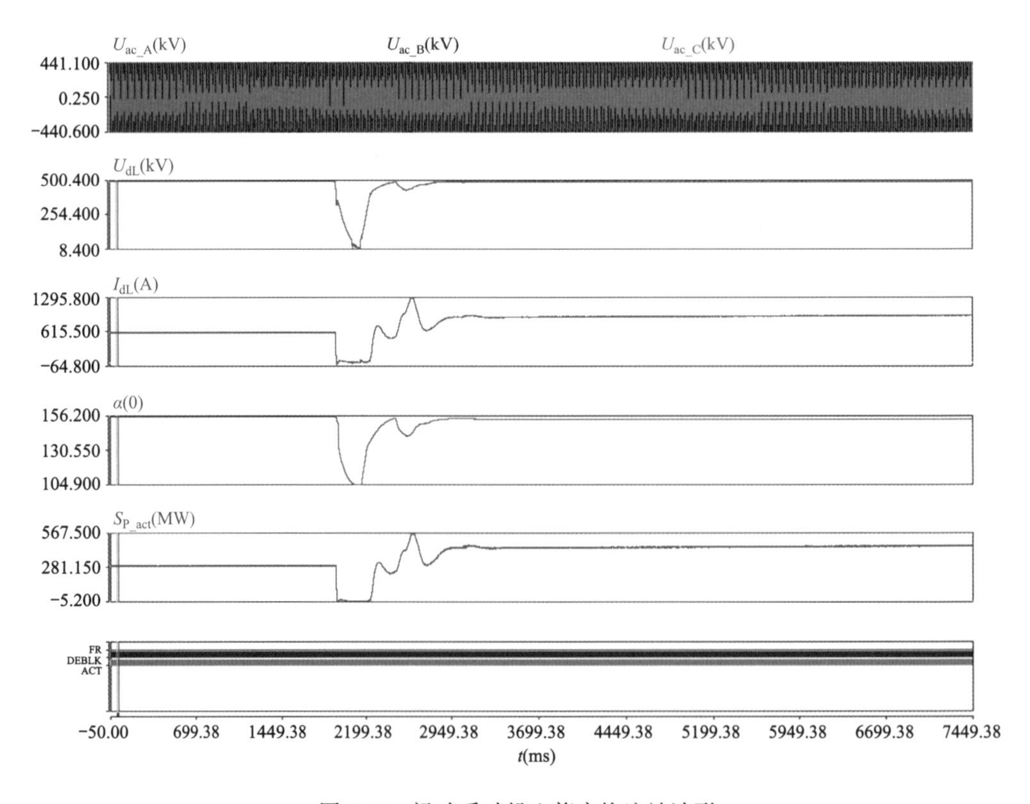

图 7-15　禄劝手动投入肇庆换流站波形

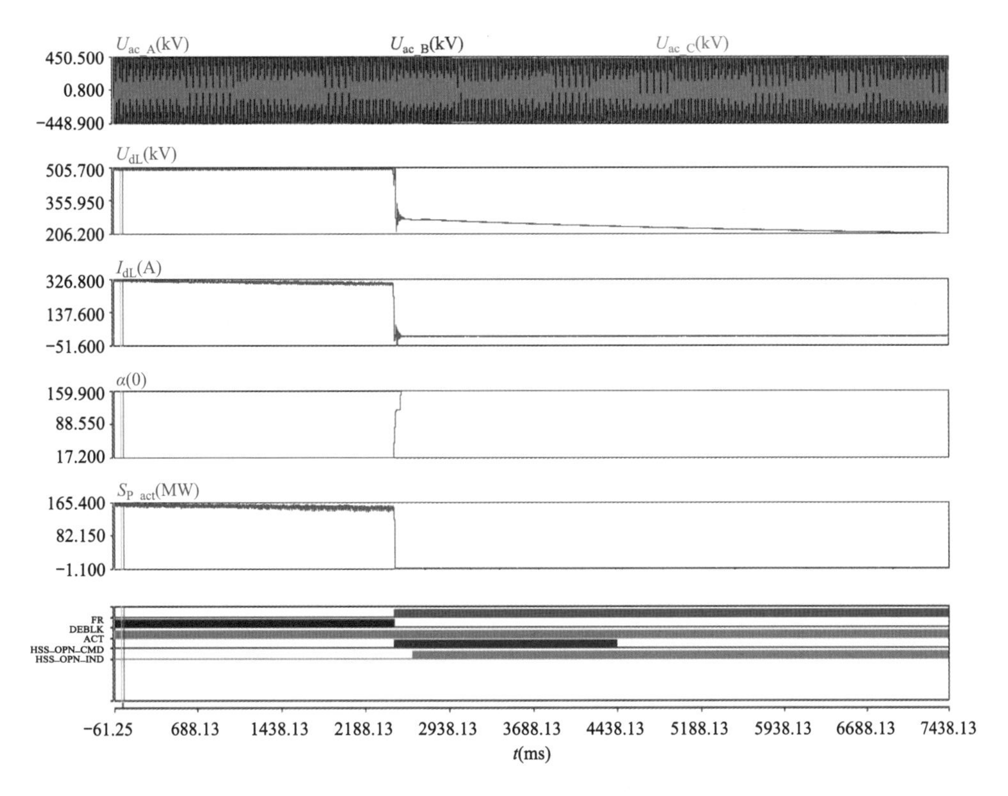

图 7-16　禄劝手动退出禄劝换流站波形

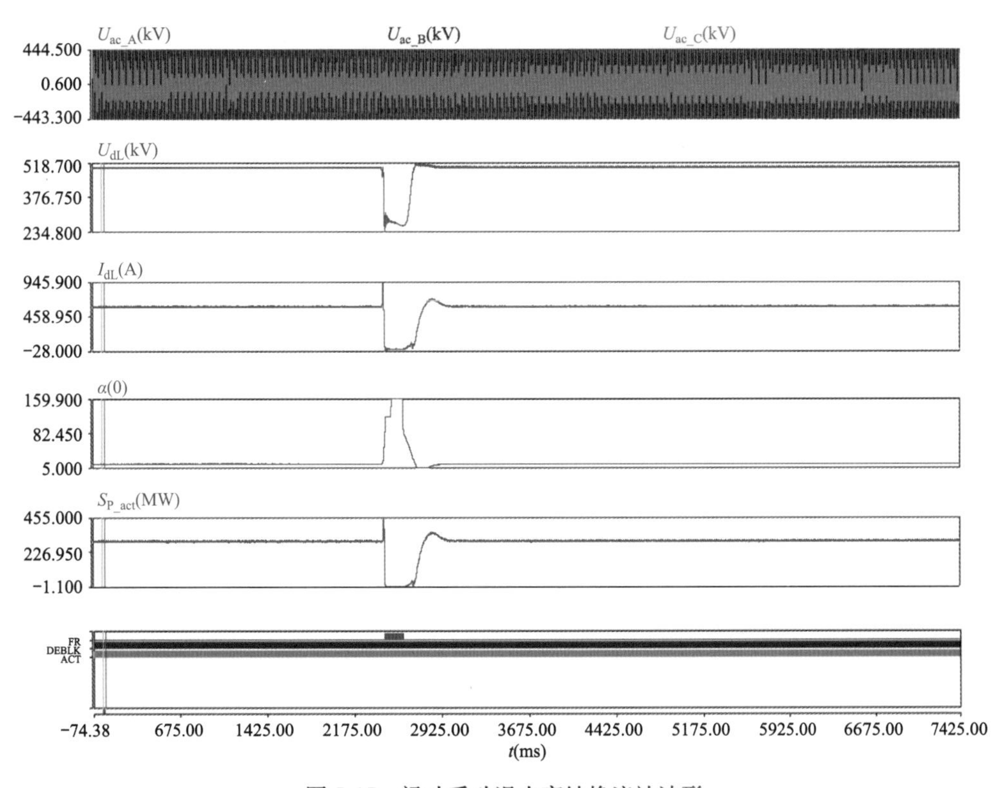

图 7-17　禄劝手动退出高坡换流站波形

（二）“一送二”运行方式换流站手动投退

下面以肇庆换流站极 1 手动投退为例分析“一送二”运行方式换流站手动投退过程。

1. 换流站手动投入

禄高肇直流“3+2”运行方式（禄高两端）运行，三站功率为 600/300/300MW，肇庆换流站极 1 手动投入。投入过程中极 1 汇流母线肇庆侧的两个隔离开关和 HSS 合上。波形如图 7-18～图 7-20 所示。肇庆换流站投入过程中，禄劝换流站先移相，待电压降低后合 HSS。HSS 合上后，肇庆换流站立即解锁，禄劝换流站收到高坡换流站及肇庆换流站脉冲使能后重启。禄劝换流站从移相到重启约 215ms，重启后 300ms 恢复功率 90%，肇庆换流站在 HSS 合上后约 629ms 建立电流。

2. 换流站手动退出

禄高肇三端双极大地回线运行，600/300/300MW，肇庆换流站极 1 手动退出，退出过程中极 1 汇流母线肇庆侧的 HSS 和两把隔离开关断开。波形如图 7-21～图 7-23 所示。肇庆换流站手动退出时，先降功率至最小功率，然后移相闭锁。禄劝换流站移相，待流过 HSS 电流减小后分 HSS。HSS 分开后，禄劝换流站和高坡换流站重启，禄劝换流站从移相到重启约 171ms，重启后 180ms 恢复功率 90%。

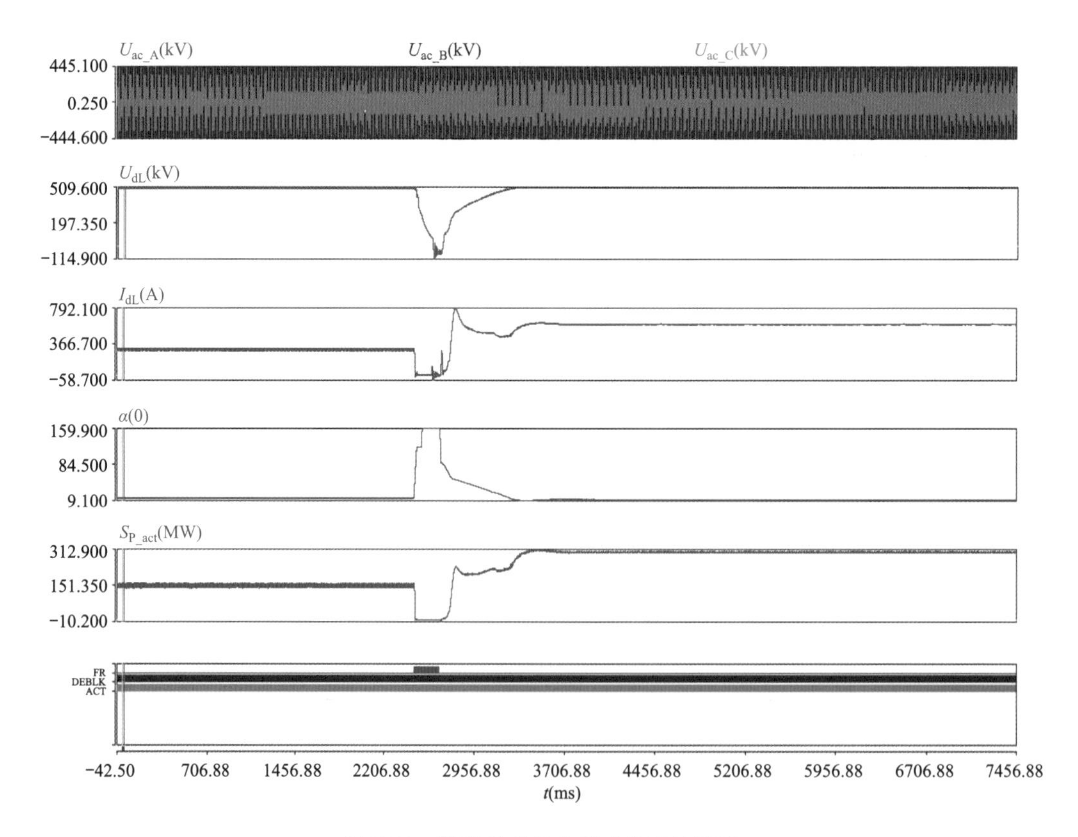

图 7-18　肇庆手动投入禄劝换流站波形

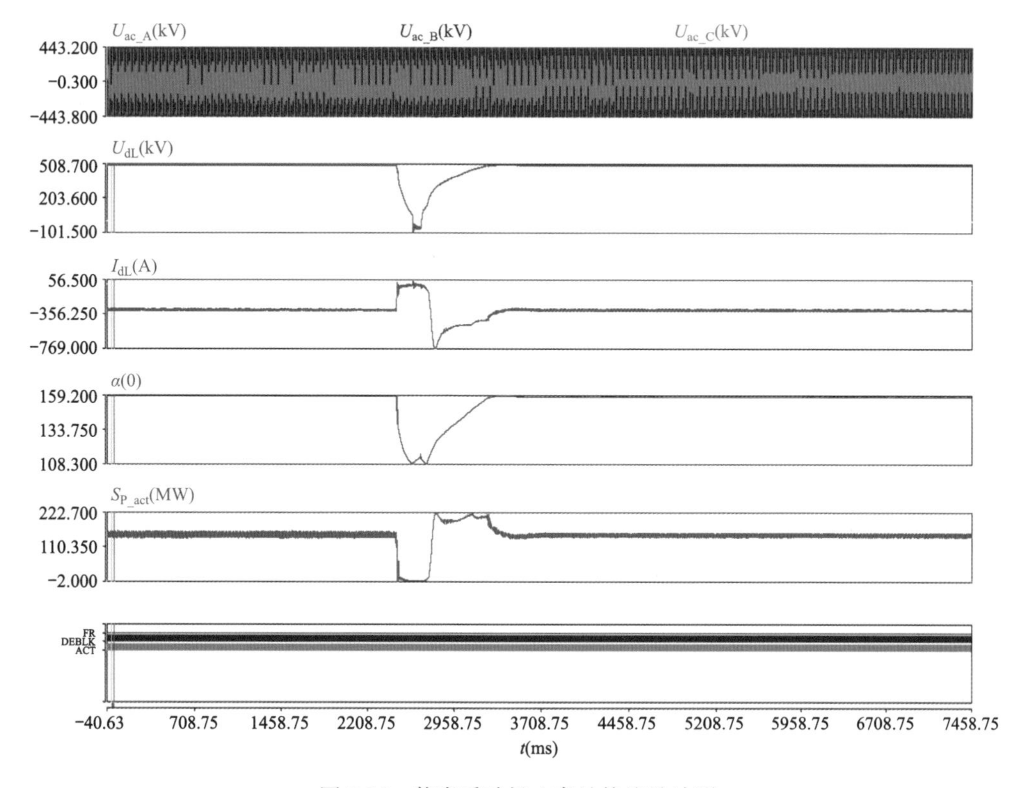

图 7-19　肇庆手动投入高坡换流站波形

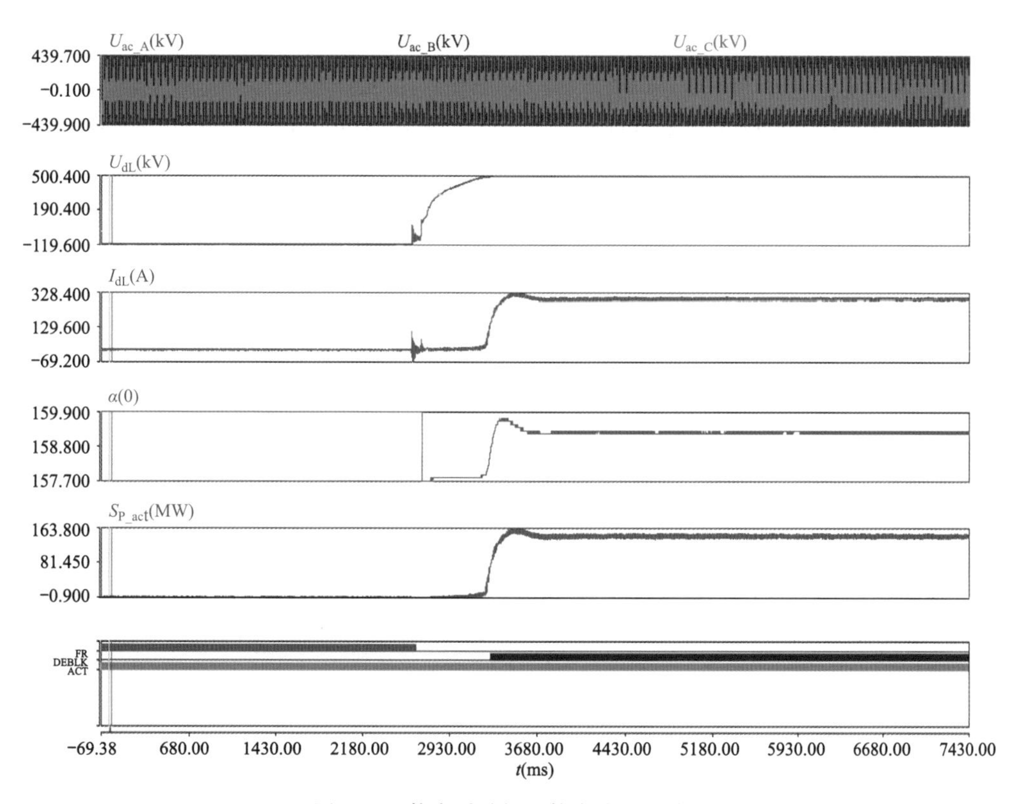

图 7-20　肇庆手动投入肇庆换流站波形

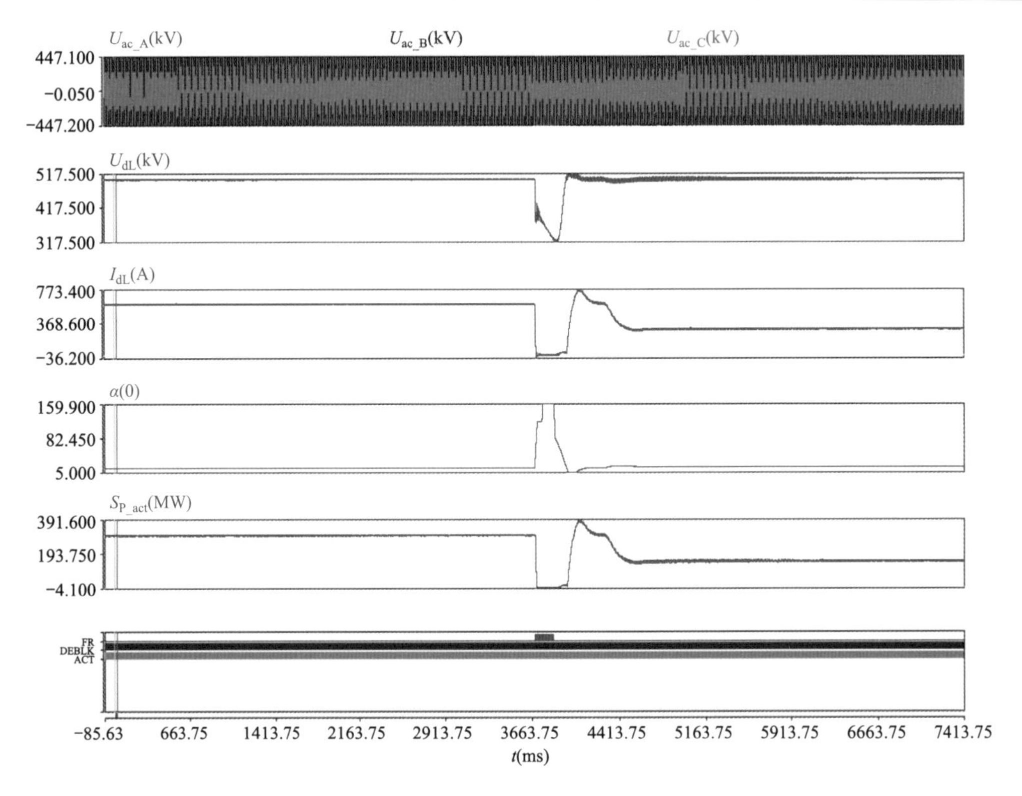

图 7-21　肇庆手动退出禄劝换流站波形

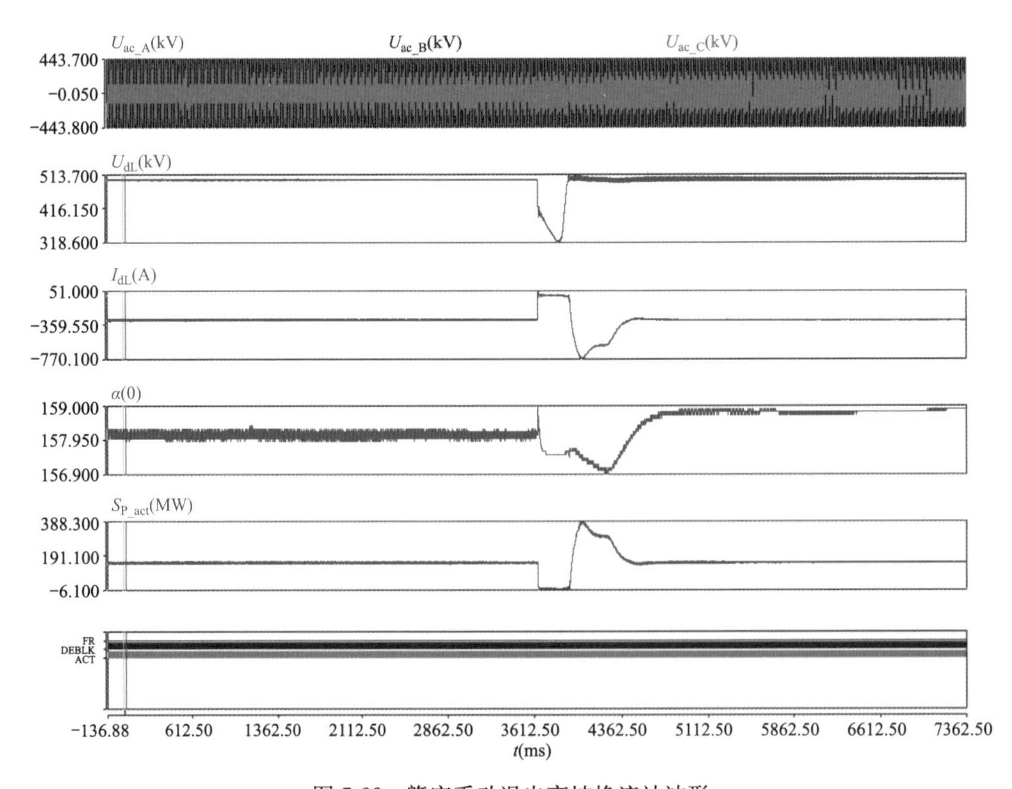

图 7-22　肇庆手动退出高坡换流站波形

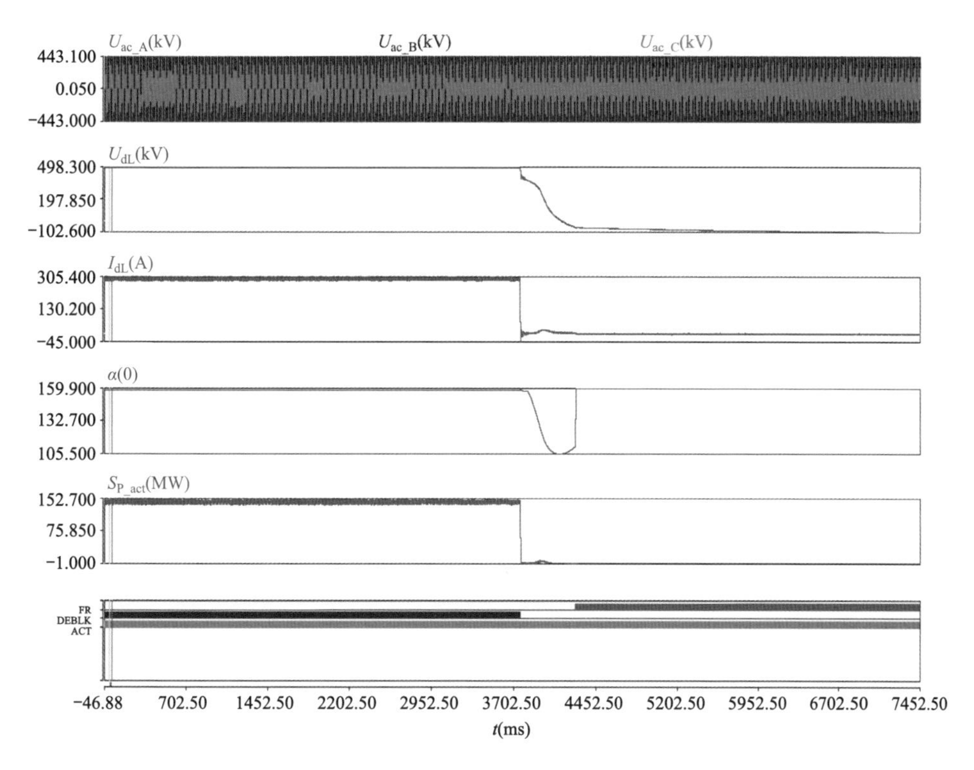

图 7-23　肇庆手动退出肇庆换流站波形

三、换流站故障退出试验

换流站故障退出试验用于验证换流站出现保护性闭锁时，换流站闭锁退出的时序是否正确，包括“二送一”运行方式换流站故障退出和“一送二”运行方式换流站故障退出试验。

（一）“二送一”运行方式换流站故障退出

下面以“二送一”单极运行，禄劝换流站故障退出为例，介绍“二送一”模式换流站故障退出试验结果。

禄高肇三端“二送一”运行方式，极 2 单极大地回线，150/150/300MW，在禄劝换流站极 2 模拟 87DCM 动作，波形如图 7-24～图 7-26 所示。禄劝换流站 87DCM 动作后，禄劝换流站立即移相闭锁，跳开交流进线开关，并进行极隔离，高坡换流站移相降低三端系统的电压和电流，随后分 HSS。从禄劝换流站保护动作到 HSS 分位信号出现的时间为 161ms，收到分位信号后，高肇两端恢复至移相前功率 90%的时间为 200ms。

（二）“一送二”运行方式换流站故障退出

下面以“一送二”运行方式单极金属回线运行，肇庆换流站故障退出为例，介绍“一送二”运行方式换流站故障退出试验结果。

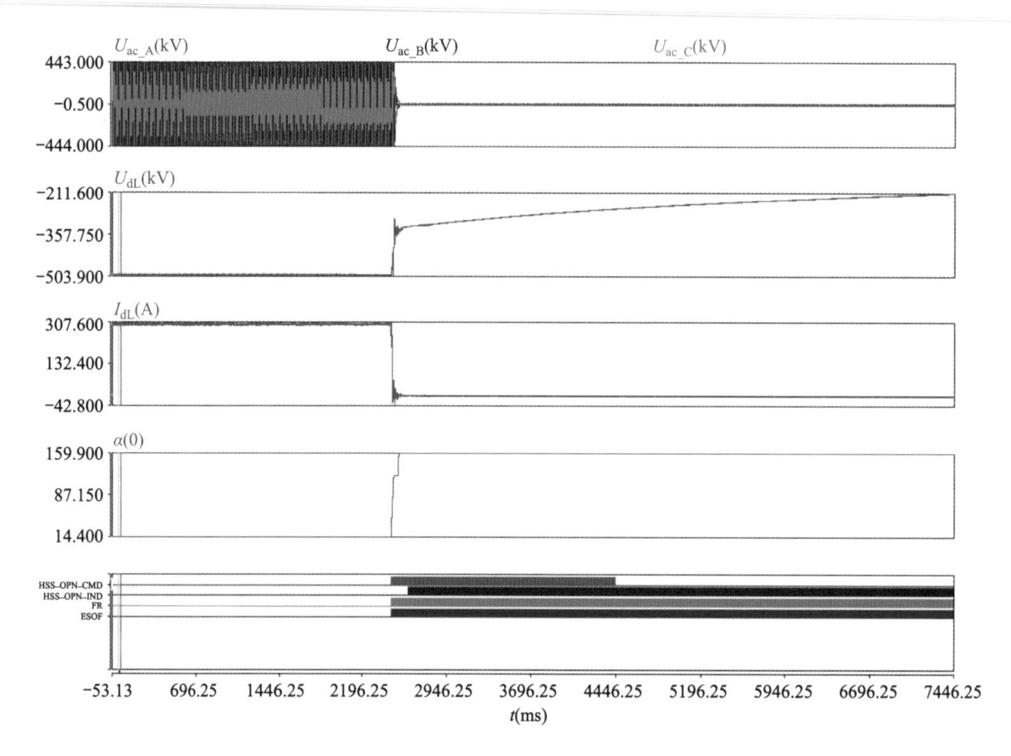

图 7-24　禄劝故障退出禄劝换流站波形

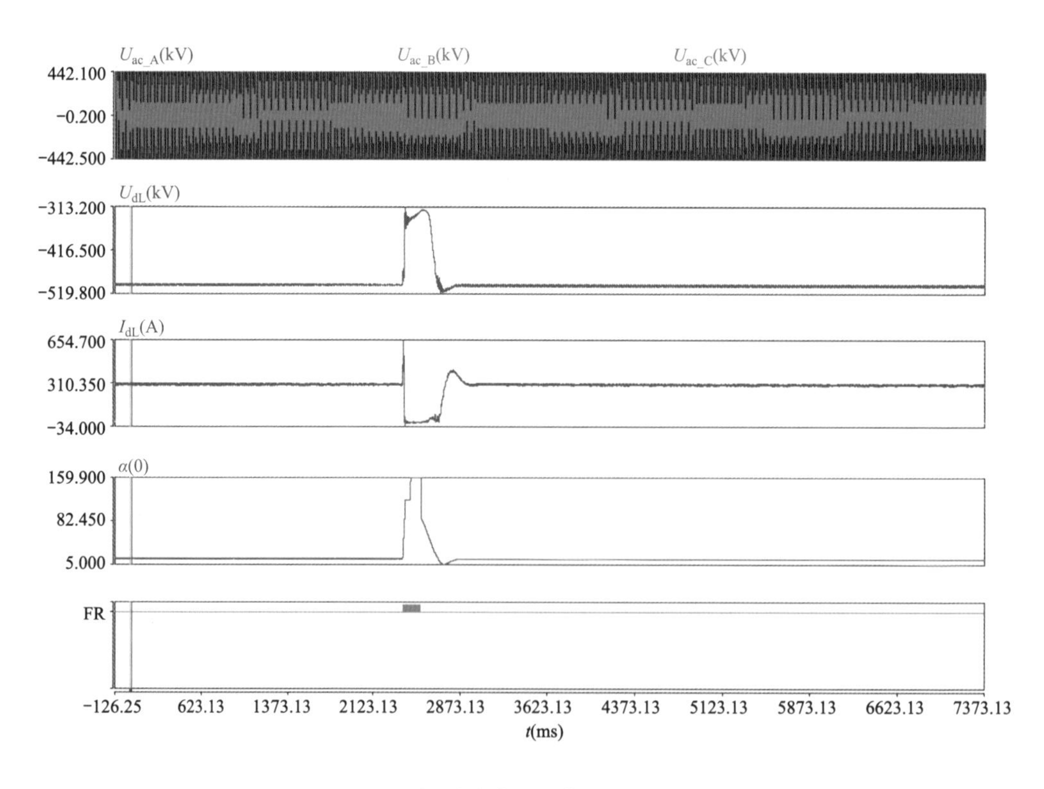

图 7-25　禄劝故障退出高坡换流站波形

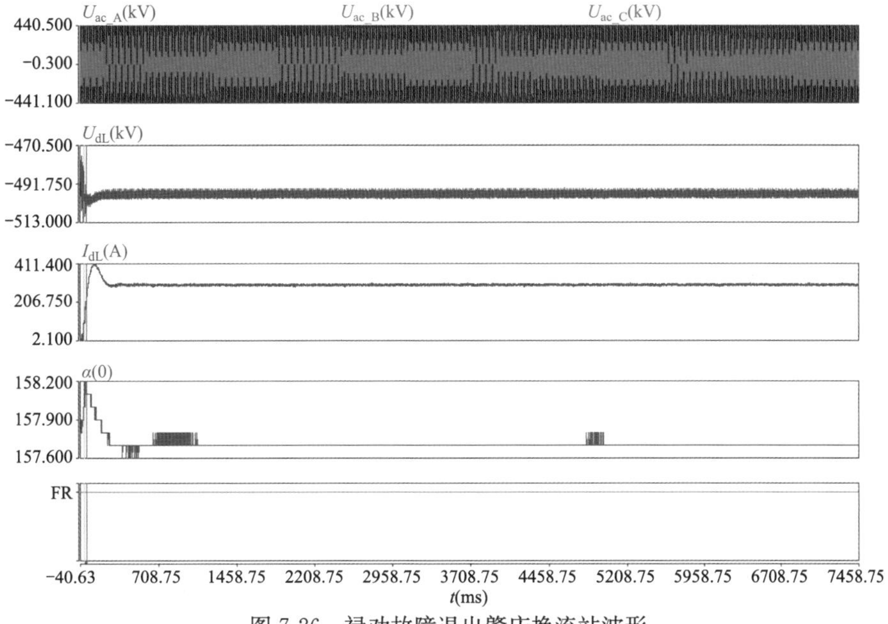

图 7-26　禄劝故障退出肇庆换流站波形

禄高肇三端“一送二”运行方式，极 2 单极金属回线，300/150/150MW，在肇庆换流站极 2 模拟 87CSY 动作，波形如图 7-27～图 7-29 所示。肇庆换流站 87CSY 动作后，肇庆换流站立即 ESOF，跳开交流进线开关，并进行极隔离。高坡换流站收到肇庆换流站跳闸信号后合上 HSGS，同时禄劝换流站移相降低三端系统的电压和电流，随后分 HSS。从禄劝换流站保护动作到 HSS 分位信号出现的时间为 195ms，收到分位信号后，禄高两端恢复至移相前功率 90%的时间为 165ms。

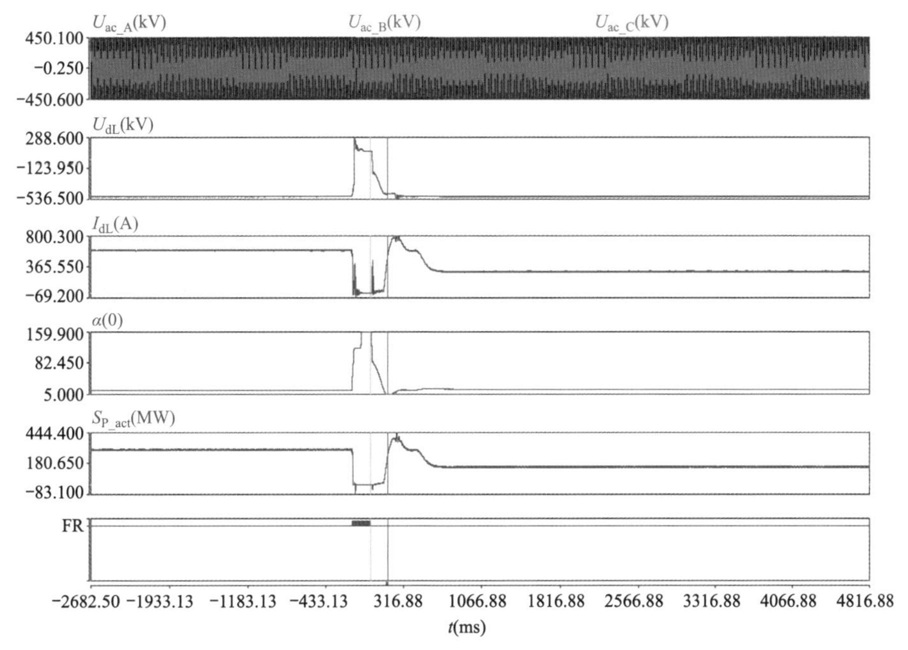

图 7-27　肇庆故障退出禄劝换流站波形

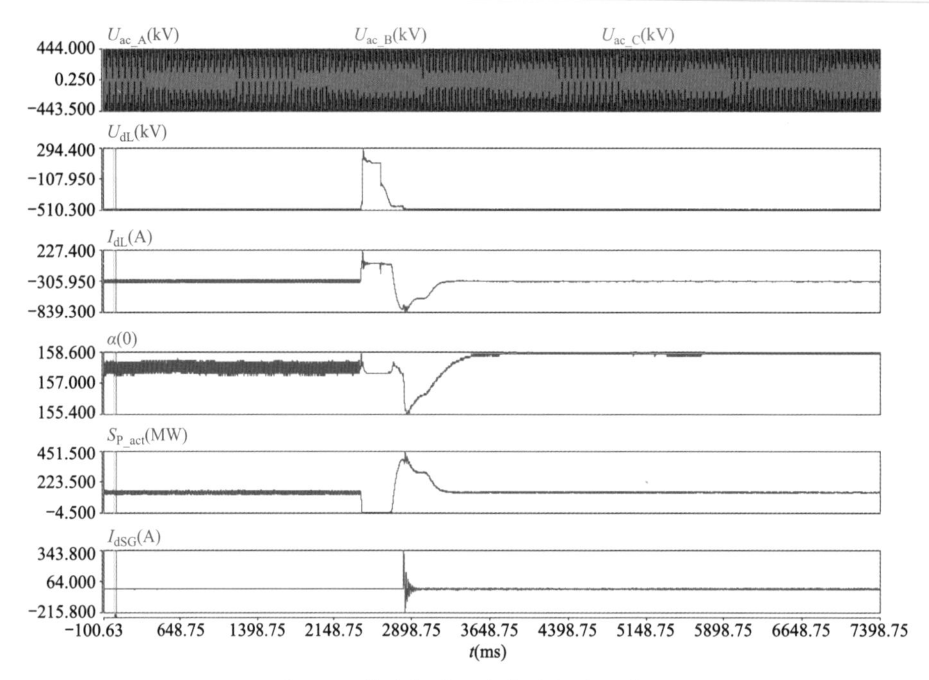

图 7-28　肇庆故障退出高坡换流站波形

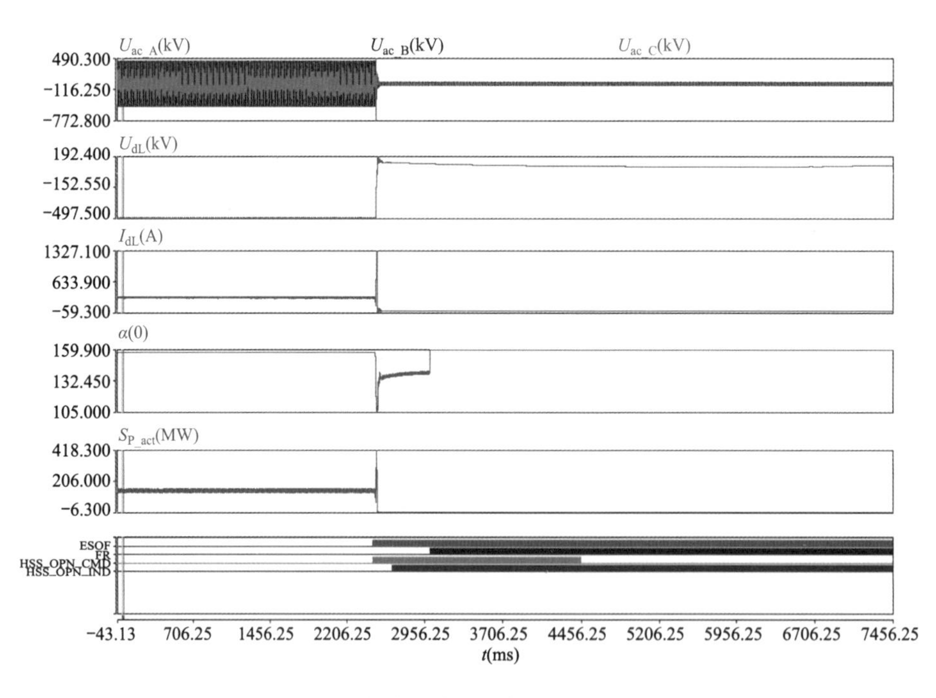

图 7-29　肇庆故障退出肇庆换流站波形

四、直流线路故障试验

试验用于验证线路保护顺序功能是否正确，包括“二送一”运行方式直流线路故障和“一送二”运行方式直流线路故障试验。

（一）“二送一”运行方式直流线路故障

下面以“二送一”运行方式双极运行，极1直流线路禄劝换流站附近故障为例，介绍“二送一”运行方式直流线路故障试验结果。

禄高肇三端“二送一”运行方式，双极大地回线，三站功率分别为300/300/600MW，在极1直流线路禄劝换流站附近制造人工接地短路，波形如图7-30～图7-32所示。禄劝换流站、高坡换流站极1线路保护第一套、第二套、第三套行波保护动作，肇庆换流站极1线路保护第一套电压突变量保护动作，极1移相400ms后全压重启，直流功率迅速恢复，禄劝换流站恢复时间为275ms，高坡换流站恢复时间为221ms。

（二）“一送二”运行方式直流线路故障

下面以“一送二”运行方式双极运行，极1直流线路肇庆换流站附近故障为例，介绍“一送二”运行方式直流线路故障试验结果。

禄高肇三端“一送二”运行方式，双极大地回线，三站功率分别为600/300/300MW，在极1直流线路肇庆换流站附近制造人工接地短路，波形如图7-33～图7-35所示。肇庆换流站、高坡换流站极1线路保护第一套、第二套、第三套行波保护、电压突变量保护动作，禄劝换流站极1线路保护第一套、第二套、第三套电压突变量保护动作，极1移相400ms后全压重启，直流功率迅速恢复，禄劝换流站恢复时间为260ms，高坡换流站恢复时间为289ms，肇庆换流站恢复时间为302ms。

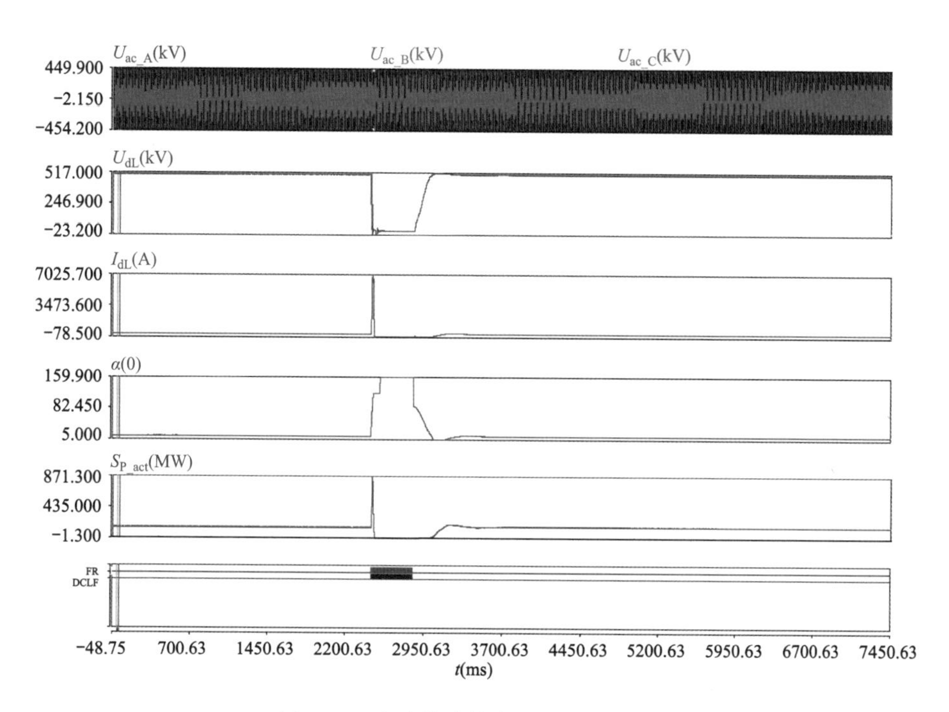

图7-30　直流线路故障禄劝换流站波形

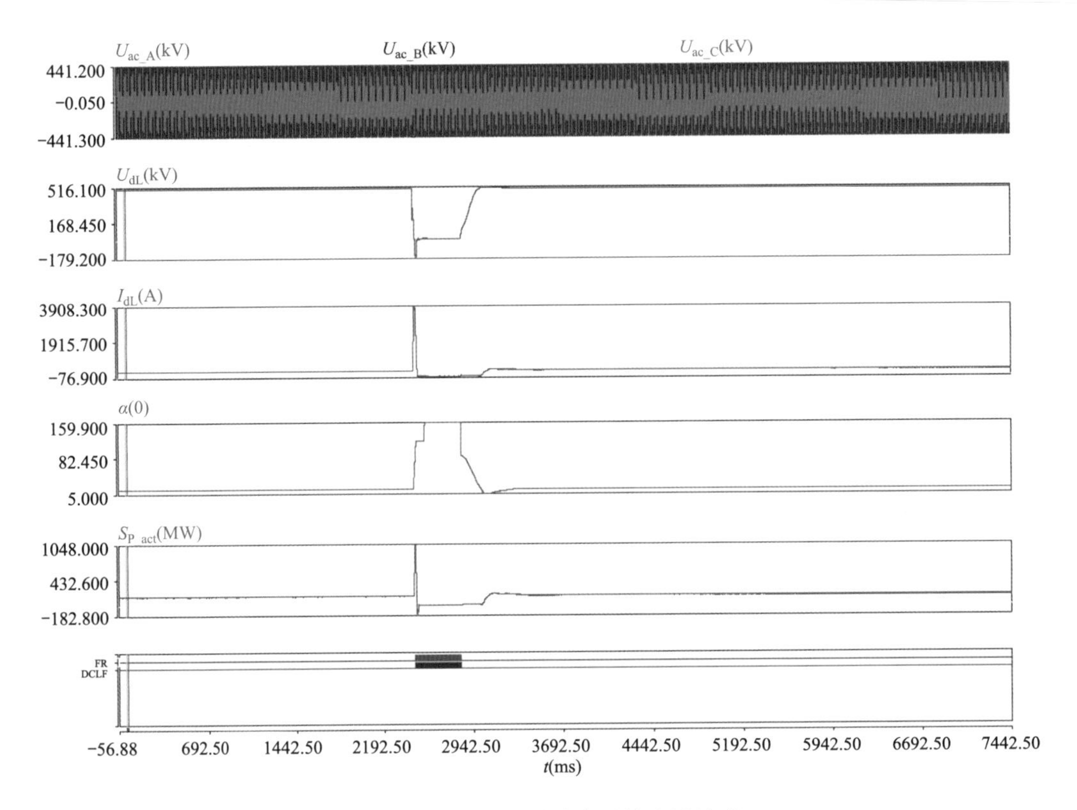

图 7-31　直流线路故障高坡换流站波形

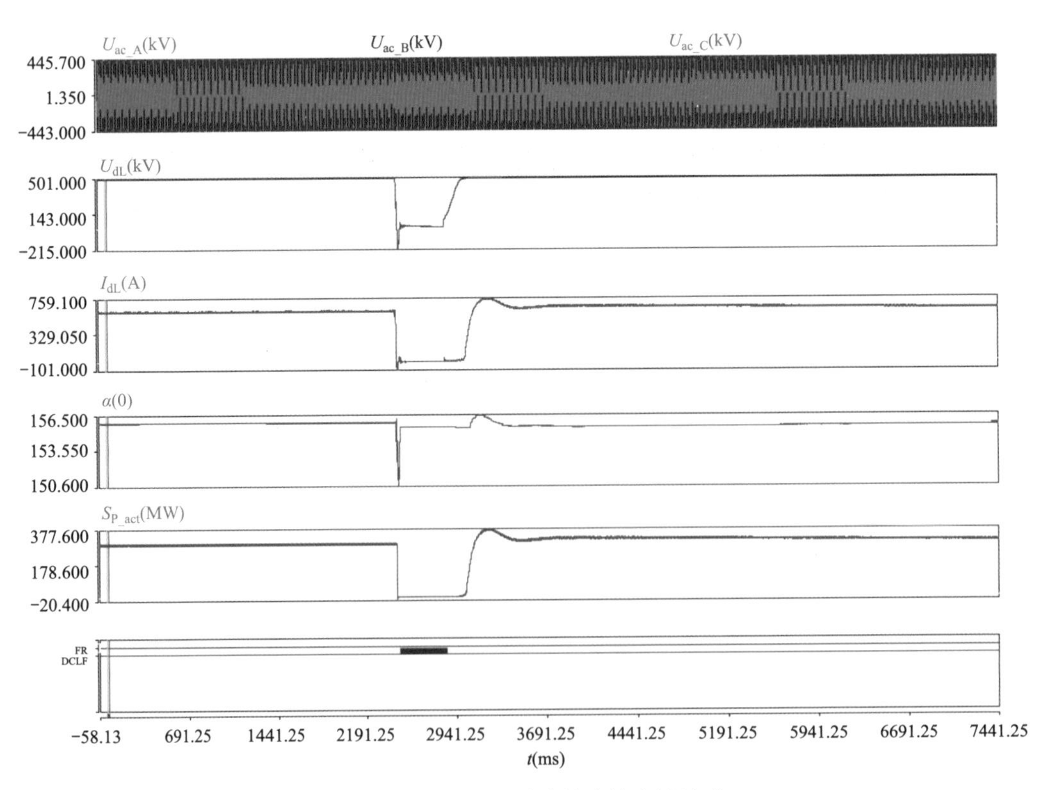

图 7-32　直流线路故障肇庆换流站波形

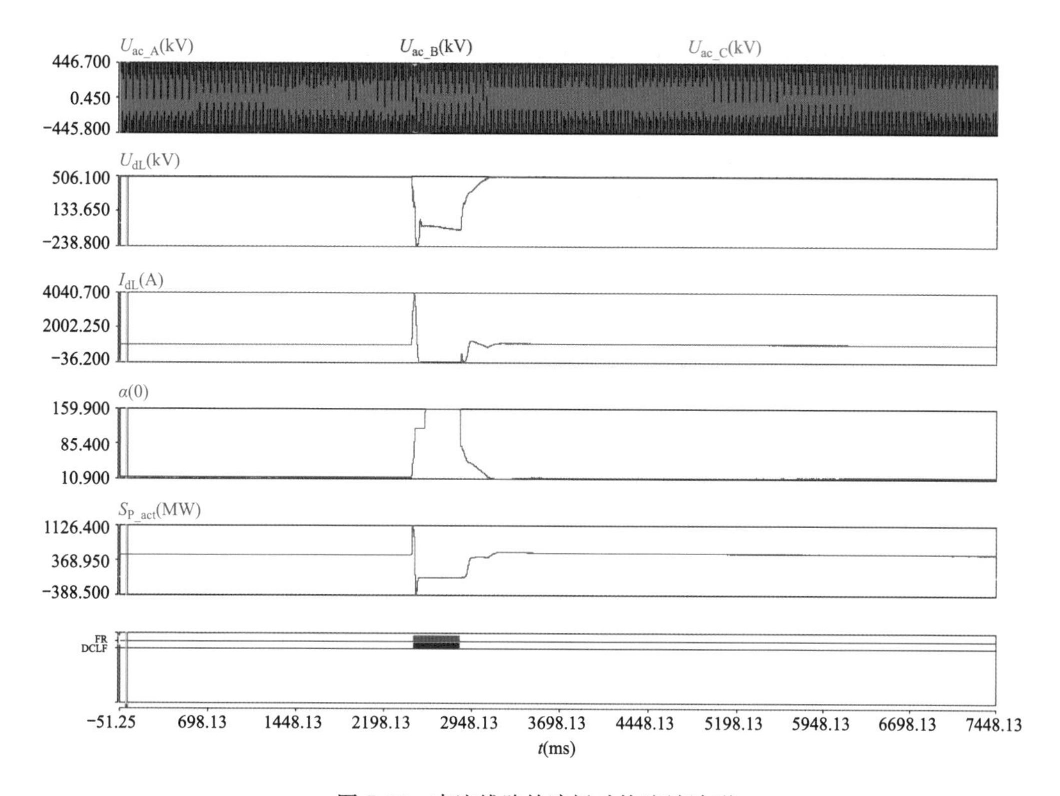

图 7-33　直流线路故障禄劝换流站波形

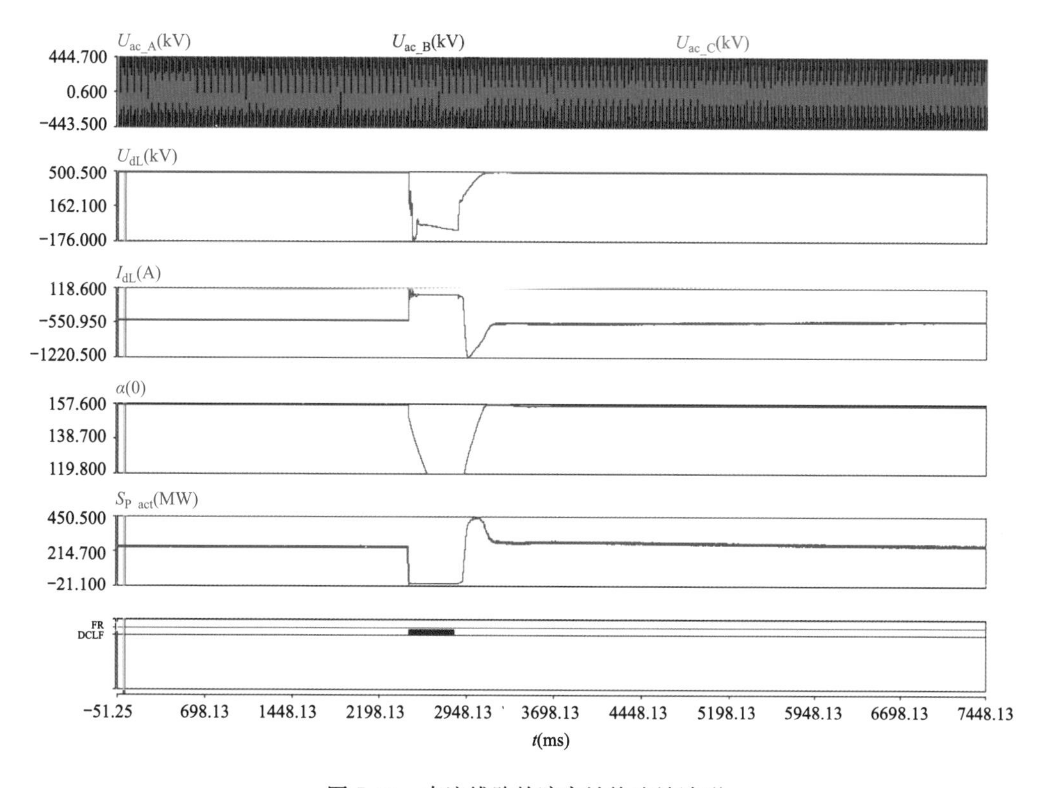

图 7-34　直流线路故障高坡换流站波形

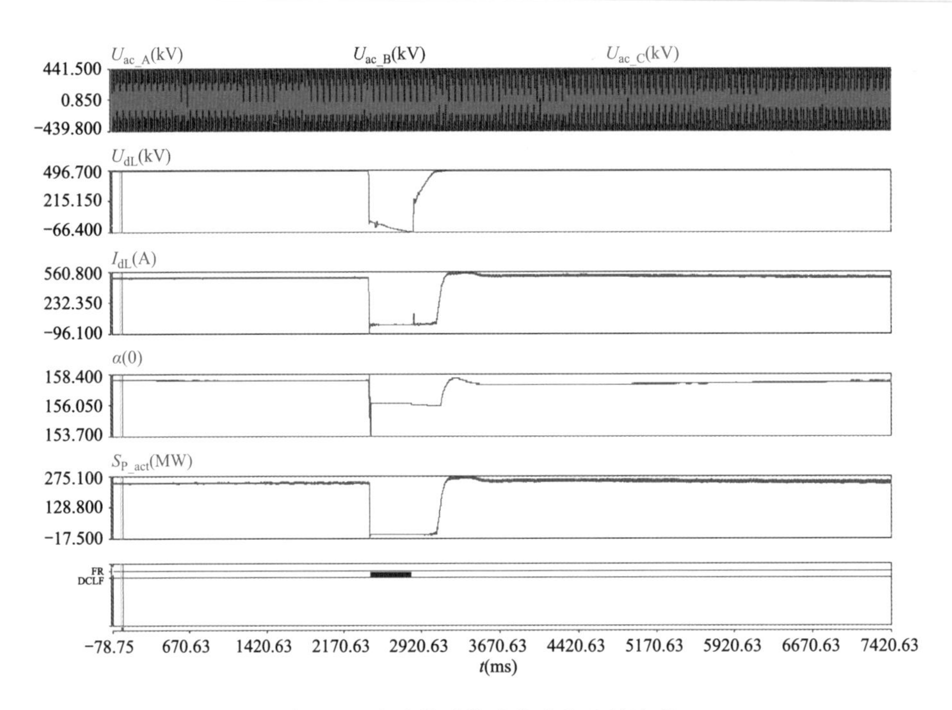

图 7-35　直流线路故障肇庆换流站波形

第四节　三端直流调试典型案例

本节以禄高肇直流工程为例，介绍三端直流调试的典型异常事件案例。

一、直流线路故障重启时禄劝电流恢复慢

（一）事件概述

禄高肇直流工程在“二送一”运行方式下，极 1 直流线路故障，禄劝换流站、高坡换流站极 1 线路低电压保护 27DCL 动作，禄高肇直流极 1 线路全压重启动成功，但极 1 重启恢复过程中禄劝换流站电流建立较慢。

（二）相关功能介绍

直流系统正常运行时，为使整流侧 PI 控制器处于定电流模式，极控系统给整流侧的电压参考值加上了一个电压裕度 U_{d_margin}。整流器控制模式由电压计算偏差与电流计算偏差的相对大小决定，若电流计算偏差小于电压计算偏差，则控制器选择定电流控制，若电压计算偏差小于电流计算偏差，则控制器选择定电压控制。

正常情况下，整流侧电压裕度 U_{d_margin} 为 0.3（标幺值），使整流侧电压计算偏差较大，从而令整流侧 PI 控制器处于定电流模式。为防止过电压，当整流侧直流电流小于 0.05

（标幺值）并延时 300ms 后，电压裕度会由 0.3（标幺值）切换为 0.03（标幺值），随后直流电压将以一定速率向目标值变化。

（三）故障过程分析

相关控制系统波形如图 7-36～图 7-38 所示。

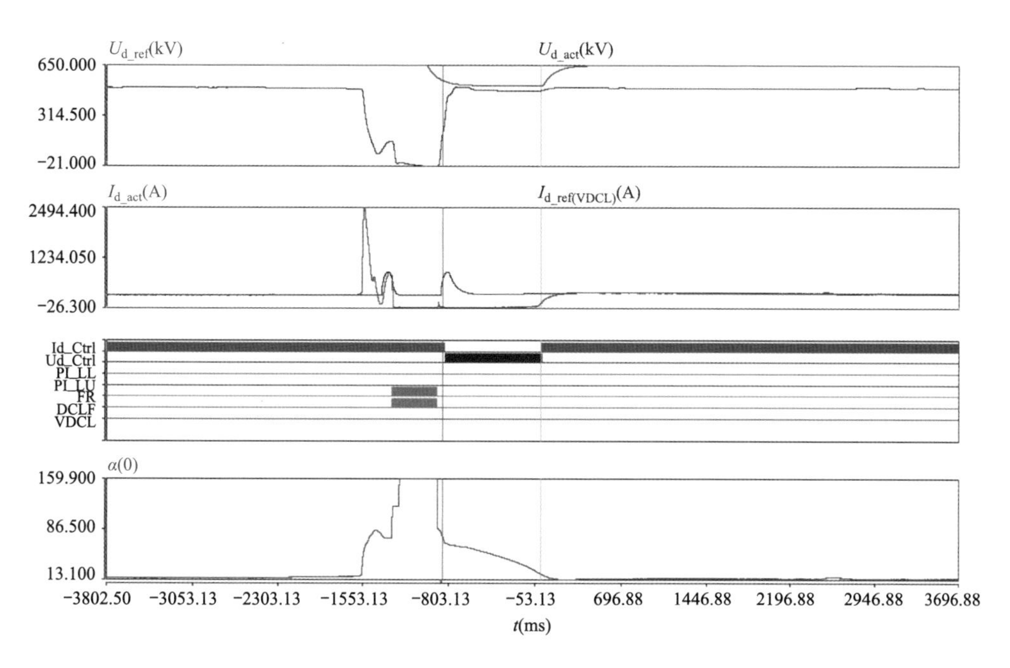

图 7-36　禄劝换流站极控相关波形

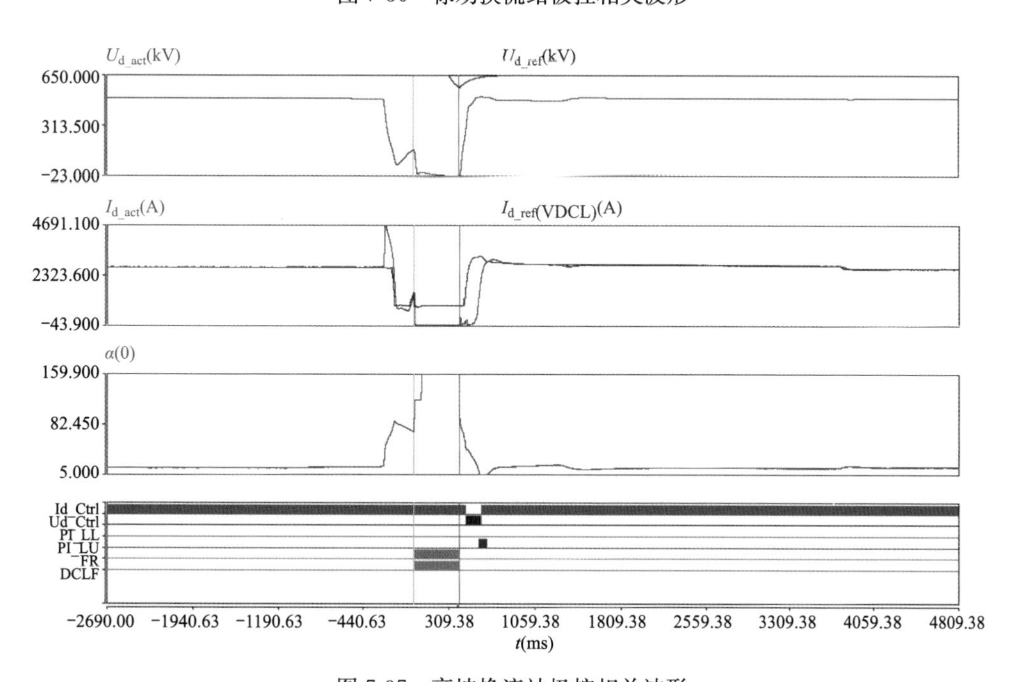

图 7-37　高坡换流站极控相关波形

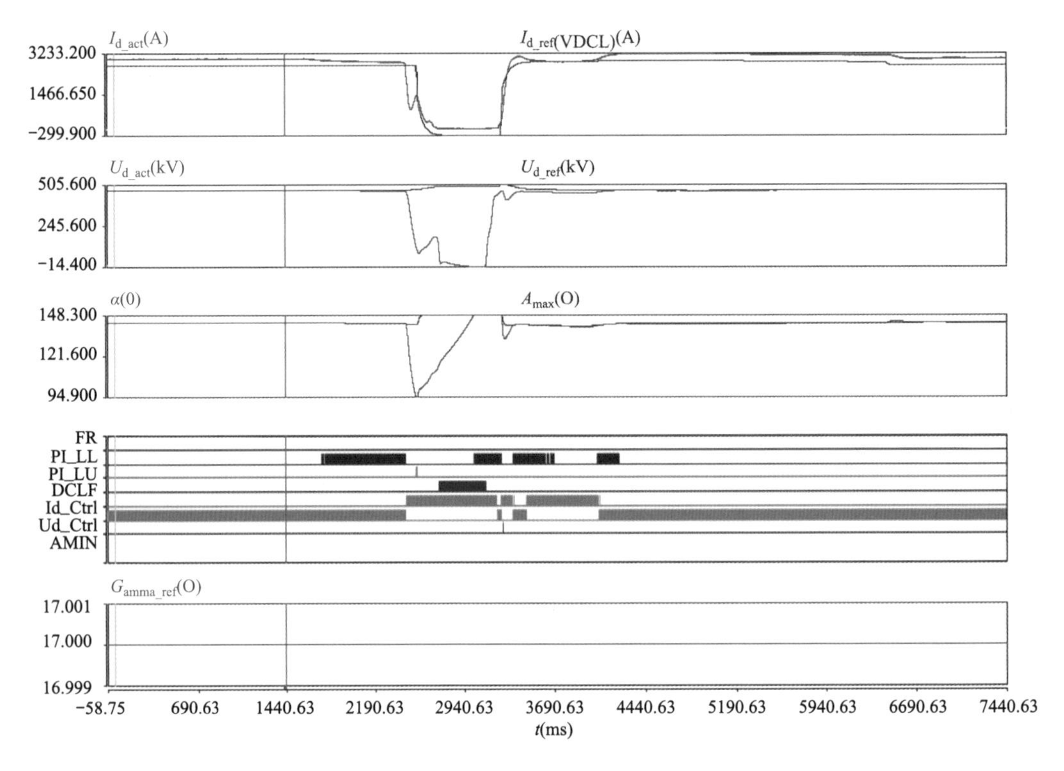

图 7-38　肇庆换流站极控相关波形

由图 7-36～图 7-38 可知：

(1) 禄劝极 1 去游离开始 300ms 后便触发电压裕度切换逻辑，禄劝直流电压参考值下降，去游离结束时禄劝极 1 电压参考值已降至 570kV。

(2) 由于禄劝、高坡两个整流站的功率参考值相差较大，去游离结束后，高坡因功率参考值较高，触发角下调速度较快（去游离结束后 30ms，高坡极 1 触发角下调至 72.4°，禄劝极 1 触发角下调至 84.2°），使高坡阀出口电压接近甚至高于禄劝阀出口电压，禄劝在去游离结束后难以建立电流，导致禄劝电压裕度未能切换回故障前数值，禄劝极 1 电压参考值继续降低。

(3) 当禄劝极 1 电压参考值下降至 542kV 后，禄劝极 1 电压计算偏差小于电流计算偏差，禄劝极 1 切换为定电压控制，直流电流在该段时间内因失去控制无法快速恢复。

(四) 修改方案

针对该问题，提出去游离时间内禁止电压裕度切换的修改方案。

软件修改后，在仿真系统再次开展直流线路故障试验，验证结果显示，程序修改后，禄劝换流站电流在直流线路故障重启后迅速恢复，满足设计要求。

(五) 结论与启示

(1) 禄劝极 1 去游离结束后功率恢复较慢，原因为特定工况下（两个整流站功率相差较大）去游离结束后电压裕度未能切换回原来数值，导致直流电流无法快速恢复。

（2）三端直流控制器的电压、电流裕度配合需针对三端重启动工况作针对性调整，避免各换流站之间相互影响，导致电压、电流无法有效建立。

二、禄劝退出后高肇直流功率突降

（一）事件概述

禄高肇直流三端“二送一”运行，禄劝换流站极 1 功率 150MW，高坡换流站极 1 功率 1350MW，禄劝换流站极 2 功率 150MW，高坡换流站极 2 功率 1350MW。禄劝换流站极 1 退出运行，极 1 由双极功率模式切换至单极电流模式，禄劝极 1 退出后，高坡换流站极 1 功率 1350MW，禄劝换流站极 2 功率约 150MW，高坡换流站极 2 功率 1350MW。随后禄劝换流站极 2 退出，退出成功，禄高肇直流转为高肇两端双极运行。但此时高坡换流站极 2 功率突然从 1350MW 降至 150MW，极 1 功率保持 1350MW，功率损失 1200MW，双极均为单极电流模式。

（二）相关功能介绍

1. 控制模式切换逻辑

运行人员单击极退出后，极控程序会通过各站的电流限制实现各个站之间的功率协调，该限制维持 30s。为防止双极功率模式下电流限制取消后站间协调结果变化，运行人员下发极退出命令后延时 3s 将本极控制模式由双极功率模式切换为单极电流模式。为防止控制模式切换时的功率扰动，单极电流模式的电流参考值取值为模式切换前瞬间的电流实际值。

2. 极退出逻辑

运行人员单击极退出命令后，将执行下面的操作：

（1）本站功率参考值下降，待功率参考值降到最小且实际电流低于定值后，本站闭锁。

（2）本站在闭锁的同时会发出分 HSS 命令，其余整流站进行移相，待满足分 HSS 的条件后，HSS 分开，其余整流站取消移相恢复运行。

（三）故障过程分析

相关控制系统波形如图 7-39 所示。

由图 7-39 可知，00：00：39 时，禄劝极 2 功率参考值约为 151MW（这是禄劝极 1 退出后，站间功率协调受现场电压电流波动影响的最终结果），由此推断出在 00：00：38 禄劝点击极 2 退出时，禄劝极 2 功率参考值约为 151MW。

在禄劝极 2 单击极退出后，禄劝极 2 功率参考值开始下降，00：00：41 时，禄劝极 2 功率参考值下降至 150MW，禄劝极 2 闭锁，高坡极 2 移相。而禄劝单击极 2 退出命令后延时 3s，即 00：00：41 时发出极 2 切换为单极电流命令，此命令正好发生在高坡极 2 移相过程，如图 7-40 所示。

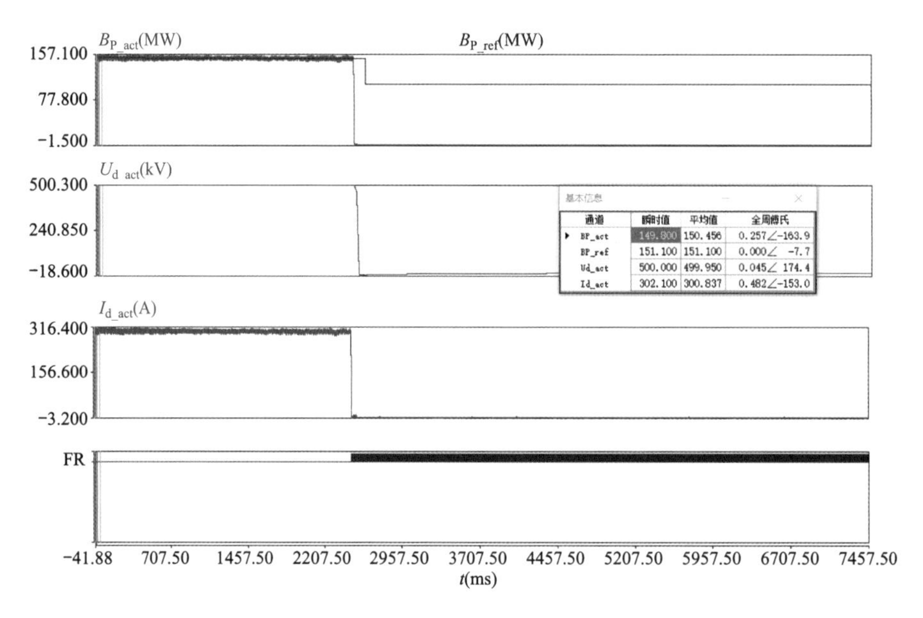

图 7-39　禄劝极 2 极控波形

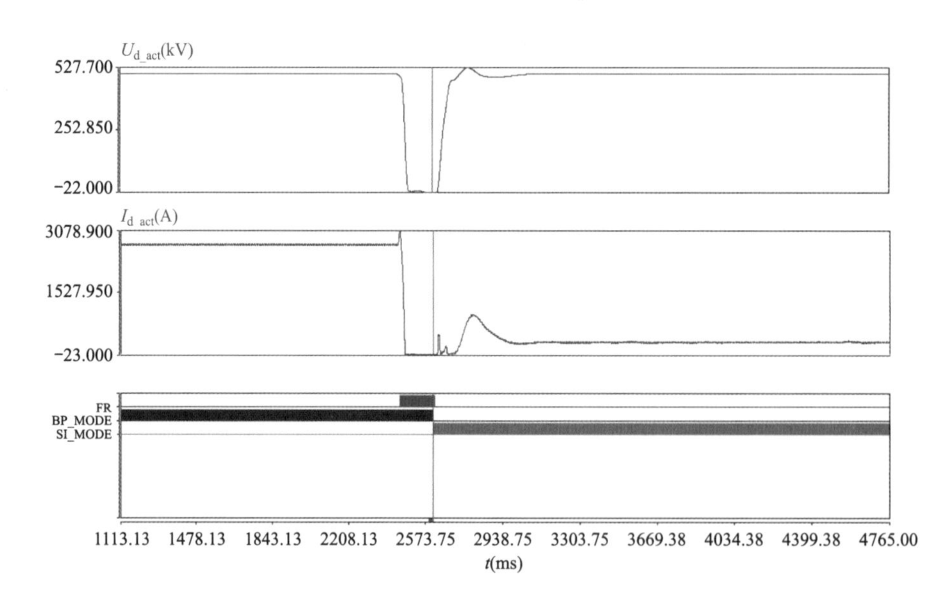

图 7-40　高坡极 2 极控波形

因双极功率模式下，单极电流模式的电流参考值跟随电流实际值，故高坡极 2 移相过程中，高坡极 2 的单极电流模式的电流参考值为 0A，经过最小值限制后变为 300A，高坡极 2 切换为单极电流模式后，电流参考值便突变为 300A，使高坡极 2 功率突降为 150MW。

（四）修改方案

针对该问题，提出手动极退出时，先切换功率控制模式再降功率的措施。

软件修改后，在仿真系统再次开展禄劝极退出试验，验证结果显示，程序修改后，高肇直流运行正常。

（五）结论与启示

（1）此次功率突降事件的原因为单极电流控制切换指令在极退出指令 3s 后发出。而此次事件中禄劝直流功率从极退出指令发出到下降至最小值也需约 3s 左右，最终导致该切换指令恰好发生在高坡换流站移相期间，使得高坡换流站在切换为单极电流控制后取 300A 作为电流参考值，最终引起功率突降。

（2）极退出时序设计应全面考虑各类运行工况，控制模式切换应避免发生在移相过程。

三、三端解锁时高坡阀控无回检越限跳闸

（一）事件概述

禄高肇直流禄劝送高坡、肇庆试运行测试期间，进行极 2 金属回线解锁闭锁性能试验（“一送二”），三站解锁过程中高坡换流站因阀控无回检越限跳闸。

（二）相关功能介绍

1．三站解锁逻辑

试验前，禄高肇直流三站解锁时序为：

（1）肇庆解锁。

（2）禄劝收到肇庆脉冲使能后解锁。

（3）高坡收到禄劝、肇庆脉冲使能后延时 1s 解锁。

该解锁时序的设计目的是三站解锁时，先使禄劝、肇庆解锁稳定后，再解锁高坡，令直流系统解锁过程较为平稳。

2．阀控回报检测逻辑

换流阀带电后，阀控启动晶闸管级无回报监视功能，对晶闸管级的正向回报和负向回报进行监测。

当晶闸管级电压高于＋130±20V 时，晶闸管级的 TVM 板向 VBE 发送正向回报信号，VBE 收到正向回报信号后按照控制脉冲对晶闸管实现触发控制。单阀中任意一个阀段内至少有 5 个晶闸管级的正向回报信号便可正常触发该阀。

当晶闸管级电压低于－150±20V 时，晶闸管级的 TVM 板向 VBE 发送负向回报信号，当 VBE 连续 100ms 未收到晶闸管级 TVM 板的负向电压回报信号，判定该晶闸管级无回报告警，上传告警事件报文至后台 SER；当单阀同时出现 3 级晶闸管无回报告警时，上传晶闸管无冗余事件报文；当单阀同时出现超过 3 级晶闸管无回报告警时，发出跳闸请求信号。对于整阀段 13 级晶闸管同时无回报信号特殊工况，通常认为阀侧两端电压异常，阀控不做无回报处理，目的是提高直流系统运行可靠性，减少系统停运风险。

（三）故障过程分析

图 7-41 为高坡阀控无回检越限跳闸时的相关波形。

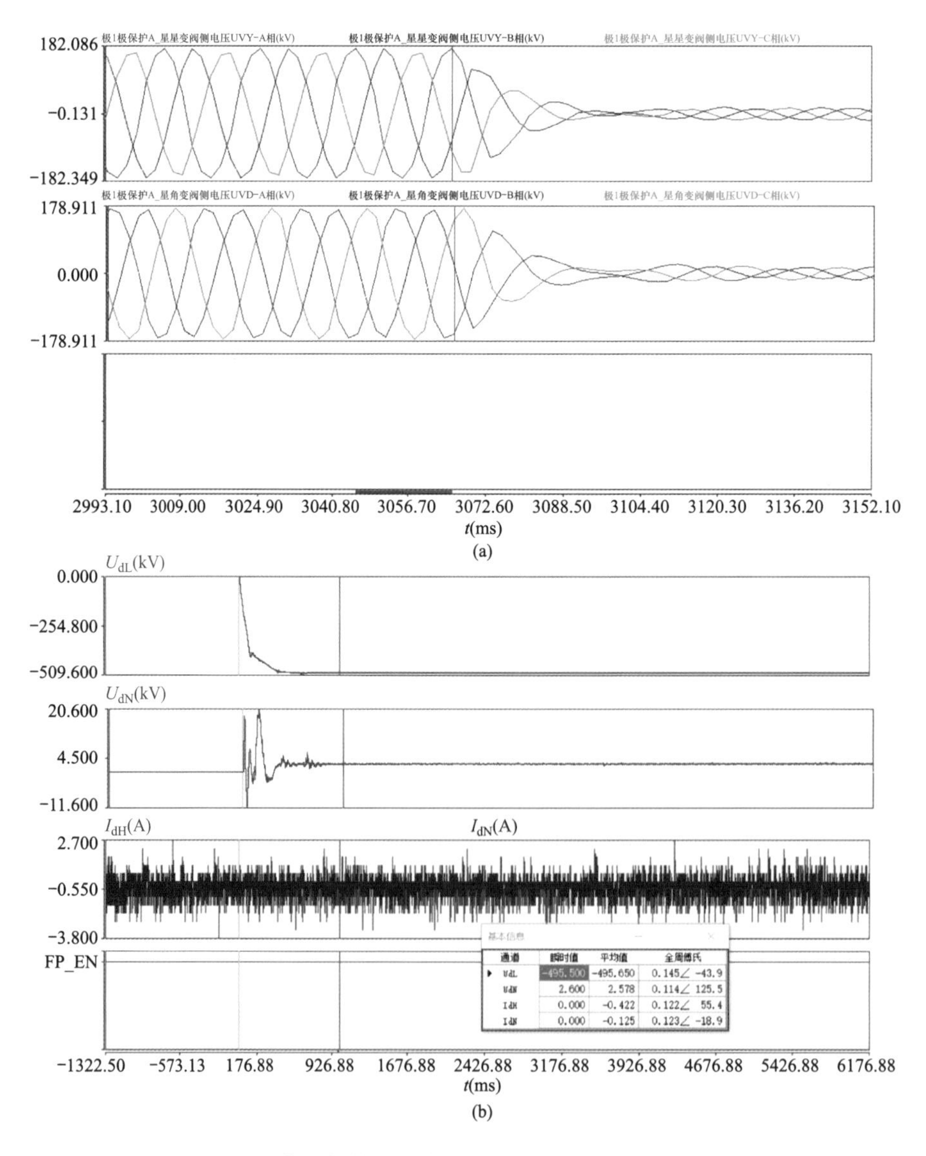

图 7-41　高坡阀控无回检越限跳闸相关极控和外置波形

由图 7-41 可知，高坡极 2 解锁前，禄劝、肇庆已经解锁，高坡换流阀承受约 498kV 的正向直流电压，阀侧交流电压峰值约为 182kV。根据西电说明，考虑相关不均匀系数，此时单个晶闸管级的电压理论上最低约为−208V，与晶闸管级 TVM 板的负向电压检测门槛最小值−170V 接近。若考虑测量和计算偏差，有可能出现部分晶闸管级电压高于负向电压检测门槛值、部分晶闸管级电压低于负向电压检测门槛值的情况。

图 7-42 为高坡阀控无回检越限跳闸前 100ms 的阀控波形。

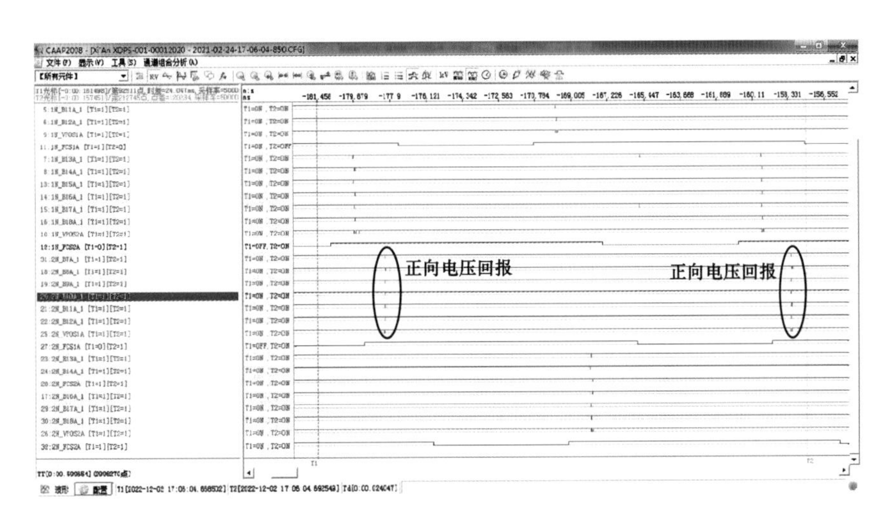

图 7-42 高坡阀控无回检越限跳闸 100ms 前阀控波形

由图 7-42 可知，高坡阀控无回检越限跳闸 100ms 前，Y1 阀的 6 个阀段均无负向电压回报，只有正向电压回报，由于整阀段 13 级晶闸管同时无负向回报不做无回报处理，因此阀控系统维持正常运行。

图 7-43 为高坡阀控无回检越限跳闸前 100ms 内的阀控波形。

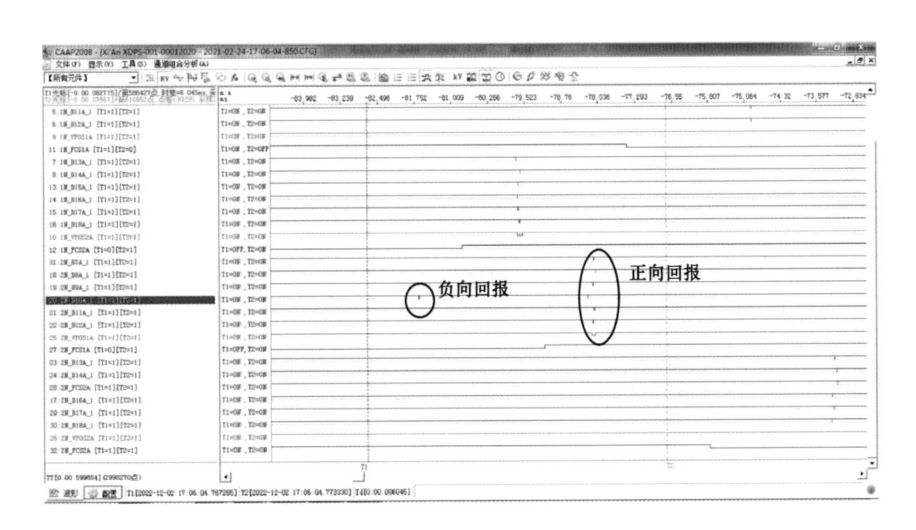

图 7-43 高坡阀控无回检越限跳闸前 100ms 内阀控波形

由图 7-43 可知，高坡阀控无回检越限跳闸前 100ms 内，Y1 阀的阀段 4 第 1 级晶闸管（对应 A. 6L. 14 晶闸管级）突然出现负向回报，而阀段 1、2、3、5、6 以及阀段 4 的 2～13 级共 77 级晶闸管同时无负向电压回报，这种工况持续时间达到 100ms，阀控判断阀段 4 的 2～13 晶闸管无回报，发出跳闸信号。

综合上述信息，可判断此次高坡阀控无回检跳闸的原因是高坡在禄劝、肇庆脉冲使能后延时 1s 解锁，高坡解锁前直流线路已存在较大直流电压，使高坡换流阀承受较大的正向直流电压偏置，导致高坡换流阀晶闸管级的负向电压在 TVM 板负向电压检测门槛值附近，出现同阀段内部分晶闸管级有负向电压回报，部分晶闸管级无负向电压回报的情况，引起阀控无回检跳闸。

（四）修改方案

针对逆变站解锁前承受直流电压偏置的问题，提出禄劝送高坡、肇庆方式下三站解锁和极投入的软件修改方案。软件修改要点如下：

软件修改前，禄劝送高坡、肇庆方式下的三站解锁逻辑为：主控站发出解锁命令，肇庆先解锁，禄劝收到肇庆脉冲使能后解锁，高坡收到禄劝及肇庆脉冲使能后解锁。

修改后禄劝送高坡、肇庆方式下的三站解锁逻辑为：主控站发出解锁命令，高坡、肇庆收到解锁命令后各自解锁，禄劝在收到高坡及肇庆脉冲使能后解锁。

软件修改后，再次开展“一送二”运行方式极 2 金属回线三端解锁试验，三端解锁成功，逆变站解锁前直流线路电压较低，有效避免逆变站换流阀解锁前承受较大直流电压偏置的问题。

（五）结论与启示

（1）此次高坡阀控无回检越限跳闸的原因是禄劝送高坡、肇庆方式三站解锁时，禄劝、肇庆先解锁建立直流电压，高坡延时解锁，导致高坡解锁前换流阀承受较大的直流电压偏置，进而部分晶闸管失去负向电压回报，最终引起无回检越限跳闸。

（2）控制保护系统解锁策略设计应与阀控设备相配合，避免因解锁时序不当造成阀控设备无法正常工作。由于仿真试验平台无法完整模拟阀控设备，控制保护系统与阀控设备的配合问题可能无法在仿真试验时暴露，相关问题应在成套设计阶段予以重点关注。

四、高坡换流站双套直流站控主机同时掉电重启后功能异常

（一）事件概述

高坡换流站开展双套直流站控主机同时掉电试验。试验前禄高肇直流工程为“一送二”运行方式，双极大地回线（高坡换流站极性反转），禄劝、高坡、肇庆双极功率分别

为 600/300/300MW，极 1、极 2 双极功率控制。双套直流站控掉电后，禄高肇直流系统运行正常。

随后高坡换流站两套直流站控系统上电恢复运行，由于直流站控系统掉电重启后相关配置被初始化，直流场界面出现极性模式显示“极性正常”，三站运行方式显示“无效”。

（二）相关功能介绍

高坡换流站极性为 RS 触发器的状态量。在直流站控上电后，RS 触发器的状态量默认为 0，对应高坡换流站极性的取值为极性正常。因此直流站控上电后，高坡换流站极性取值为极性正常。高坡换流站极性为 RS 触发器状态量如图 7-44 所示。

图 7-44　高坡换流站极性为 RS 触发器状态量

（三）问题现象分析

（1）高坡直流站控重新上电后，高坡换流站极性因程序中 RS 触发器初始化，默认取值为极性正常，初始化取值与当前直流系统运行状态不符，其初始化逻辑存在漏洞。

（2）三站运行方式与高坡换流站极性相关，由于高坡换流站极性判断错误，三站运行方式与高坡换流站极配置判断均采用了错误的断路器、隔离开关、接地开关，因此三站运行方式均显示无效状态。

（四）修改方案

针对该问题，提出修改方案如下：高坡换流站直流站控下电后将高坡换流站极性的状态锁存在存储器中，上电后从存储器中读取该状态。

（五）结论与启示

（1）此次事件的现象是由直流站控重新上电后对高坡换流站极性进行初始化引起。高坡换流站极性初始化取值错误，与直流系统实际状态不符，导致直流站控运行方式判断无效。

（2）三端直流系统运行方式较多。装置上电初始化时，部分模拟量和状态量的取值应匹配当前的运行方式。

五、金属回线下肇庆换流站退出后接地点转移慢

（一）事件概述

开展禄劝送高坡、肇庆方式肇庆换流站极 2 金属回线直流换流阀短路保护跳闸试验，在肇庆换流站退出、接地点转移过程中，高坡换流站站内接地 HSGS 禄劝—高坡电压电流重新建立约 144ms 后合位产生，存在一定时间内直流系统无接地点带电运行。

（二）相关功能介绍

禄劝送高坡、肇庆方式金属回线时，肇庆换流站为接地钳位点。肇庆换流站退出时，给禄劝换流站发强制移相指令，同时给高坡换流站发 HSGS 合闸指令和极 1、极 2 汇流母线肇庆侧的 HSS 分闸指令。待禄劝换流站收到极 1、极 2 汇流母线肇庆侧的 HSS 合位消失后，禄劝换流站撤销移相，直流系统重启。

（三）问题现象分析

肇庆换流站退出后，给高坡换流站发 HSGS 合闸指令和极 1、极 2 汇流母线肇庆侧的 HSS 分闸指令。根据现场 SER，15：16：28 257 时极 1、极 2 汇流母线肇庆侧的 HSS 合位已消失，15：16：28 569 时高坡换流站 HSGS 合位产生。由于极 1、极 2 汇流母线肇庆侧的 HSS 合位消失比高坡换流站 HSGS 合位产生早，禄劝在收到极 1、极 2 汇流母线肇庆侧的 HSS 合位消失后便撤销移相，导致高坡换流站 HSGS 合位产生时禄劝—高坡已建立电压电流，如图 7-45 和图 7-46 所示。

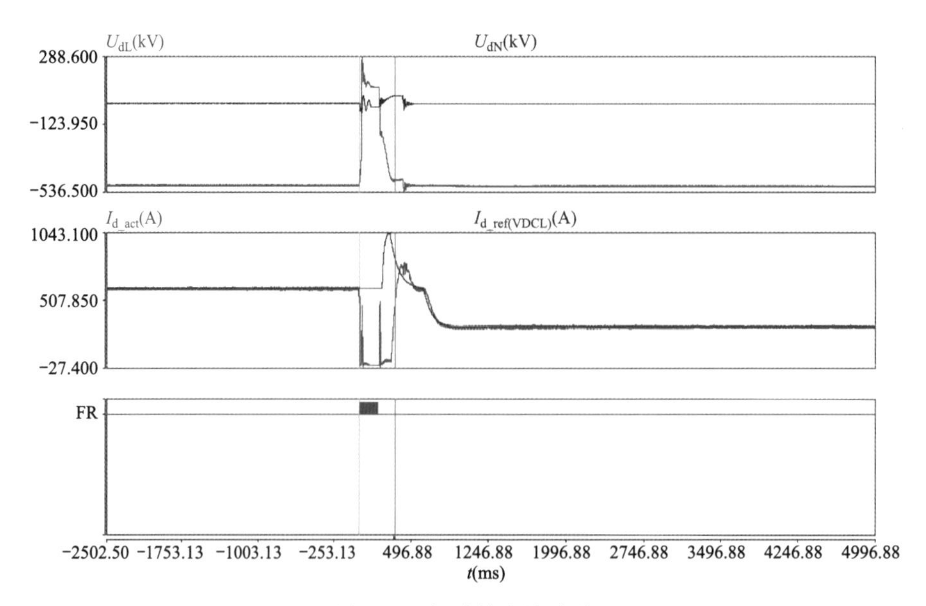

图 7-45 禄劝换流站波形

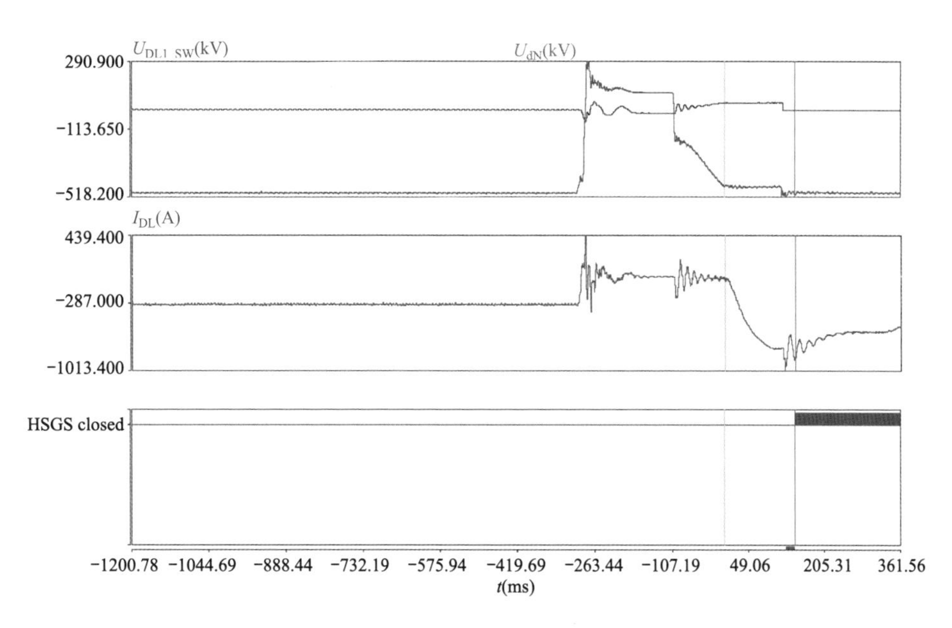

图 7-46　高坡换流站波形

(四) 修改方案

针对该问题，提出软件修改要点如下：

(1) 禄劝换流站在收到极 1、极 2 汇流母线肇庆侧的 HSS 合位消失且高坡换流站 HSGS 合位时，才撤销强制移相。

(2) 若禄劝换流站在 500ms 内未收到高坡换流站 HSGS 合位，三站闭锁。

软件修改后，在仿真系统再次开展“一送二”方式金属回线肇庆换流站退出试验，验证结果显示，程序修改后，禄劝换流站在收到高坡换流站 HSGS 合位后再进行移相重启，有效降低无接地点带电运行风险。若移相后 500ms 内未收到 HSGS 合位或 HSS3 分位，肇庆换流站极退出失败，三站闭锁，与设计一致。

(五) 结论与启示

(1) 问题原因是禄劝换流站撤销移相重启的条件未关联高坡换流站 HSGS 合位信号，导致一段时间内直流系统无接地点带电运行。

(2) 金属回线接地钳位点切换时应保证直流系统带电运行时接地点始终存在。

六、自动功率曲线下降过程中高坡换流站速率异常

(一) 事件概述

开展禄劝送高坡、肇庆方式自动功率曲线功率升降试验，在执行第 36 功率点时，运

行人员监盘发现高坡换流站升降速率显示为 10MW/min，与实际要求不符，无法实现禄劝高坡同时达到功率目标值的功能。

（二）相关功能介绍

禄劝送高坡、肇庆方式下，需同时更改禄劝换流站功率和高坡换流站功率时，为保证禄劝换流站、高坡换流站同时到达功率目标值，避免肇庆换流站功率出现先升后降或先降后升的情况，高坡换流站的功率变化速率为根据禄劝换流站的功率变化量、功率变化速率及高坡换流站的功率变化量计算得出。

根据相关程序，该逻辑需由“功率升降过程中”这一信号的上升沿触发，即出现该信号的上升沿时，高坡换流站锁存当时的禄劝换流站功率变化量、功率变化速率及高坡换流站的功率变化量，以此计算高坡换流站速率。

（三）问题现象分析

此次自动功率曲线调节间隔时间短，变化范围大，根据现场 SER，出现了“功率升降过程中”信号未消失的情况下下发新的功率参考值的情况。

由于高坡换流站的功率变化速率计算逻辑需由“功率升降过程中”这一信号的上升沿触发，因“功率升降过程中”信号未消失，导致高坡换流站的功率变化速率计算逻辑未触发，仍然沿用之前的功率变化速率，出现高坡换流站功率升降速率算不准的问题。

（四）修改方案

针对该问题，提出采用后台下发功率参考值的设定信号作为高坡换流站功率变化速率计算逻辑的触发信号。

程序修改后，在仿真系统上进行验证。验证结果显示，程序修改后，当禄劝换流站或高坡换流站功率升降过程信号始终未消失，下发新的功率参考值时，高坡换流站速率计算正确。

（五）结论与启示

三端直流系统“一送二”运行方式下调整功率时，为保证站 A、站 B 同时到达功率目标值，避免站 C 功率出现先升后降或先降后升的情况，需根据站 A 功率变化量、功率变化速率及站 B 功率变化量计算站 B 功率变化速率。计算站 B 功率变化速率时，应采用合适的标志信号，以保证各类工况下所用的站 A 功率变化量、功率变化速率及站 B 功率变化量正确。

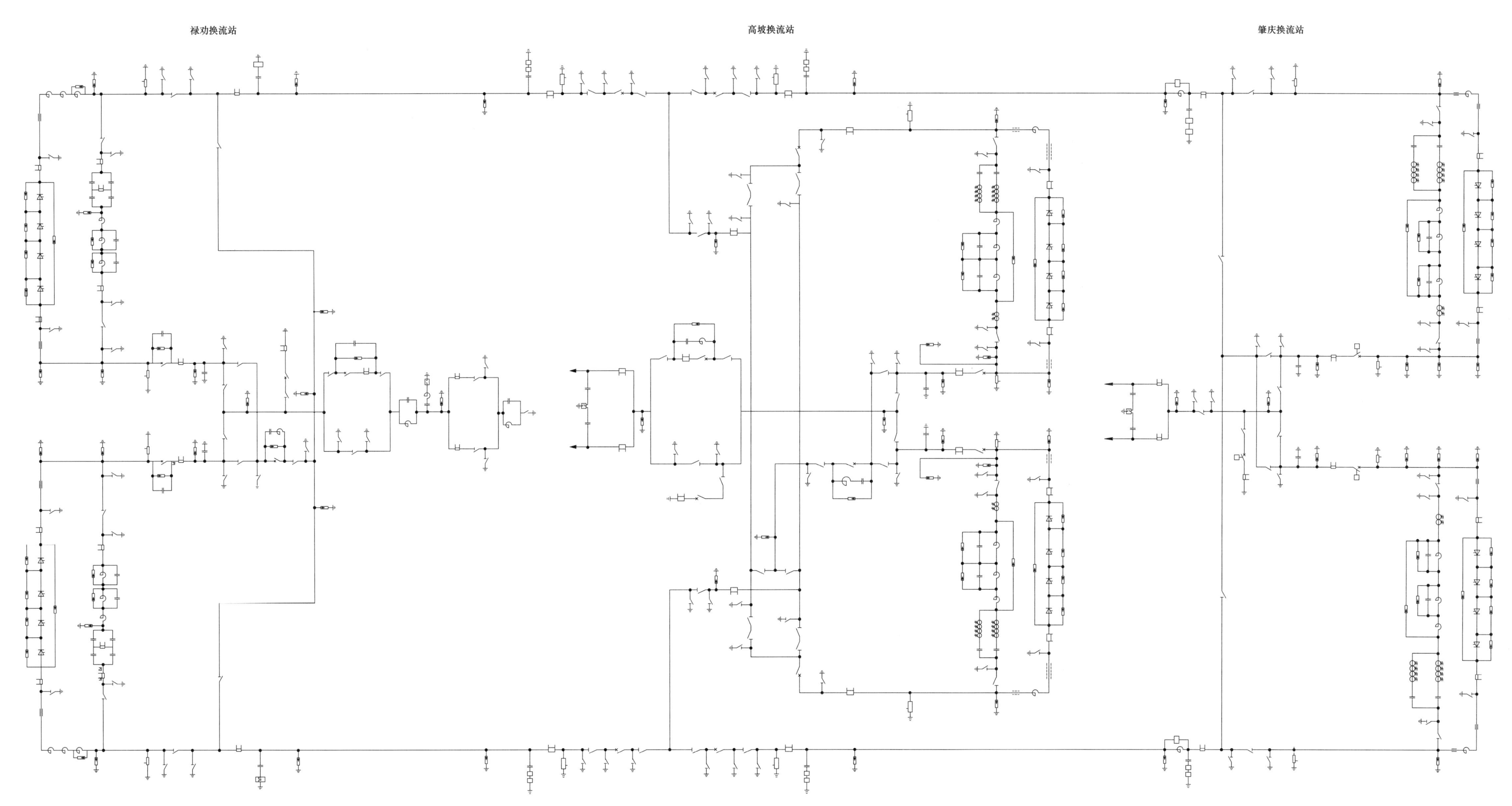

图 2-9　三端直流场主接线示意图